S. von Prowazek

Einführung in die Physiologie der Einzelligen (Protozoen)

S. von Prowazek

Einführung in die Physiologie der Einzelligen (Protozoen)

ISBN/EAN: 9783955622282

Auflage: 1

Erscheinungsjahr: 2013

Erscheinungsort: Bremen, Deutschland

@ Bremen-university-press in Access Verlag GmbH, Fahrenheitstr. 1, 28359 Bremen. Alle Rechte beim Verlag und bei den jeweiligen Lizenzgebern.

EINFÜHRUNG IN DIE PHYSIOLOGIE DER EINZELLIGEN (PROTOZOEN)

VON

Dr. S. von PROWAZEK
IN HAMBURG

MIT 51 ABBILDUNGEN IM TEXT

LEIPZIG UND BERLIN
DRUCK UND VERLAG VON B. G. TEUBNER
1910

Vorwort.

Das vorliegende Buch soll eine Einführung in das nur teilweise bearbeitete Gebiet der Protozoenphysiologie darstellen, und es erhebt auf die Vollständigkeit eines Handbuches keine Ansprüche. Von der beliebten Darstellung weitgehender „Lebenstheorien" wurde Abstand genommen, da uns bis jetzt zu einem derartigen Unternehmen die wichtigsten Tatsachen fehlen. Aus demselben Grunde ruft allerdings zum Nachteile einer bestechenden, didaktisch wirkenden Darstellung manches Kapitel mit den vielen, trocken aufgezählten, fragmentarischen Tatsachen den Eindruck des Monotonen hervor. Der geneigte Leser möge diesen Teil als eine Art von Sammelkapitel von Daten für künftige Bearbeiter dieser Gebiete betrachten und es bei der Lektüre überblättern.

In dem Kapitel über Befruchtung, ein Gebiet, auf dem sich zunächst die Ansichten von R. Hertwig und seiner Schüler sowie Enriques u. a. m. zum Teil unvermittelt gegenüberstehen, wurde mit Absicht von einer weitgehenden, verwirrenden biologisch-morphologischen Einteilung dieses Phänomens Abstand genommen, da wir für diese Erscheinungen zunächst keine physiologischen Gründe angeben können. Im übrigen sei auf die verschiedenen Arbeiten im „Archiv f. Protistenkunde" selbst verwiesen.

Hamburg, Mai 1909.

Der Verfasser.

Inhalt.

	Seite
Vorwort	V
Inhalt	VI
Einleitung	1
Das Protoplasma der Protozoen	2
Der Kern der Protozoen	14
Andere Organoide der Protozoenzelle und ihre physiologische Bedeutung.	33
Die Protozoenzelle und die Außenwelt	42
Atmung	50
Ernährung	54
Exkretion	68
Bewegung	72
Myoidbewegung	85
Vermehrung	86
Befruchtung	93
Regeneration	104
Protektive Funktionen der Protozoenzelle	107
Die Immunität und die Protozoen	112
Das Todesproblem und die Protozoen	119
Protozoen und die äußeren Lebensbedingungen	123
Der Chemismus der Umgebung und die Protozoenzelle	129
Einfluß der Schwerkraft, der mechanischen und akustischen Reize	144
Thermische Reize und die Protozoen	148
Das Licht und die Protozoen	151
Lichtproduktion der Protozoen	156
Elektrische Reize und die Protozoen	159
Galvanotaxis	161
Biogenetisches Grundgesetz, Vererbung, Variation und Mutation bei den Protozoen	167
Anhang (Verschiedene physiologische Beobachtungen über Protozoen)	172

Einleitung.

Die Protistenkunde ist auf dem besten Wege, eine selbständige Wissenschaft zu werden, — die Gründe für diese Emanzipation sind sowohl theoretischer als praktischer Natur. Dank der Forschung der letzten Jahre ist festgestellt worden, daß eine große Zahl der Erreger menschlicher und tierischer Krankheiten Protozoen sind, mit deren Biologie im weitesten Sinne des Wortes sich sowohl der Mediziner als auch der Zoologe beschäftigen muß. Andererseits brach sich in theoretischer Hinsicht die Ansicht Bahn, daß die Protozoen nicht die einfachen Zellen im Sinne der Metazoenmorphologie sind — eine These, die nur noch in den Handbüchern und populären Kompilationen ein Scheindasein fristet, — sondern daß sie die kompliziertesten, höchst mannigfach differenzierten Zellen der Organismenwelt darstellen, die ihren eigenen Differenzierungsweg eingeschlagen haben und daher auch Gegenstand eines eigenen vertieften Studiums werden müssen.

Naturgemäß sind unsere ersten Kenntnisse über die Protistenzellen vorwiegend morphologischer Art gewesen, und wir müssen sie auch an dieser Stelle ausführlicher, als es sonst vielleicht der Brauch ist, in Betracht ziehen. Anatomie und Physiologie sind einmal miteinander untrennbar verbunden. Von einem rein physiologischen Standpunkt aus fanden bis jetzt die Protozoen wenig Bearbeiter, es sei hier zunächst aus dem Lager der Zoologen der Bemühungen von Bütschli und Rhumbler rühmlichst gedacht. Der erste, der sich in umfassenderer Weise mit der Physiologie der Einzelligen beschäftigte, war Verworn. Bei der Bearbeitung der Physiologie der Protozoenzelle ließ man sich von dem Gesichtspunkte leiten, daß man vielleicht auf diesem neuen Wege zu einer allgemeinen Physiologie der Metazoenzellen vordringen dürfte — eine Hoffnung, die insofern nicht ganz begründet war, als die Protozoenzelle überhaupt eine kompliziertere, ganz speziell differenzierte Zelle ist. Sie ist in einem gewissen Sinne ein einzelliges Metazoon. Die Begründung dieser These soll das Leitmotiv der vorliegenden Schrift sein.

Die Protozoenzelle ist zum mindesten zweikernig (viele *Heliozoen, Amöben, Trypanosomen*, zahlreiche Blutparasiten wie *Halteridien, Proteosomen, Malariaparasiten, Ciliaten* usw.), sie besitzt wie bei *Callonympha* eine große Zahl von Kernen mit Blepharoplasten und Stützapparaten; ferner ist sie zu gleicher Zeit Fortpflanzungs- und Somazelle *(Plasmodiophora, Gregarinen, Myxosporidien, Ciliaten)*, gewinnt zwittrige Charaktere *(Plasmodiophora, Herpetomonas, Ciliaten)* und führt eine Unzahl von lokomotorischen, protektiven (Nesselkapseln), sensitiven (Tasthaare, Tastborsten, Augenflecke, vielleicht Sinneskörper bei *Loxodes)*, nutritiven (Nahrungsvakuolen, Fermentträger) und exkretorischen Organellen, deren spezielle Funktion bei den Metazoen auf eine Reihe von Zellen oder Synzytien verteilt ist.

Bevor wir an die Betrachtung der physiologischen Funktionen der Protozoenzelle herangehen, soll im allgemeinen die Morphologie und Natur des Protoplasmas und des Zellkernes dieser Lebewesen besprochen werden.

Das Protoplasma der Protozoen.

Der Aggregatzustand des Protoplasmas der Protisten ist im allgemeinen, sofern man von besonderen Differenzierungen und speziell durch die Funktion aufgezwungenen, festweichen Strukturen absicht, als flüssig zu bezeichnen. Diese These bedarf allerdings verschiedener Einschränkungen. Vielfach ist es auf den verschiedenartigen Entwicklungsstufen der Protistenzelle mit Schwierigkeit verbunden, eine genaue Grenze zu ziehen, wo der „flüssige" Zustand aufhört und der „feste" bzw. „festweiche" Zustand beginnt (Myxomyceten vor der Sporenbildung). Auch muß man bei diesbezüglichen Definitionen in Betracht ziehen, daß das Protoplasma in erster Linie ein morphologischer Sammelbegriff ist, der die verschiedensten Elemente umfaßt. Bei einer genauen Fassung des Problemes muß man daher zunächst auch die Ergebnisse der Experimente, die sich mit der Frage des Aggregatzustandes des Protoplasmas beschäftigen, auf den gesamten Zellinhalt des jedesmaligen Protisten, mit dem die Versuche angestellt worden sind, beziehen.

Rhumbler (Zeitschr. für allgem. Physiologie Bd. 1 u. 2, Archiv für Entwicklungsmechanik 1898) hat in einer Reihe von eingehenden, ausgezeichnet begründeten Untersuchungen den Nachweis für den flüssigen Aggregatzustand des Protoplasmas im weitesten Sinne des Wortes erbracht. Der genannte Forscher bezeichnet dabei jede Substanz als flüssig, die ohne innere Elastizität von meßbarer Größe beim gewöhnlichen Druck ohne merkbare Kompressibilität den Kapillaritätsgesetzen unterworfen ist. Bei Anwendung des Begriffes „Kapillaritätsgesetz" denkt man zunächst an das Steigen und Fallen des Niveaus der Flüssigkeiten in Kapillarröhren (Kapillarelevation und -depression) oder an die Gesetze, die die Oberflächen der Flüssigkeiten bei ihren Einstellungen zu den Wänden eines Gefäßes meistern. Diesem Gesetz zufolge ist das Gewicht der in einer Kapillare gehobenen Flüssigkeitsmasse gleich dem Produkt aus der Flüssigkeitskohäsionskonstante und dem Kosinus des Randwinkels γ. Die Kapillaritätsgesetze umfassen aber auch die Phänomene der Oberflächenspannung, denen zufolge die Teilchen jeder Flüssigkeitsoberfläche das Bestreben, in das Innere der Flüssigkeit einzudringen, an den Tag legen (die Oberflächenspannung zieht die Flüssigkeiten gleichsam zusammen und die Flüssigkeitsoberflächen sind daher Minimalflächen). Das letzte Kapillaritätsgesetz befaßt sich mit der quantitativen Feststellung des Verhältnisses der Oberflächenspannung einer Flüssigkeit zu anderen Körperoberflächen. Der Winkel, den die Flüssigkeitsoberfläche mit einer festen Körperoberfläche bildet, wird Randwinkel genannt — dieses Gesetz wird auch durch den Satz von der Konstanz der Randwinkel ausgedrückt.

Aus der reichhaltigen Fülle von Beobachtungsmaterial, das von einer großen Zahl von Forschern, unter denen nur Max Schultze, Kühne, Quincke, Verworn, Jensen, Rhumbler, vor allem Berthold und Bütschli genannt werden sollen, im Laufe der Zeit beigebracht worden ist und das Argumente für einen flüssigen Zustand des Protoplasmas liefert, sollen hier nur die wichtigsten Beobachtungen angeführt werden. Eine kritische Untersuchung stammt aus der Feder von Rhumbler und ist, wie erwähnt, in der Zeitschrift für allgemeine Physiologie I u. II Bd. 1902 veröffentlicht worden.

I. Zahlreiche Bewegungserscheinungen der Protistenzellen sprechen für einen flüssigen Aggregatzustand des Protoplasmas; es sind dies vor allem die Strömungserscheinungen, die sich innerhalb des Weichkörpers der *Amöben, Foraminiferen,* vieler *Flagellaten* und *Myxomyceten* abspielen. Verschiedene Inhaltsgebilde, Kerne, Vakuolen, Nahrungsteilchen und Granula werden oft bei feststehender Körperform im Inneren des Protoplasten nach den verschiedensten Richtungen bewegt und hin und her gedrängt, ein Phänomen, das in seiner Mannigfaltigkeit und Eigenart innerhalb eines Protoplasten mit festem Aggregatzustand nicht möglich wäre. Ebenso wie in Pflanzenzellen, z. B. in den Zellen von *Tradascantia, Chara* usw. finden in den bestimmt gestalteten Protozoenzellen der Infusorien eindeutig gerichtete Strömungen *(Cyklose)* statt, die sich vielleicht in einer jeden Zelle mit feststehenden Körperkonturen — wenn auch oft mit einer minimalen Geschwindigkeit — vollziehen, sofern nicht andere festere Differenzierungsprodukte (Fibrillen) derartigen Strömungen hinderlich sind. Es sei hier nur vergleichsweise an die Strömungen der *Bryopsiszellen,* der

Syphoneen-, der Pilzfadenzellen, der weißen Blutkörperzellen des *Geko* u. a. m. erinnert.

II. Künstlich abgetrennte freie Protoplastteile von Algenzellen, *Myxomyceten*, *Amöben* und vielen anderen Protisten runden sich ab, nehmen dem Gesetz der Minimumflächen folgend die Tropfenform an und verhalten sich wie freie Flüssigkeiten. Auch bei den verschiedenen tetanischen Reizzuständen nehmen die Protoplasmen der Rhizopoden Kugelform an. *Colpidium* und *Glaucoma*zellen, die dem Einfluß von Atropin 1:200 ausgesetzt worden sind, runden sich ab, von den ersteren Zellen werden sogar am Hinterende Teile abgeschnürt, die gleich die Tropfenform annehmen und sie trotz künstlicher Deformationen bewahren.

III. Freie Protoplasmen breiten sich ebenso wie eine jede Flüssigkeit auf der Oberfläche von Flüssigkeiten aus. Dieser Satz erleidet allerdings in vielen Fällen insofern eine Einschränkung, als vielfach spezielle Differenzierungen wie „hautartige" Ektoplasmen, Pellikulae, Periplaste usw. den angedeuteten Ausbreitungserscheinungen entgegenarbeiten. Diesbezügliche Experimente sind zuerst von Rhumbler bei *Amoeba limicola* und bei Blastomeren der Amphibien angestellt worden. Ich benutzte die Ausbreitungsfähigkeit der Protoplasmen zur künstlichen Elimination einzelner Protoplasmateile aus dem Zelleib von *Stentoren-* und *Myxomyceten* (Archiv für Protistenkunde Bd. 3). Sehr groß ist die Ausbreitungsfähigkeit der reifen Protoplasten von *Plasmodiophora brassicae*, die bereits reife Sporen in sich bergen, wodurch diese weithin auf mit Wasser benetzten Flächen zerstreut werden.

IV. Der zweifelsohne flüssige Vakuoleninhalt nimmt im Protoplasma die Kugel- oder Tropfengestalt an; Vakuolen können ferner künstlich in mehrere Teile zerteilt werden, und jeder Teil gewinnt abermals die alte Tropfengestalt; schließlich können mehrere Vakuolen miteinander verschmelzen — alles Phänomene, die für eine flüssige Natur des Mediums, in dem sie eingebettet sind, sprechen.

V. Die Nahrungsteilchen, Vakuolen, Granula sowie der Kern (Atropin 1:200, Saponin) sind im Innern des Zelleibes in einem hohen Grade verschiebbar — auch diese Erscheinung spricht für eine flüssige Natur des Protoplasmas. Wo die Verschiebbarkeit beeinträchtigt ist, da kann man jedesmal im Protoplasma besondere „festere" Strukturen, wie Stränge eines besonders gelierten, verdichteten Protoplasmas, Balken, Fibrillen, Kerne usw. morphologisch nachweisen.

VI. Teilstücke von künstlich geteilten Protozoen kann man in vielen Fällen, sobald die an der Wundfläche sich alsbald bildende

Niederschlagsmembrane nicht allzusehr erstarrt ist, wieder zur Vereinigung bringen. Dies gelingt besonders leicht bei Myxomycetenplasmodien, bei *Pelomyxa* und manchen großen Rhizopoden. Dasselbe beobachtete Rhumbler bei *Actinosphaerium*. Mir gelang die Verschmelzung von zwei *Stentor*teilstücken, dagegen konnte eine Zellprotoplasmatransplantation bei *Bryopsis* und *Valonia* trotz zahlreicher dahingehender Versuche im eigentlichen Sinne des Wortes nicht durchgeführt werden.

VII. Rhumbler konnte nachweisen, daß die Myxomycetenplasmodien mit Kapillarröhren in Berührung gebracht dem Kapillaritätsgesetz zufolge eine Niveauveränderung in der Röhre erleiden. Das Protoplasma steigt bei feuchtem Wetter bis $1^1/_2$ cm in einer Kapillarröhre von etwa $^1/_3$ mm Durchmesser in 2 Minuten, die Steigfähigkeit nimmt bei der Reife der Myxomyceten und bei trockenem Wetter ab. Es wäre wichtig, bei neu anzustellenden derartigen Versuchen auf den Randwinkel der Protoplasmaflüssigkeit zu achten.

Die hier angeführten, leicht in ihrer Anzahl noch zu vermehrenden Beobachtungen sprachen für die flüssige Natur des Protoplasmas; ihr Beweiswert ist allerdings von einer verschiedenen Dignität, und manche besitzen nur den Charakter von Indizienbeweisen.

Das Protoplasma besitzt im allgemeinen Kolloidnatur, es ist ein heterogenes Gemenge von Lösungsmittel (Dispersionsmittel) und feinsten Suspensionen bzw. Emulsionen, in einem gewissen Sinne kann man es eine „Pseudolösung" nennen. Nach Wo. Ostwald ist es ein Dispersoid, dessen beide Phasen flüssig sind (Fl + Fl) und demnach als Emulsoid zu bezeichnen ist. Mikroskopisch ist seine Inhomogenität nachweisbar; mit den neuesten Zeißmikroskopen kann man diese ziemlich weit auflösen (vgl. fl. Bemerkungen über Protoplasmastruktur). Weitere wichtige Dienste leistet uns das Ultramikroskop, das sogar die „Submikronen" (Zsigmondy), wie selbe auch in Eiweiß-, Glykogen- und Gelatinelösungen vorkommen, darstellt, während die „Amikronen" ihre Existenz nur durch eine Opaleszenz noch andeuten. Die eigentliche Wabenstruktur ist aber mit dem Ultramikroskop, sofern das Plasma durch Druck nicht entmischt wurde, nicht deutlich darstellbar, optisch voll sind dagegen die Pellicula, die Basalkörperchen und Granula; der Makronucleus lebender Infusorien ist azurblau, beim Absterben wird er silberglänzend.

Die sichtbaren, chemisch verschieden definierbaren Teilchen (Mikrosomen) führen, sofern sie nicht in einem verdichteten Protoplasma eingebettet, sondern in dem liquideren Paraplasma suspendiert sind, lebhafte translatorische (Brown'sche) Bewegungen aus, die zum Teil auf örtliche Bestrahlungswechsel, lokalisierten Zerfall verbunden mit Wärmeentwicklung, oder auf örtliche Diffusionen zurückzuführen sind. Einstein (Ann. d. Phys. 1906) leitet die Brownsche Bewegung im Sinne älterer Physiker auf die ungeordnete Wärmebewegung der Flüssigkeitsmoleküle zurück. Die Brownsche Molekularbewegung ist früher bereits von Regnault (1857), Wiener (1863), Exner (1867), Nägeli (1879) u. a. studiert worden. Nach Stricker (Handbuch der Lehre v. d. Geweben 1871) ist die Veränderung der Lebensbedingungen der Zelle mit einer Veränderung der Körnchenbewegung verbunden; auf vorsichtigen Zusatz von $1/_2$—1 % Kochsalzlösung hört die tanzende Bewegung in den Speichelkörperchen auf. Nach Recklingshausen beginnen in den Lymphkörperchen bei Wasserzusatz die Granula an zu tanzen und sistieren ihre Bewegung beim Verdunsten des Mediums; dasselbe Phänomen wird nach Brücke durch Induktionsströme bestimmter Intensität ausgelöst (Lit: Virchows Archiv Bd. 28. Du Bois-Reichert's Archiv 1867); koagulierende Agentien werden von den Körnchen adsorbiert, und ihre Bewegungen erleiden dadurch eine Verlangsamung. Nach Henri (Compt. rend. 146, 47. 1908) werden Alkalien etwas, Säuren sehr stark adsorbiert.

Bei den Absterbe- und sog. Zerfließungserscheinungen des Protozoenprotoplasmas kommt er zu verschiedenen Entmischungsvorgängen und Ausfüllungen der Kolloide des Protoplasmas, indem die Teilchen ihre engen Beziehungen zu ihrem Lösungsmittel aufgeben und in Form von Granula oder sogar Cavula (Wetzel) ausgefällt werden und dann lebhafte Brownsche Molekularbewegungen ausführen. Saponin trennt die Lipoide der Zelle von den Proteinen und fällt sie zunächst im Inneren derselben globulitisch aus *(Colpidium)*, dagegen emulgiert in Cavulaform Atropin 1:200 die Lipoide in *Glaucoma* und *Colpidium*zellen sehr deutlich. — Setzt man Kupferwasser (erzeugt durch 24stündiges Verweilen einer Kupfermünze im Brunnenwasser) dem Infusor *Glaucoma* hinzu, das dann unter den oligodynamischen Wirkungen des Kupfers (Nägeli und Israel) abzusterben beginnt, so kann man die Beobachtung machen, daß auf einem gewissen Stadium Substanzen des Kernes granulartig niedergeschlagen werden und dann in einen lebhaften Molekulartanz geraten, der später plötzlich aufhört, worauf der Kern lichtbrechender wird.

Bevor die Strukturfrage des Protistenprotoplasmas erörtert wird, sei hier das wenige aus der Kolloidchemie und -physik, das für die Kenntnis des Lebens der Einzelligen zunächst von Wichtigkeit ist, erwähnt. Im allgemeinen ist dieses Gebiet der Protozoenbiologie so gut wie gar nicht durchforscht, und wir müssen uns mit Andeutungen begnügen. Graham

(Philosoph. Transact. Royal society 1861) schied bekanntlich die Materie in „zwei Welten" und zwar in die der Kristalloide und Kolloide, die letzteren sollten zum Unterschied von jenen nicht durch Membranen diffundieren. Da bei den Zellen die Membranen zum großen Teil aber aus Kolloiden bestehen, wurde später der Satz dahin umgeändert: „Kristalloide können Kolloide durchdringen, nicht aber umgekehrt". Dieser Satz wurde aber durch die Beobachtungen von Spiro (Hofmeisters Beitr. 5. 1904) insofern erweitert, als ihm der Nachweis gelungen ist, daß Eieralbumin und Haemoglobin Leimschichten durchwandert. Dauwe (Hofmeisters Beitr. 6. 1905) wies ferner nach, daß Pepsin ziemlich tief in Würfel von koaguliertem Eiweiß eindringt. Der strenge Gegensatz zwischen Kolloid- uud Kristalloidensubstanzen wurde im Laufe der Zeit gemildert, und jetzt diskutiert man die Frage, ob nicht etwa Kolloidmoleküle selbst aus kleineren zusammentretenden kristalloiden Molekülen gebildet werden (Grundriß der Kolloidenchemie W. Ostwald 1909). Demnach würden alle Übergäuge zwischen kolloiden und kristalloiden Systemen sowie grob heterogenen Suspensionen bestehen. Kommen mehrere Kolloide in der Lösung vor — wie dieses sicher im Protoplasma der Fall ist —, so setzen sie in verschiedener Weise die Oberflächenspannung der reinen Lösung herab, und eines von ihnen sammelt sich in der Oberflächenschicht an (Ramsden, Zeitschrift f. physik. Chemie 47. 1904). Auf diese Weise wird auch über den Plasmatropfen eine zarte Haut gebildet. Mit dieser Häutchenbildung geht eine Füllungsreaktion Hand in Hand (vgl. Metcalf, Zeitschrift f. physik. Chemie 52. 1905). Da die Löslichkeitsverhältnisse in der Oberfläche anders sind als im Inneren, so können hier reversible oder irreversible Umwandlungen in schwerer lösliche Stoffe stattfinden. Lösungen von Albumosen, Peptonen, Saponin, Dextrin usw. bilden derart an ihrer Oberfläche dünne „feste" Häutchen. Nach Ramsden (Zeitschrift f. physik. Chemie 47. 1904) bilden sich beim Eiweiß diese Membranen nicht bloß an der äußeren Oberfläche, sondern auch an der Grenze von der Lösung zu Chloroform-Äther, Amylalkohol usw. Diese Membranen sind mit den sog. Haptogenmembranen der Milchfetttröpfchen u. a. zu vergleichen. Derartige Haptogenmembranen bilden sich auch um isolierte Teile von Protozoenprotoplasma aus.

Es ist hier der Ort, auf die eigenartigen Entmischungsvorgänge kolloidaler Lösungen hinzuweisen, die zwar beim Protistenprotoplasma bis jetzt noch nicht näher untersucht worden sind, auf die aber beim Studium der Pathologie der Metazoenzelle Albrecht zum Teil die Aufmerksamkeit gelenkt hatte.

Bei den Kolloiden gehen die Eigenschaften „homogener" und „heterogener" Gemenge ineinander über. Durch chemische Substanzen können oft Trennungen von Kolloid und Lösungsmittel herbeigeführt werden. Manche Kolloide können auch durch Spuren von Elektrolyten aus den Lösungen ausgefällt und entmischt werden (Suspensionskolloide); die hydrophilen Kolloide können durch Elektrolyte und durch Nichtelektrolyte in den Zustand einer Entmischung übergeführt werden. Nach Lindner und Picton (Journ. of the chem. Soc. 71. 1897) sind die Kolloide als Träger der Elektrizität mit Ionen zu vergleichen, und sie können, falls sie entgegengesetzt geladen sind, einander selbst ausfällen; man kann die sog. Hardy'sche Regel (anodische Kolloide werden vorwiegend durch Kationen, kathodische Kolloide durch Anionen gefällt) noch weiter dahin fassen und behaupten, die entgegengesetzt geladenen Lösungsbestandteile fällen einander im allgemeinen aus. Geringe Mengen von Elektrolyten („verunreinigende" Beimengung) können ferner im Laufe der Zeit („Altern" der Kolloide) die kolloidale Substanz zur Ausflockung, zur Trennung vom Lösungsmittel bringen, ein Phänomen, auf das das Trübewerden mancher Protisten unter verschiedenen Lebensbedingungen zurückgeführt werden kann. Auch die „trübe Schwellung" der Pathologen dürfte mit ähnlichen Erscheinungen in Zusammenhang stehen.

Eine wichtige Phasenänderung der hier uns besonders interessierenden Kolloide ist die Umwandlung der rein kolloidalen Lösung in einen halbflüssig-zähen, äußerlich anscheinend homogenen Gallertzustand, wie er bei Lösungen von Gelatine, Agar-Agar, Stärke, Kieselsäure usw. einzutreten pflegt. (Gelzustand.) Bütschli wies zuerst nach, daß auch die Gallerten nicht homogene Gebilde sind und daß sie unter dem Mikroskop eine heterogene Struktur (wabige Struktur) besitzen (Bütschli, Unters. über mikroskop. Schäume. Leipzig 1892. Über den Bau quellbarer Körper. Göttingen 1896. Unters. über Strukturen. Leipzig 1898). Gegen die Annahme einer wabigen Elementarstruktur der Gelatine hat allerdings Fischer einige nicht abweisbare Bedenken erhoben; vor allem wies er nach, daß die Diffusion von Salzen bei der Gelatine ebenso rasch vor sich geht wie im Wasser, bei einer wabigen Struktur der Gelatine müßte die Diffusion verlangsamt werden (Fischer, Färbung und Bau des Protoplasmas. Jena 1899; vgl. die Untersuchungen von v. Bemmelen (1898), Hardy (1899), Quincke (1902) und K. Spiro (1903)). Ob Beziehungen zwischen der Gallertbildung und der flockigen Entmischung der Kolloide bestehen und welcher Natur sie sind, steht bis jetzt nicht fest. Pauli und Rona (Hofmeisters Beiträge 1902) führen verschiedene Tatsachen, die gegen eine derartige Identifizierung sprechen würden, an.

Unsere Kenntnisse über die Struktur des Protistenprotoplasmas im weiteren Sinne des Wortes hat in dankenswerter Weise besonders Bütschli durch subtile Protoplasmastudien, die diesen um die Protistenbiologie hochverdienten Forscher fast ein Jahrzehnt ununterbrochen beschäftigt haben, im hervorragenden Maße gefördert. Mohl verglich zwar bereits im Jahre 1851 die Wechselbeziehungen des Protoplasmas zum Zellsaft mit einer „schäumenden Flüssigkeit", doch gebührt Bütschli zweifelsohne das Verdienst, die „vielfach geschilderten Netzstrukturen des Protoplasmas als wabige oder schaumige" Strukturen aufgefaßt zu haben. Das Protoplasma baut sich nach ihm aus minutiösen Flüssigkeitswaben, die die eigentliche Elementarstruktur des Protoplasmas darstellen, auf. Die Größe der Waben schwankt um 1μ (ca $0,5-1,5\mu$). Fig. 1. Gegen die freie Oberfläche des Protoplasten nehmen die Waben eine charakteristische pallisadenförmige Anordnung an und bilden die sog. Alveolarsäume. Die Wabenwände, die den Plateauschen Gesetzen folgend stets zu drei Alveolenlamellen zusammenstoßen, stellen im morphologischen Sinne das Protoplasma im engeren Sinne des Wortes vor, während

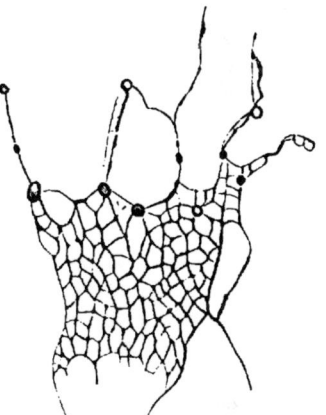

Fig. 1. Plasmastruktur des Pseudopodiennetzes von *Discorbina*. (Nach Bütschli.)

in dem Alveolenlumen selbst das leichtflüssigere Paraplasma vorkommt. Diesem von Bütschli aufgestellten Kammersystem des Protoplasmas schreibt Hofmeister eine eigenartige Rolle zu; in den einzelnen Waben sollen sich von den Kammerwänden getrennt, einzelne enzymatische Stoffwechselreaktionen abspielen, die wegen ihrer Kolloidnatur in die anderen Kammersysteme im allgemeinen nicht diffundieren, während die Reaktionsprodukte den Gesetzen der Diffusion zufolge in alle Regionen des Protoplasmas gelangen sollen. Diese Anschauung trägt dem kolloidalen Wesen der Fermente wohl teilweise Rechnung, ist aber in ihrer Art bezüglich des Protoplasmas der Amöben, der der Cyklose unterliegenden Entoplasmen der Infusorien u. a. m. insofern nicht haltbar, als hier sicherlich die einzelnen Kammersysteme gleichsam als Daueroraganoide der Zelle nicht erhalten bleiben —

durch Entmischungen, durch mechanisches Platzen usw. verschwinden sie vielmehr, um sich wieder aus den sog. Zwickelwaben, die in den Lücken der drei zusammentretenden Alveolenwände lokalisiert sind, zu restituieren.

Neben dem alveolar struktuierten Protoplasma kommt sicherlich in manchen Ektoplasmapseudopodien der Amöben homogenes Protoplasma vor, ebenso wie es im Inneren mancher Infusorien, deren zentrales Entoplasma sog. Cyklosesteströmungen ausführt, flüssig kolloidal ist — die Körnchen und Granula strömen rasch in ihm hin und her, ohne von besonderen Alveolenwänden behindert zu sein. Wir müssen daher dem Protistenprotoplasma im eigentlichen Sinne des Wortes einen polymorphen Charakter vindizieren.

Neben diesen autoplasmatischen Strukturen kommen noch verschiedene apoplasmatische (Hatschek) Differenzierungen der Protoplasmen vor. Es ist hier der verschiedenen Körnchen, Granulationen von zum Teil unbekannter physiologischer Funktion zu gedenken (Mikro- und Lamprogranula). In einem späteren Abschnitt werden wir uns mit ihnen noch eingehender beschäftigen; auch sollen dort die verschiedenen Stützstrukturen, Achsenfäden und formativen apoplasmatischen Strukturen des Protoplasmas, besprochen werden. — Soweit die bis jetzt beobachteten Tatsachen. — Zahlreiche morphologische und physiologische Theorien beschäftigen sich noch mit sog. Metastrukturen des Protoplasmas, die mikroskopisch nicht mehr feststellbar sind und mit Hilfe deren das „Leben des Protoplasmas" erklärt werden soll — ihr heuristischer Wert scheint aber mehr als zweifelhaft zu sein. Das Leben ist ein Zustand und ist nicht an eine Substanz und ihre Struktur gebunden. Die Probleme werden durch derartige Spekulationen nicht gelöst, sondern nur zurückgedrängt. Daß man das Lebensproblem allgemein durch Annahme besonderer Metastrukturen des Protoplasmas zu erklären vermeint, ist nur eine der letzten Konsequenzen der mechanistischen Weltanschauung, in der wir aufgewachsen sind und die bis zu Ende verfolgt und gedacht werden muß. Konsequent zu Ende denken, heißt überwinden. Klar ein Problem übersehen, sein Wesen gleichsam erschauen, ist der Erkenntnis gleich, daß es kein Problem von dieser Art ist, und der forschende Geist stellt sich sofort andere ebenso geartete, zu demselben Ende führende Probleme auf. Und so müssen auch diese Theorien, deren Wesen durch die Annahme von repräsentativen, materiellen Metastrukturen gebildet wird, dieses letzte Salto tun. Dann wird man für einige Zeit erkennen, daß die Frage nach dem Leben nicht die Frage nach einer Substanz, sondern nach einer Akzidentalität ist. In diesem Sinne gibt es keinen Lebensstoff, nicht Milligramme von Paramaecienstoff etwa wie von Eisen und Kupferstoff, wie Driesch mit Recht betont. Zusammenfassend kann man über das Protistenplasma derzeit folgendes behaupten: Das Protoplasma ist ein zweiphasisches, kolloidales System, in dem Kolloide durch Kolloide ausgefällt werden können und das durch später noch zu besprechende Vorgänge in besondere Gelzustände übergeführt werden kann. Es verhält sich wie eine „Flüssigkeit" und besitzt eine polymorphe Struktur, bei der immerhin der wabige, alveolare Strukturzustand der bei weitem häufigste ist. Die Annahme von besonderen Metastrukturen erklärt nichts, sondern drängt nur die Problemstellungen zurück und entbehrt daher einer heuristischen Berechtigung. Da sich das Protoplasma wie ein zweiphasisches Dispersoid verhält, herrschen in ihm besonders Oberflächenenergien unter großer Oberflächenentwicklung, an der zum Teil die Zell-lipoide beteiligt sind, vor. Mit dem Alter der Zellen z. B. in Kulturen aus einer *Colpodium-, Amphileptus*zelle gewinnen diese Oberflächenenergien immer mehr die Oberhand und drängen die anderen, lebenswichtigen Energiefaktoren zurück. Die gealterten Zellen runden sich daher ab, und ihr Protoplasma emulgiert unter Atropin- und Strychnineinfluß in kurzer Zeit in Form von Hohlgebilden *(Cavula)*.

Über die chemische Zusammensetzung des Protoplasmas liegen bis jetzt wenige Untersuchungen vor.

Vernon (Journ. of Physiol. 1895/96) stellte für das Radiolar *Collozoum inerme* nach Abzug der Meerwassersalze die Trockensubstanz auf 0,4 % des ursprünglichen Gewichtes fest. Nach Reinke und Rodewald (Unters. a. d. bot. Laboratorium d. Univ. Göttingen 1881) beträgt bei dem Myxomyceten *Aethalium septicum* der tatsächliche Trockensubstanzgehalt 23,7 %. Die genannten Autoren wiesen unter anderem in der Aethaliumsubstanz Paracholesterin, Buttersäure, Propionsäure, Kapronsäure und Kalziumstearat fest. 100 Teile Protoplasmas enthalten:

Wasser	4,80
Kalziumkarbonat	27,70
Asche	3,73
Gesamtasche	31,43.

Die wichtigsten Verbindungen, die bei Aethalium gefunden werden, sind:

Vitellin	7,8
Plastin	43,0
Purinbasen	0.015

Asparagin 1,57
Peptone 6,3
Lecithin 0,32
Glykogen 7,42
Aethaliumzucker 4,7
höhere Fettsäuren 8,4
Fettsäuren im Ätherextrakt . 6,3.

Beim Zerfließen mancher Infusorien wie *Opalina* hat Kölsch (Zoolog. Jahrb. Bd. 16) das Auftreten von Myelinformen beobachtet, die analog den Gebilden beim Aufquellen des Lecithins mit Wasser sind.

Sosnowski (Zentralbl. f. Physiol. Bd. 13. 1899) hat mit Erfolg an zentrifugierten Paramaecien die Biuret- und Millon'sche Reaktion ausgeführt. Mit heißem Alkohol konnte er Lecithine und Lipoide extrahieren, genuine Eiweißkörper waren nicht nachweisbar. Glykogenartige Stoffe sind mit Jod durch eine mahagonibraune Färbung mehrfach nachgewiesen worden, so von Bütschli bei den Gregarinen. Über den Chemismus der Protozoeneinschlüsse soll später berichtet werden.

O. Emmerling (Biochem. Zeitschr. 1909) untersuchte *Noctiluca miliaris* in chemischer Hinsicht und fand in 100 g der aschefreien Substanz mit 7,74 g Stickstoff

Lysin	0,212	mit	0,040 g N	
Arginin	1,6492	„	0,432	„ „
Histidin	3,4762	„	0,938	„ „
Tyrosin	0,5271	„	0,041	„ „
Glykokoll	15,90	„	2,956	„ „
Alanin	2,40	„	0,378	„ „
Leucin	0,42	„	0,044	„ „
Prolin	4,60	„	0,556	„ „
Asparaginsäure	0,17	„	0,020	„ „
	Summa		5,405 g N.	

Im Protoplasma kommen verschiedene Lipoide vor, deren große Bedeutung für die Zellphysiologie bis jetzt noch nicht im vollen Maße gewürdigt worden ist. Sie scheinen an dem Zustandekommen vieler, wenn nicht aller wabenförmiger Strukturen des Protoplasmas beteiligt zu sein, so daß in letzter Linie das Protoplasma eine Emulsion von Lipoiden und verschiedenen Eiweißstoffen darstellt. Durch diese Wabenstrukturen, die eine innere Oberflächenentwicklung mit Flächenenergien anbahnen, sowie durch den von der Art abhängigen Lipoidgehalt des Protoplasmas wird in der Zelle selbst eine spezifische, innere Strukturspannung erzeugt, und die untypischen Lipoide stehen in diesem Sinne im Dienste der Morphe — sie sind gleichsam die Träger der Morphe des ersten Grades.

Diese Strukturspannung wird unter dem Einfluß lipoidlöslicher Substanzen wie Saponin, Galle, taurocholsaurem Natrium 1 %, cholalsaurem Natron usw. behoben, und die Protozoenzellen erleiden ebenso wie Seeigeleier eine bedeutende Vergrößerung ihres Volumens. Bei Anwendung von cholalsaurem Natron 1 % ist man bei *Vorticella* ebenso wie bei *Chilomonas* in der Lage ein etappenweises Auflösen der deutlicheren Alveolen bei der Entmischung direkt unter dem Mikroskop zu verfolgen. Bemerkenswert ist, daß die Pelliculae, Periplaste und Niederschlagsmembranen des Ektoplasmas der Amöben nicht allein aus Lipoiden bestehen, wie früher mehrfach angenommen worden ist, sondern unter dem Einfluß der genannten lipoidlöslichen Substanzen teilweise erhalten bleiben; ihnen kommt also ein komplizierterer

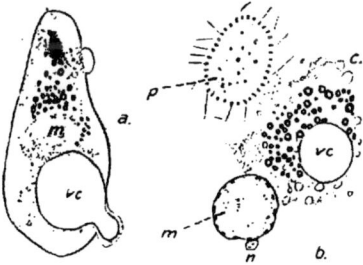

Fig. 2. Colpidium unter Einfluß von Saponin.
a. Beginn der Wirkung. b. Schluß der Auflösung. vc = Vakuole; c = Cavula; m = Makronucleus; n = Mikronucleus; p = Pellicula mit Basalkörpern.

Bau zu, und sie besitzen nur zum Teil Lipoidcharakter. — Unter Einfluß von Saponin und taurocholsaurem Natrium kann man die Pellicula bei *Colpidium*, Fig. 2, sogar isolieren, indem im Protoplasma zuerst das Saponin für die Lipoide derselben „substituiert" wird und die letzteren zunächst eine tropfige emulsoide Entmischung erleiden, hernach tritt der ganze verflüssigte Inhalt nach außen aus, wogegen die Membran samt den Basalkörperchen isoliert wird. Auch die kontraktile Vakuole ist von einem längere Zeit persistierenden Niederschlagshäutchen umgeben. Unter Chinin- oder Atropineinfluß findet im Inneren gleichfalls eine tropfige Entmischung statt, nur daß die Pharmaka gleich von den Lipoidtröpfchen umhüllt werden und diese in Hohlgebilde umwandeln (Cavula). Hungernde Colpidien bilden große deutliche Cavula, während lange Zeit aus einem Individuum kultivierte Infusorien (4 Wochen) kleine wenige Atropinhohlkugeln aus dem Lipoid bildeten.

Der Kern der Protozoen.

Nächst dem Protoplasma beansprucht der Zellkern der Protistenzelle unser besonderes Interesse. Die morphologischen Bestandteile des Protozoenkernes sind: 1. Die **Kernmembran**, die in manchen Fällen fehlen kann; 2. das **Kerngerüst, Kernlinin**; 3. die **Chromatinkörner** (Chromatinsubstanzen); 4. **Plastinsubstanzen**; 5. der **Kernsaft** oder **Zwischensubstanz**.

Bei Anwendung der üblichen Färbetechnik werden zunächst die Chromatine des Zellkernes sichtbar, und zum großen Teil ist dies der Grund, daß viele Forscher sich ausschließlich mit den rot, blauschwarz oder schwarz gefärbten Chromatinen beschäftigt haben. Der Name „Chromatin" rührt meines Wissens von Flemming (1880) her, der damit jene Substanz im Zellkern bezeichnete, „welche bei den als Kerntinctionen bekannten Behandlungen mit Farbstoffen die Farbe aufnimmt". Ursprünglich war der Begriff des Chromatins chemischer Natur, doch wissen wir bis heute so gut wie nichts über die Natur der Färbung (ob chemisch oder physikalisch) und können so vorläufig der morphologischen Merkmale nicht entbehren. Als Kernfärbemittel gelten basische Farbstoffe wie Karmin, Haematoxylin sowie viele basische Anilinfarben, weil diese eine besondere Affinität zu dem Chromatin haben, d. h. zu jenem Eiweißkörper des Kernes, der zwar einen sauer-basischen Charakter besitzt, jedoch mehr nach der „saueren" Seite reagiert. Manche Histologen bezeichnen diese Substanzen als Basichromatin. Das färbende Prinzip bei den basischen Farbstoffen ist nach Ehrlich eine Base oder eine Verbindung dieser mit einer farblosen Säure.

Um gute Kernfärbungen zu erzielen, muß man möglichst mit progressiven Farblösungen färben, d. h. mit solchen Farben, die die chromatischen Elemente stärker als andere Bestandteile der Zelle färben, worauf man den Färbeprozeß unterbrechen kann. Vor allem ist eine singuläre Färbung einer panoptischen (Ehrlich und Lazarus) vorzuziehen. Auch durch adjektive Farblösungen (Eisenhaematoxylin) kann man die Chromatine im Kern schön zur Darstellung bringen, nur daß hier vielzuviel physikalische Prozesse den eigentlichen chemischen Vorgang maskieren. Als Beize wird vorher ein Metallsalz oder Metallhydrat angewendet, worauf der Farbstoff mit dem Salz eine Verbindung eingeht. Auf diese Weise wird zunächst eine Überfärbung des Objekts angebahnt und hernach der überall niedergeschlagene Farbstoff durch entsprechende Differenzierung wieder entfernt.

Als beste Chromatinfarbstoffe gelten Alaunkarmin, manche Haemateingemische (mit Ausnahme solcher, die zu viel Haematein enthalten) und schließlich Haemalaun. Reine Kernfärbung liefert der letztere Farbstoff dann, wenn man mit Alaunwasser (1—2 % Lösung von Alaun) auswäscht, hernach aber für eine sorgfältige Entfernung des Alauns sorgt. Gute Resultate erhält man ferner mit Delafield's Alaunhaematoxylin (Grenachers Haematoxylin). Als Kernfarbstoff wird ferner Methylgrün, das allerdings gegen Alkalien sehr empfindlich ist, empfohlen. P. Mayer nennt es ein scharfes Farbenreagens auf Chromatin, ebenso Fischer („es ist mit einem Scheine von Berechtigung ein Kernfarbstoff"), dagegen sprechen sich Neresheimer und Galeotti aus, deren Ansicht ich mich anschließe. Ein Kernfarbstoff cum grano salis ist Thionin. Aus einem Fuchsin-Methylenblaugemisch nehmen nach Zacharias (1898) die Chromatine den basischen Farbstoff an.

Die Chromatine sind wesentlich Nukleoproteide und enthalten als stark sauer reagierende Bestandteile Phosphorsäure. Als Abbauprodukt dieser echten Nukleoproteide resultieren die echten Nukleinsäuren — salzartige Komplexe, deren saurer Anteil (Phosphorsäure) an Pyrimidin bzw. Purinbasen gebunden ist, im Gegensatz zu den Paranukleinsäuren der Paranukleoproteide, die derartige Nukleinbasen nicht enthalten. Das Chromatin wird gelöst in konzentrierten Mineralsäuren, in verdünnten Alkalien, in Kaliumkarbonat und Natriumphosphat, in 10 % Kochsalzlösung wird es gallertig, nicht aufgelöst wird es im Saponin und Sapotoxin, verändert im taurocholsauren Natrium (1:10), in 0,1 % Salzsäure treten nach Zacharias die Chromatinkörperchen scharf hervor, durch Tannin werden sie homogen, glänzend und widerstehen der Trypsin-Pepsinverdauung.

Mit Kernfarbstoffen färben sich aber noch andere Substanzen der Zelle, wie z. B. Lecithinverbindungen, Albuminmetaphosphate, und es besteht nach Giemsa die begründete Vermutung, daß die Existenz der Metaphosphorsäure bei der Färbung eine wichtige Rolle spielt.

Neben dem Chromatin kommt im Zellkern das Linin (Kerngerüst) vor, das zu den sauren Farbstoffen, die Protoplasmafarbstoffe sind, besondere Affinität besitzt. Das Linin ist identisch mit dem achromatischen, plasmatischen „Reticulum" Carnoy's. Das Linin oder Achromatin des Zellkerns schließt in seinen Alveolen den unfärbbaren Kernsäft ein.

Die Plastinsubstanzen sind vornehmlich in den Innenkörpern oder Karyosomen der Kerne gespeichert und entsprechen ungefähr den Nukleolarsubstanzen. Die Nukleolarsubstanzen sind im allgemeinen acidophil, die Chromatine basophil (cyanophil), mit Methylgrünfuchsin färben sich jene rot, diese grün. Dem Eisenhaematoxylin gegenüber behaupten sie selbst bei intensiven Differenzierungsverfahren die höchste Affinität, tingieren sich mit Giemsas Eosinazur violettrot, weil sie durch das Chromatin des Karyosoms verdeckt werden. Nach Schwarz sind die Plastine mit Albuminen verwandt. Ružička (Arch. f. Zellforschung 1908) bezeichnet sie als Albuminoide, die in Wasser, 20 % NaCl, Kalilauge, 1—3 % Essigsäure, Pepsin und Trypsin unlöslich sind. Němec (Ber. d. Deutschen Botan-Ges. 27) unterscheidet neben dem Kernreticulum noch ein besonderes Cytoplastin, auch konnte er nachweisen, daß die Chromosomen der sich teilenden Kerne substanziell verschieden sind.

Die Kernmembran endlich wird offenbar von einem mit dem Linin verwandten Stoff gebildet, der ziemlich zähflüssig ist. Bei den Protozoen kommen vielfach verzweigte, wurstförmige Kerne vor, die anscheinend keine weiteren formativen Strukturen besitzen. Ihre von der Tropfengestalt abweichende Form wäre bei der Annahme einer leichtflüssigen Natur der Kernmembran, die nach den Untersuchungen von Kasanzeff und Awerinzew vom Kern und nicht vom Protoplasma gebildet wird, nicht recht denkbar (vgl. die Untersuchungen über die Kernmembran der Metazoenzellen von Albrecht und Markus). Absolut fest ist sie jedoch gleichfalls nicht, denn bei Zusatz von ölsauerem Natrium oder cholalsauerem Natron zieht sich der Kern der *Vorticellen* zu 1—2 Tropfen zusammen, wobei die Membran sichtbar wird. Bei *Colpidium* kann man sie durch taurocholsaueres Natrium zur Darstellung bringen.

Der morphologische Aufbau der Protozoenkerne ist ungemein mannigfach, und es ist hier nicht der Ort, alle die Kerntypen, die bei den Protozoen bis jetzt festgestellt worden sind, genauer zu besprechen, zumal wir für die Mannigfaltigkeit dieser Formen keinen physiologischen Grund derzeit anzugeben in der Lage sind. Wir wollen hier nur einigen Haupttypen der Kerne und ihrer Teilung, soweit es in den Rahmen unserer Betrachtungen hineingehört, unsere Aufmerksamkeit zuwenden. Fig. 3.

Bei einer sehr großen Zahl von sonst morphologisch und physiologisch recht different sich verhaltenden Protozoen finden wir den sogen. bläschenförmigen Kernaufbau verwirklicht. Der Kern ist rund, besitzt meistens eine Kernmembran, eine sogen. Kernsaftzone, die zum Teil aus einem achromatischen Liningerüst (Achromatin) besteht, dem chromatische Körnchen eingelagert sind; der übrige Teil dieser Zone wird vom sogen. Kernsaft (Kernenchylema) eingenommen, der farblos ist. Zumeist im Zentrum des Kerns ist ein runder, stark sich färbender Körper, das Karyosom oder der Innenkörper nachweisbar, der aus Chromatin oder Plastin besteht. Schaudinn (Arb.

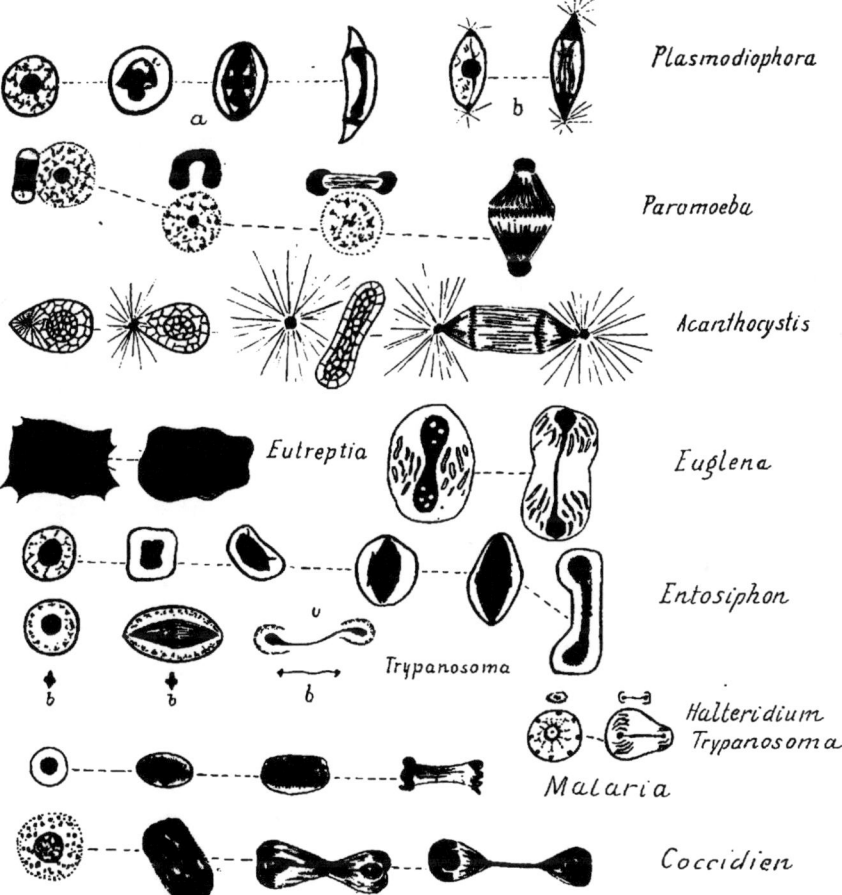

Fig. 3. Kernschema einiger Protozoen, aus dem die Doppelnatur des Kernes (Karysom [schwarz] und periphere Zone) hervorgeht.

a. dem k. Gesundheitsamte 1904) hat für *Leukozytozoon* und *Halteridium* den Nachweis erbracht, daß dieser Innenkörper selbst Kernnatur besitzt und mit eigenen Chromosomen sowie mit einem zentralen sekundären Karyosom (Zentriol) ausgestattet ist.

v. Prowazek, Physiologie der Einzelligen.

Ein derartiges Zentriol ist bei vielen *Amöben,* Flagellaten und bei *Oxyrrhis* (Keyßelitz, Archiv f. Protistenkunde 1908) gleichfalls beobachtet worden, bei der letzteren Form bemerkt man sogar eine Art von Kernmembran um das Karyosom, bei manchen Euglenarten kann man in ihm Chromosomen nachweisen. Das Karyosom teilt sich bei vielen Amöben wie ein zweiter Kern, der in dem ersten Kern gleichsam eingeschachtelt ist. Viele Untersuchungen sprechen dafür, daß diese Kerntypen sehr verbreitet sind. Diese Kerne sind demnach eigentlich zweikernig, es ist nur der kleinere Kern in den größeren Kern eingesenkt, der ihn dann in Form eines Kernringes umgibt.

Den sogenannten Bläschenkern finden wir bei *Rhizopoden; Amöben, Flagellaten,* einigen *Testazeen, Haemosporidien, Coccidien, Gregarinen, Myxosporidien, Sarcosporidien* u. a. m. Bei den Heliozoen, den zierlichen Sonnentierchen, tritt der Hauptteil dieser karyosomalen Differenzierung in das Protoplasma über und bildet hier den zentrosomenähnlichen, dauernd im vegetativen Leben vorhandenen Strahlenkörper, von dem die Axopodien (siehe später) ausgehen und der diesen Lebewesen die strahlenartige, sonnenähnliche Form aufprägt. Hier ist also auch im vegetativen Leben der zweikernige Zustand der Zelle erhalten, und dieser zweite Kern, der mit einer Zentrosphäre der Metazoen zu vergleichen ist, teilt sich selbständig wie etwa die Zentrosphären mancher Metazoen nach den experimentellen Befunden von Ziegler. Die Zentrosphären der Metazoen sind wahrscheinlich auch ein selbständiger Kern und entwickeln sich phylogenetisch aus dem Binuclearkern der Protozoen. Mit einigen Variationen wurde diese Ansicht bereits von Schaudinn, Lauterborn, später in abermals etwas veränderter Form von Hertwig, dann wiederum von Veydowsky, Mrazek, Schaudinn, Hartmann und Keyßelitz u. v. a. vertreten.

Bei der von Schaudinn entdeckten *Paramoeba eilhardi* ist neben dem primären Kern ein sogen. Nebenkern (Zentrosphäre) gleichfalls dauernd erhalten und funktioniert bei der Kernteilung in der Tat wie eine Zentrosphäre, indem er aus sich selbst das Teilungsorgan des Kernes, die sogen. Zentralspindel, hervorgehen läßt. — Das Karyosom (Innenkörper = Innenkern, zweiter Kern) ist während des Lebens der Einzelligen nicht immer gleichmäßig und gleich gut ausgebildet, bald ist es ziemlich deutlich entwickelt, bald scheint es sich aufzulösen (*Amöben, Plasmodiophora* und *Myxosporidien*), manchmal ist es kaum nachweisbar; es ist also ein zyklisches Zellorganulum ebenso wie die Zentrosphäre der Metazoenzelle, deren zyklisches Verhalten besonders Veydowsky und Mrazek auf Grund ihrer subtilen Untersuchungen am Rhynchelmisei feststellen konnten. Diese Verhältnisse kann man besonders gut am Kern der *Haemosporidien* (die Hartmann *Binucleata* nennt) studieren. Hartmann hat ferner bei den *Amöben* zuerst diese zyklischen Regulationsvorgänge verfolgt. Das Karyosom enthält eine nicht unerhebliche Menge von Plastin, das periodisch eine gelbildende Substanz liefert oder ihre Bildung anregt, die bei der Teilung des Kernes sowie der Zelle von besonderer Wichtigkeit ist — sie ruft bei den Protozoen all' die von Cytologen so oft beschriebenen zähflüssigen, gerichteten Strukturströmungen von beständigerer Natur entweder bloß im Zellkern oder auch im Protoplasma hervor, die im morphologischen Sinne als Strahlen (Radiarstrahlen, Zentralspindelstrahlen) imponieren. Diese Strahlen spielen bei der Teilung der Zelle eine sehr wichtige Rolle. Sie treten periodisch auf und hängen mit der zyklischen Natur des hier besprochenen Kernorganulums zusammen. Andererseits haben sie zuweilen bei der Morphe, bei der Formenbildung der Protistenzelle eine besondere Aufgabe zu erfüllen. Wir sahen bereits, daß die Achsenstrahlen, die Axopodien der Sonnentierchen von dem zweiten Kern ausgehen und daß sie diesen interessanten Lebewesen die charakteristische Form aufprägen. Bei zahlreichen Flagellaten *(Bodo lacertae, Chilomonas)* hängen mit dem zentralen Karyosom des Kernes eigenartige fibrillare Differenzierungen des Protoplasmas zusammen (Rhizoplaste), die zu den Basalkörpern, von denen die Geißeln entspringen, in Beziehung stehen und den Flagellaten, deren Protoplasma ja zähflüssig ist und der Tropfenform zustrebt, die längliche Gestalt zum Teil verleihen. Auch die komplizierten Stützfibrillen der *Callonympha* und *Devescovia*, die Achsenstäbe der *Trichomonaden* und *Trichomastix* sind analoge Bildungen und hängen genetisch bei den Trichomonaden durch eine Fibrille mit dem Karyosom zusammen, ja beteiligen sich in einigen Fällen *(Trichomastix)* teilweise an der Kernteilung ebenso wie ein Karyosom. Ein großer Teil ihrer Substanz verschwindet und der dem Blepharoplast nahe Anteil läßt durch eine Teilung die Achsenstäbe der Tochterindividuen aus sich hervorgehen.

Das Karyosom ist polar differenziert; seine Polarität ist eine inhärente, nicht weiter erklärbare Eigenschaft dieses Gebildes, die der ganzen Zelle erst sekundär mitgeteilt wird. Beim Wachstum und der sich daran anschließenden Teilung teilt sich das Karyosom in polar gerichteter, einseitiger, nicht allseitiger Weise. Wäre es nicht polar differenziert, so müßte es bei diesen fundamentalen Lebensprozessen allseitig in zahlreiche Teile zerfallen und dürfte sich nicht in der Art einer Zentralspindel oder eines Hantelkörpers, der der Zentralspindel homolog ist, einseitig polar teilen. Die Teilungsachse der nächsten Karyosomteilung ist wie bei den Zentrosomen der Spermien der Metazoen *(Helix, Astacus* etc.*)* zu der ersten Teilungsebene um 90° gedreht. Diese Verhältnisse kann man bei der Teilung des Flagellaten *Polytoma* Fig. 4 sehr gut beobachten. Da bei den *Trypanosomen, Bodoformen, Monadinen* u. a. m. der selbständig gewordene kinetische Kern oder Blepharoplast noch mit dem Karyosom des zentralen Kernes durch eine persistierende, von der ersten Teilung herrührende Fibrille in Zusammenhang steht (die Fibrille ist die Zentrodesmose oder Karyodesmose der ersten Teilung), so muß die nächste Teilungsebene hierzu um 90° gedreht sein; daraus folgt unmittelbar, daß sich die meisten derart differenzierten Flagellaten der Länge nach teilen. —

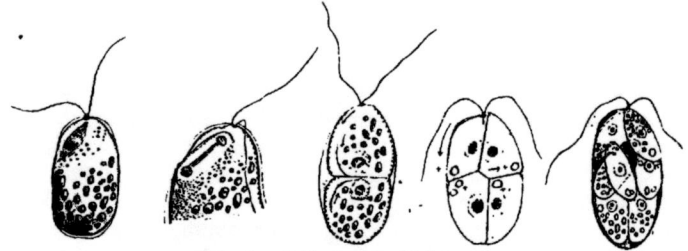

Fig. 4. Teilung von *Polytoma*.
Die Pfeile geben die Umdrehung der Achse an.

Bei den höher organisierten Protozoen, den Infusorien (Ciliaten) finden wir noch einen anderen Kerndifferenzierungsmodus verwirklicht; es kommen hier zumeist zwei Arten von Kernen in verschiedener Anzahl vor und zwar ein kleiner Kern, der in seinem Inneren zuweilen eine Art von Plastinkaryosom birgt und sich auf mitotische Art teilt und ein großer Kern, dessen achromatisches Gerüstwerk reichlich mit Chromatin durchsetzt ist und manchmal stellenweise auch Plastinbestandtteile tinktoriell erkennen läßt. — Bei *Chilodon, Colpoda* sowie zeitweise bei *Leukophrys* ist zentralwärts sogar eine Art von Karyosom ausgebildet, so daß dieses Infusor den früher erläuterten Anschauungen zufolge eigentlich vierkernig ist. Den kleinen Kern nennt man Mikronucleus oder Kleinkern, während der größere Kern Makronucleus oder Großkern heißt. Der letztere scheint besonders während des vegetativen Lebens eine gewisse Rolle zu spielen, dagegen geht er während der Geschlechtsperiode, die bei den Infusorien mit dem Phänomen der Konjugation zusammenfällt, zugrunde. Der Kleinkern teilt sich mehrmals, reduziert seine Masse (Reduktionskörperbildung) und bildet schließlich einen stationären und einen Wanderkern aus. Der letztere wandert aus der ursprünglichen Zelle heraus, dringt in den anderen Zellpartner, der bei der Konjugation mit der ersteren Zelle teilweise verschmolzen ist, ein und vereinigt sich schließlich mit dem stationären Kern des Partners zu einem neuen Kern. Dasselbe geschieht mit dem Wanderkern des anderen Partners. Nach diesen Vorgängen trennen sich wiederum die beiden konjugierenden Organismen, und aus dem neuen Frischkern, der aus dem stationären und dem Wanderkern hervorgegangen ist, wird nach einigen weiteren Differenzierungen ein neuer Groß- und Kleinkern gebildet. Der Kleinkern besitzt demnach die Funktion des Geschlechtskernes und besorgt im Phänomen der Konjugation die geschlechtliche Korrektur gegen die Schädlichkeiten des Individuallebens, während dem Großkern die Funktionen eines vegetativen Kernes (Somakernes) zufallen. Bei den Gregarinen können wir ähnliche Kerndifferenzierungen in Soma- und Geschlechtskerne nachweisen, nur daß diese Differenzierung nicht wie bei den Infusorien dauernd und während des ganzen Zellebens nachweisbar ist, sondern nur in der Geschlechtsperiode auftritt. Der normale Kern der Gregarinen ist in einem gewissen Sinne ein Bläschenkern (Schachtelkern), an ihm ist ein Karyosom, eine Kernsaftzone mit Chromatin, Achromatin und Enchylema und schließlich eine Kernmembran nachweisbar. Nach den Untersuchungen von Schnitzler (Archiv f. Protistenkunde 1909) geht der Geschlechtskern teilweise aus einem Teil des Karyosoms des mächtig aufgetriebenen, von Vakuolen durchsetzten Zentralkernes hervor; er selbst tritt dann ins Protoplasma über und besitzt bei einer ganzen Reihe von Gregarinen selbst wieder ein Karyosom und typische Centrosomen (Centriolen). Der Geschlechtskern ist bei den Gregarinen größtenteils ein periodischer Deszendent des Karyosoms, das sich mehrfach aufteilt und seinen ursprünglichen Sitz im Kern aufgibt.

Der Teilungsmodus des Geschlechtskernes ist auf eine subtile Verteilung des Chromatins eingestellt, und er teilt sich daher auf mitotische Weise. Da nun beide Kerne, der primäre Kern (vegetative generative Kern), als auch die später aus jenem austretenden generativen Kerne Karyosome, Kernsaftzonen und Membranen besitzen, so sind die Gregarinen im ganzen betrachtet ebenfalls vierkernige Protozoen. — Bei einigen, noch niedriger differenzierten Protozoen wie bei den Foraminiferen (*Polystomella*) ist die Substanz des Geschlechtskernes nicht an einen besonders differenzierten Kern gebunden, sondern tritt frei im Zellprotoplasma in Form von diffusen, sich vermehrenden Kernmassen auf, die sich mit Kernfarbstoffen deutlich färben und die Schaudinn Geschlechtschromidien genannt hatte, Fig. 5 u. 6. Neuere Untersuchungen von Hartmann und Borgert an Radiolarien und verwandten Formen sprechen aber dafür, daß auch bei einigen dieser Organismen ähnliche Verhältnisse wie bei den Gregarinen vorherrschen, so daß innerhalb des primären Kernes bereits winzige Geschlechtskerne auftreten, die dann nach ihrem Austritt aus dem Primärkern als Chromidien imponieren. Goldschmidt (Archiv f. Protistenkunde 1905) bezeichnete die Geschlechtschromidien als Sporetien im Gegensatz zu den noch zu besprechenden vegetativen Chromidien.

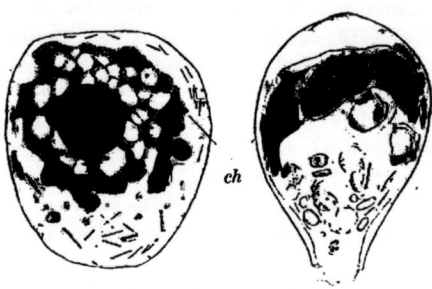

Fig. 5 u. 6. Chromidien (*ch*) und Kern von *Difflugia*.

Bei *Polystomella* sind beide Kernsubstanzen auf gewissen Stadien des Entwickelungskreises frei im Protoplasma verteilt (mikrosphärischer Generation); später differenziert sich das vegetative Chromatin zu einem großen deutlichen Kern, dem Prinzipalkern der makrosphärischen Generation, während die Geschlechtskernsubstanz auf der Stufe des Chromidialstadiums (Sporetium) verharrt und erst bei der Gametenbildung, bei der Ausbildung der Geschlechtszellen sich zu zahlreichen echten Kernen ausbildet. Bei *Centropyxis* und *Chlamydophrys* ist die vegetative oder somatische Kernsubstanz in einem besonderen Zellkern konzentriert, während die generativen Kernsubstanzen in Form von Geschlechtschromidien, Sporetien (Goldschmidt) oder Idiochromidien (Mesnil) auftreten.

Natürlicherweise müssen diese Geschlechtschromidien auch ihren vegetativen Funktionen nachkommen und sind nicht ausschließlich Depots von Geschlechtskernsubstanzen. „Daß es reine Gametochromidien gibt, ganz ohne Beimengung somatischen Kernmaterials, dürfte nicht wahrscheinlich sein" (Schaudinn, Neue Forschungen ü. d. Befruchtung b. Protozoen Verhandl. d. D. Zool. Gesellschaft, 1905).

Nächst diesen Geschlechtschromidien sind in der Protozoenzelle zuerst von Hertwig (Archiv f. Protistenkunde, Bd. 1) die sog. vegetativen Chromidien beobachtet worden. Hertwig sah zunächst im Zelleibe des Heliozoons *Actinosphaerium Eichhorni* kleinste Körperchen, die sich bei Karminfärbung wie das Chromatin des Kernes verhielten und die er Chromidien nannte. Ihre Zahl nahm sowohl bei übermäßiger Fütterung wie auch bei intensivem Hunger zu. Sie gehen aus dem Chromatin des Kernes hervor, indem die chromatischen Bestandteile desselben ins Protoplasma geraten. (?)

Auf diese Weise wird nach Hertwig das konstante Verhältnis von Kern und Protoplasma, die sog. Kernplasmarelation, stets reguliert und für das normale Bestehen der wichtigsten vegetativen Lebensfunktionen der Zelle auf einer bestimmten, für jede Spezies eigenartigen Höhe erhalten. Hertwig wies nach, daß durch Überfütterung der *Actinosphärien* experimentell alle morphologisch nachweisbaren Kerne in diffuse Chromidien übergeführt werden können, so daß der Organismus nicht mehr imstande ist, sich zu reorganisieren und schließlich zugrunde geht. Bei *Euplotes harpa* tritt manchesmal das gesamte Chromatin des Großkernes in das Protoplasma über, so daß im Zentrum der Zelle nur ein Negativ des Kernes erhalten bleibt; diese hyperchromatischen Chromidialtiere retten sich aber insofern vor dem Untergang, als sie Teile ihres Zelleibes samt den komplizierten Bewegungsorganellen abstoßen und sich so zu verkleinerten Individuen umbilden.

Hertwig hat ferner beobachtet, daß Teile des Chromatins des Kernes ins Protoplasma übertreten, hier sich bräunlich verfärben und ausgestoßen werden.

Bei hungernden Paramäcien kommt es nach Kasanzeff (Inauguraldiss. Zürich 1901) zur Bildung von bräunlichen Körpern im Kern. Viele sich enzystierende Infusorien werden gleichfalls braun gefärbt, und diese Verfärbung ist wohl mit Kernstoffstörungen in Zusammenhang zu bringen.

Zuelzer konnte ferner den Nachweis erbringen, daß sich in unmittelbarer Nähe der Chromidien der *Difflugien* Glykogenkörperchen bilden, und Goldschmidt (Archiv f. Protistenkunde 1909) nimmt an, daß sog. Glanzkörper der *Pelomyxa*, eines amöbenartigen Organismus, ein Endprodukt der regressiven Metamorphose der Chromidien sind. In ähnlichen Bahnen bewegen sich die Beobachtungen von Neresheimer bezüglich der Inhaltskörper einer von ihm untersuchten Amöbe. Gelegentlich der Untersuchungen über das Wesen der Vaccine nahm ich an, daß die vegetativen Chromidien (vorwiegend Plastin) in den Epithelzellen der vaccinierten Kaninchencornea in Beziehung zu setzen sind zu der lokalen histogenen Immunität.

Über die physiologische Bedeutung der einzelnen Kernbestandteile wie Chromatin (Basichromatin), Linin, Enchylema und Plastin (Oxychromatin) sind wir noch recht im unklaren. Einige Autoren, wie Moroff und Awerinzew, erkennen Plastin und Chromatin im engeren Sinne des Wortes nicht als zwei verschiedene Substanzen an, sondern fassen sie als bloße Zustandsphasen derselben Substanz auf, die sich färberisch verschieden verhalten. Tatsache ist, daß wir nicht bloß bei den *Aggregaten*, sondern auch bei den *Gregarinen*, *Trypanosomen*, Ookineten der *Halteridien* und *Leukozytozoen* zuweilen reine Plastinkerne finden, die sich mit den Protoplasmafarbstoffen färben, mit Giemsa's Eosniazur einen himmelblauen Farbenton annehmen und von denen wir nicht wissen, ob sie nicht später wieder einmal chromatisch werden, d. h. sich mit Chromatinstoffen beladen und sich wie normale Zellkerne verhalten oder aber doch früher oder später dem Untergange geweiht sind. —

Wir wissen auch nicht viel über die Wechselwirkung zwischen Kern und Protoplasma. Die Frage, ob der Kern Substanzen an das Protoplasma abgibt oder ob er im Sinne von Hertwig und Kasanzeff dem Protoplasma Bestandteile entzieht und auf Kosten des Protoplasmas wächst, ist noch kontrovers.

Nach Hertwig wird die Zelle funktionsunfähig, „wenn ihr Kern so sehr herangewachsen ist, daß er dem Protoplasma kein Chromatin mehr entnehmen kann." Es ist beobachtet worden, daß Infusorien, die nach Perioden lebhaftester Teilungstätigkeit in sog. Depressionszustände (Calkins, Hertwig) verfallen, d. h. keine Nahrung mehr aufnehmen, sich langsam bewegen und leicht absterben, eine chromatische Kernhypertrophie zur Schau tragen. Beim *Dileptus*, einem großen, schlanken, mit einem Rüssel ausgestatteten Infusor kann man experimentell zuweilen diese Depressionszustände auf die Weise beheben, daß man mit einer feinen Uhrmacherahle operativ das Kernmaterial verringert und die Protisten wiederum assimilationsfähig macht. Kasanzeff (l. c.) konnte ferner nachweisen, daß bei hungernden Paramäcien das Wechselverhältnis des Kernes und Protoplasmas zum Nachteil des letzteren verschoben wird und der Kern an einer Chromatinhypertrophie leidet. Im letzteren Falle könnte man sich aber auch die Vorstellung bilden, daß das Chromatin ein Generator gewisser Profermente ist, welche die später zu besprechenden Fermentkörperchen liefern, die bei mangelnder Ernährung nicht gebildet werden, so daß der Kern bei unterbrochenem Konsum der Fermente an einer Hyperproduktion seiner Substanzen leidet. Dieses Mißverhältnis wird in der Folge erst durch eine Kernresorption ausgeglichen.

Hertwig stellt sich vor, daß bereits bei dem normalen Wachstum der Zellen im Laufe der Zeit ein Mißverhältnis zwischen Kernmasse und Protoplasma sich insofern herausstellt, als die Kernmasse im Verhältnis zum Protoplasma stärker wächst. Dieses Wachstum nennt der Autor das **Teilungswachstum** der Zelle und das angedeutete Mißverhältnis wird durch eine Zellteilung ausgeglichen. Das Teilungswachstum der Zelle, das zu dem gewöhnlichen restituiven oder Eratzwachstum der Zelle in Gegensatz tritt, ruft in der Zelle nicht in jeder Hinsicht eine Verdoppelung der Organoidmasse hervor, sondern regt zunächst nur eine Kernplasmaspannung, einen Teilungstonus an, durch den die Zelle geteilt wird, worauf die Substanzmassen des Mutterkernes sich zu Tochterkernen umbilden. Auf diese Weise ist die zunächst paradoxe Erscheinung zu erklären, daß viele Infusorien sich gerade unter dem Einfluß des Hungers vielfach teilen. Oben wurde bereits darauf hingewiesen, daß Hungertiere von Infusorien einen hyperchromatischen Kern besitzen, dessen Chromatinüberschuß eben zu einer Teilungsspannung führt. Die Teilung ist nach Hertwig zugleich ein Regulationsvorgang, der die Hyperchromatizität aufzuheben „trachtet". Auf diese Theorie, die uns nicht erschöpfend zu sein scheint, werden wir später zurückkommen.

In Kürze wollen wir hier noch einige Erscheinungen der Kernteilung besprechen, obzwar das Hauptproblem gleichfalls später behandelt werden soll. Es wurde bereits früher erwähnt, daß die Mehrzahl von Protozoen Kerne nach dem sog. Bläschentypus gebaut besitzt. Der meist rundliche Kern birgt im Zentrum einen Innenkörper oder Karyosom, das nach den Untersuchungen von Schaudinn, Hartmann und Keyßelitz in vielen Fällen morphologisch einem zweiten Kern gleichzusetzen ist. (Vgl. Fig. 3.)

Auf Grund von vergleichenden Untersuchungen kam man zu der Ansicht, daß in der plastinähnlichen Substanz das Karyosoms das Protoplasma in einer dichteren, zähflüssigen Modifikation vorkommt; es nimmt in ihm periodisch die Gelphase im Gegensatz zu dem Solzustand des extranuklearen Protoplasmas an. Durch diese Eigenschaft eines Teiles der Karyosomsubstanz werden im Sinne von Flemming und Hertwig auch die Chromatinsubstanzen des Kernes zu den charakteristischen, so vielfach diskutierten Kernstäbchen der Chromosomen der Kernteilungsfiguren vereinigt und umgebildet, anderseits gehen aus dem Karyosom und dessen homologen Bildungen die Teilungsorgane, die sog. Zentralspindeln der Kerne hervor. Das Wort „Zentralspindel" ist allerdings cum grano salis zu verstehen; der Ausdruck „Zentralspindel" umfaßt im allgemeinen nur alle fibrillär umgebildeten, durchgehenden, eindimensional differenzierten Strukturen, die im Mittelpunkt der Kernteilungsvorgänge stehen. Diese Strukturen werden auch bei den Protozoen terminal von besonderen zyklischen, kontinuierlichen Organoiden — den Centriolen (*Plasmodio phora, Gregarinen, Myxosporidien, Amöben)* — gekrönt. In allen diesen Fällen ist eine typische Zentralspindel im ursprünglichen Sinne des Wortes, wie sie bei den Metazoen von Beneden, Hermann, Flemming u. a. beschrieben worden ist, ausgebildet. Nach den Untersuchungen von Lauterborn ist die Zentralspindel der *Diatomaeen (Pinnularia)* gleichsam ein Abschnürungsprodukt des voluminösen Centrosoma und hat nicht einmal die erwartete spindelförmige Gestalt, sondern ist tonnenförmig.

Bei manchen *Gregarinen, Pilzen (Erysiphe)* und *Algen (Fucus, Stypocaulon)* kommt eine intranukleare Spindel mit Centriolen vor, während der Hauptteil des Karyosoms degeneriert. Bei niederen Flagellaten, manchen Coccidien u. a. ist es vielleicht besser, nur von einer Karyosomdesmose als von einer eigentlichen Zentralspindel zu sprechen, weil das Karyosom sich nur hantelförmig zerteilt. Diese festeren, eindimensionalen Strukturen „wachsen" durch eine Art von Intususzeption und zwar weniger aus den vom Protoplasma allseitig zugeführten Substanzen, als aus den Substanzen, die ihnen die Centriolen oder die keulenförmig verdickten Enden der Karyosome liefern, so daß an diesen Stellen das leichtflüssige Protoplasma gelatiniert wird und eventuell zu Strahlungsphänomenen Anlaß gibt, die dann die Chromosomen der äquatorialen Zone, im Sinne der beiden Tochterzellen „teilen". Bei dem stetigen Auseinanderweichen der Centrosomen oder Karyosomteile werden zwischen den Teilhälften aus der Substanz dieser Bestandteile sowie aus dem Cytoplasma unter Vermittlung der Teilungsorganula im wahren Sinne des Wortes Zentralspindeln von Karyosomdesmen ausgesponnen, die in ihrem Wachstum nicht gleichen Schritt mit dem Wandern der Teilungsorganulae halten und daher oft gewellt oder geknickt sind. Unter Volumabnahme der Teilungsgebilde und Längezunahme der Desmen wird die Teilung des Kernes zu Ende geführt, indem im Cytoplasma gegen die Teilungsorganulae Radiär- oder Mantelstörungen stattfinden, die das Chromatin auf die Tochterkerne verteilen.

Über die verschiedenen Teilungsmodi der Protozoenkerne, die nach dem bläschenförmigen Typus gebaut sind, gibt das Schema Fig. 7 eine orientierende Übersicht. Wir sehen, daß besonders die plastinartige Modifikation des Karyosoma entweder intra- oder extranuklear den Teilungsapparat des Kernes, sei es in der Gestalt eines einfachen Hantelkörpers, sei es in der Form einer mit Centriolen ausgestatteten Zentralspindel aus sich hervorgehen läßt. —

Unsere Kenntnisse über die funktionelle Bedeutung des wichtigsten Kernbestandteils, des Chromatins sind derzeit noch höchst mangelhaft. In diesem Sinne sind wir mit mehr Theorien, auf die hier nicht eingegangen werden soll, als mit gut fundierten Experimenten bedacht worden.

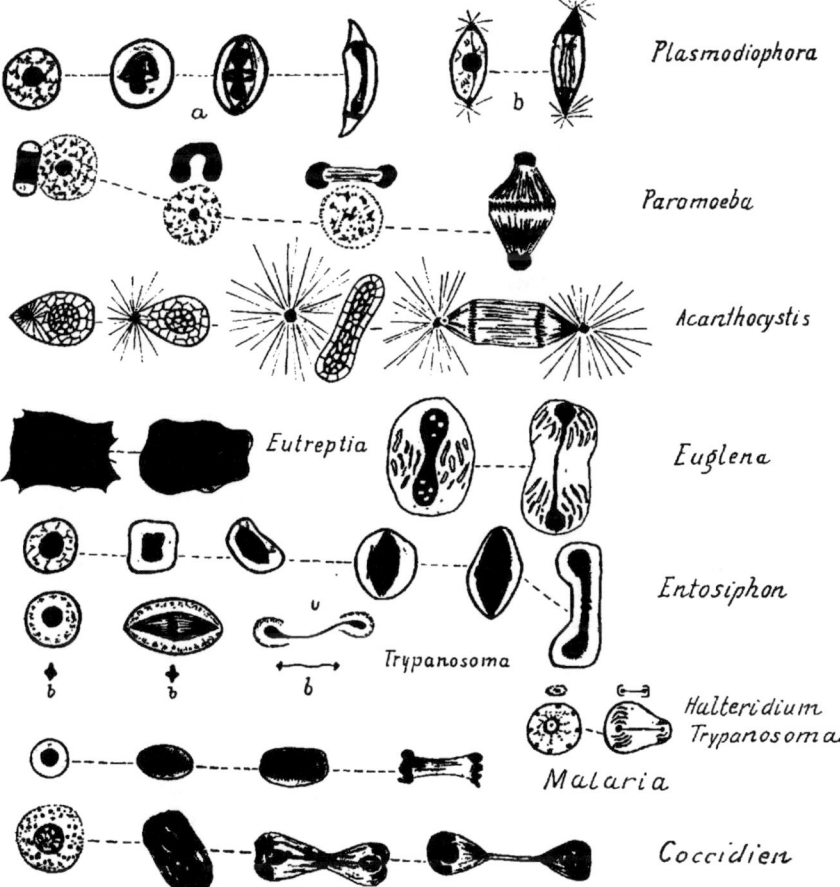

Fig. 7. Kernschema einiger Protozoen, aus dem die Doppelnatur des Kernes (Karysom [schwarz] und periphere Zone) hervorgeht.

Die Beziehungen des Chromatins vor allem der Chromidien zur Produktion von Glykogen (Zuelzer) und Pigment (Hertwig u. a. m.) sind bereits erwähnt worden. Das Chromatin scheint auch im osmotischen Haushalt der Zelle irgendeine Rolle zu spielen; es ist auffallend, daß in kernlosen Zellen nach einiger Zeit zahlreiche Flüssigkeitsvakuolen auftreten. Im Metazoenei ist nach der Ausbildung der Richtungskörper, die einer Chromatinverminderung im physiologischen Sinne gleichwertig ist, das Eiprotoplasma flüssigkeitsärmer, während das chromatinreiche Spermatozoon sich gleichsam in einem osmotisch überregulierten Zustand befindet. Bei der Befruchtung reißt es blitzartig zum Teil die vorhandene Flüssigkeit des Eies an sich, und es kommt zu dem charakteristischen bekannten Strahlungsphänomen. Gleichzeitig findet nach der Abscheidung der Dottermembran durch Abscheidung des Perivitellins eine Volumsverminderung statt (Bialaszewicz, Acad. d. sciences de Krakau. 1908). Nach Davenport und Schaper (Frosch), sowie Sommer und Wetzel (Ringelnatter) ändert sich der Flüssigkeitsgehalt des Eies während der Entwicklung nicht unwesentlich. „Mit der zunehmenden Reife wird das Ei bezüglich der osmotisch wirksamen Kernsubstanzen unterreguliert, und damit steht auch die gewaltige Wasserabnahme im Einklang, durch die Befruchtung wird es zunächst überreguliert, und der Flüssigkeitsgehalt steigt, bis wieder durch die vorschreitende Furchungsarbeit die alten Verhältnisse zwischen Protoplasma und Kern erreicht werden und der Flüssigkeitsgehalt eine Abnahme erleidet." Wachsende chromatinreiche Zellen sind gleichfalls flüssigkeitsreich (Davenport). Nach Apolant wird bei der Rückbildung der Mäusekarzinome unter Einfluß der Radiumstrahlen das Chromatin der Zellkerne verteilt, und die Zellen sehen hydropisch aus. Künstlich entkernte Protozoen- und Algenzellen sind ebenfalls von großen Vakuolen durchsetzt. Ferner haben Loeb, Herbst, Schaper, Godlewski und Bialaszewicz (Acad. d. scienc. d. Krakau. 1908) wiederholt auf die Wasseraufnahmeprozesse beim Wachstum tierischer Embryonen hingewiesen und sie mit Ausnahme von Bialaszewicz auf osmotische Prozesse zurückgeführt. Mit Kernprozessen sind diese Vorgänge bis jetzt nicht in Zusammenhang gebracht worden. Awerinzew bringt ferner die Vakuolen- und Nesselkapselproduktion mit dem Kern in Zusammenhang, dasselbe gilt bezüglich der Bildung der Myophrisken der Radiolarien nach Moroff und Stiastny.

Im allgemeinen wäre dieses so ziemlich alles, was wir über die physiologischen Funktionen der einzelnen Kernbestandteile bis jetzt wissen. Besser unterrichtet sind wir über die Rolle und Bedeutung des gesamten Zellkernes im Zellgebiete, da diese Fragen bereits einer wenn auch mitunter diffizilen Experimentierkunst zugänglich sind. — Die Frage nach der Bedeutung des Zellkernes ist besonders von Balbiani, Gruber, Nußbaum, Verworn, Klebs, Haberlandt u. a. m. experimentell bearbeitet worden. Die Resultate dieser Forschungen waren zum Teil anfangs so überraschend, daß man die Bedeutung des Zellkernes sehr überschätzte und die Lehre von einem Primat des Zellkernes aufstellte. Bereits Verworn trat aber in seiner „Physiologie" den übertriebenen Vorstellungen von der Alleinherrschaft des Kernes entgegen und verfocht die These, „daß weder der Kern noch das Protoplasma allein die Hauptrolle im Leben der Zelle spiele, sondern daß beide in gleicher Weise am Zustandekommen der Lebenserscheinungen beteiligt seien" (S. 493). Verworn wies darauf hin, daß der protoplasmaberaubte Kern ebenso zugrunde geht wie das des Kernes beraubte Protoplasma und daß der große Kern des Radiolars *Thalassicola* vorsichtig mit feinen Instrumenten aus dem Protoplasma herauspräpariert, ohne irgendwelche Regenerationserscheinungen an den Tag zu legen, zerfällt.

Nußbaum hatte bereits früher beobachtet, daß kernlose Teilstücke einer Protozoenzelle stets nach einer verschieden langen Zeit zugrunde gehen, eine Beobachtung, die seither mehrfach bestätigt worden ist. Dagegen regenerieren die kernhaltigen Teilstücke der Protozoen sich zu vollkommenen Zellen, die wiederum weitere Teilungen ausführen können. Die Methodik, entsprechende Teilstücke des Zelleibes zu erhalten, ist im Laufe der Zeit genau ausgearbeitet worden, und es seien hier, abgesehen von dem Abschneiden der Teile durch feine Messerchen, Nadeln, Uhrmacherahlen usw. folgende Hilfsmittel des Infusorienvivisektion angeführt: Zunächst hat Guanzati 1797 durch plötzlichen Wasserzusatz beim Austrocknen der infusorienhaltigen Wassertropfen Teile vom Protoplasma abgesprengt, die man auch durch Schütteln in Reagenzröhrchen (Lillie), durch Klopfen auf das Deckglas (Nußbaum), durch Einschnürung mit Algenfäden (Dujardin) oder durch Desintregation durch den elektrischen Strom (Verworn) erhalten kann. Läßt man verwundete Stentoren plötzlich auf die Oberfläche eines gespannten Wassertropfens in geeigneter Weise auffallen, so kann man durch die Oberflächenspannung des Tropfens, die besondere Ausbreitungsphänomene veranlaßt, Teile aus den Protozoen eliminieren.

Im allgemeinen gelangte man zu der Anschauung, daß nur kernhaltige Infusorienteile regenerieren. Unter geeigneten Versuchsbedingungen kann man aber auch kernlose Regenerate erhalten. Die Versuche sind an Stentoren angestellt worden und können in drei Gruppen eingeteilt werden:

I. Es wurden sich teilende Stentoren schief zur Längsachse derart angeschnitten, daß das Kernband eliminiert wurde. Trotzdem wurde ein minutiöser Stentor regeneriert, dessen kontraktile Vakuole im selben

Rhythmus wie die Vakuole des kernhaltigen Stückes pulsierte. „Die Pulsationsfrequenz war also in beiden physiologisch gleichartigen Teilen zunächst gleich und nicht abhängig von der äußeren wasseraufnehmenden Oberfläche."

II. Konnte durch wiederholte Verwundungen das Stentorplasma gleichsam auf die Regeneration eingeübt werden, so daß auch kernlose, allerdings mit Chromatinfarbstoffen intensiver sich färbende Teilstücke normal regenerierten.

III. In einem Falle schritt ein kernloses Teilstück in der Wärmekultur (Thermostat bei 25°) zur Regeneration und bildete sogar zwei nicht vollständige Peristome aus.

Normale kernlose *Stentor coeruleus* beobachtete bereits Bütschli (1874); früher wurde ferner kernloser Gregarinen, Hämoproteusookineten, Trypanosoma- und Herpetomonasformen gedacht, doch ist über die Lebensdauer dieser Formen bis jetzt nichts Tatsächliches bekannt. Immerhin glauben wir, daß der folgende Satz von Heidenhain durch die eben angeführten Beobachtungen einige Einschränkungen erfahren muß: „daß in kernlosen, experimentell erhaltenen Plasmastücken allmählich doch immer die Dissimilation (Diathese) überwiegend wird und somit die Vollständigkeit der internen Regeneration, welche wir zum Unterschiede von der mit Mitose verbundenen Geweberegeneration als Reparation bezeichnen wollen, auf die Dauer Not leidet" (Plasma und Zelle. Jena 1907, S. 63). Die Ergebnisse der Experimente zwingen uns zu der Annahme, daß unter gewissen Umständen auch kernlose Infusorienzelleibstücke der Regeneration fähig sind.

Ein anderes Ergebnis der künstlichen Teilungsversuche war das, daß die für jedes Protozoon charakteristischen Bewegungen an jedem einzelnen kernhaltigen und kernlosen, experimentell gewonnenen Teilstück fortbestehen. Die Fähigkeit der Nahrungsaufnahme sowie der Verdauung, deren einzelne Etappen man bequem durch Zusatz von Neutralrot studieren kann (zuerst unter Einfluß einer schwachen Mineralsäure sauer, später alkalisch), ist gleichfalls nicht allein vom Kern abhängig, da kernlose Zellen (Amöben) die aufgenommenen Nahrungsinfusorien in vielen Fällen in ihren Nahrungsvakuolen abtöten, ja verdauen. Ferner ist es bekannt, daß *Vortizellen*, deren Kern durch Bakterien vollständig zerstört worden ist, noch lange Zeit leben und Nahrung aufnehmen. Der Kern kann demnach nicht als einziger Sitz aller Stoffwechselvorgänge angesehen werden. Dasselbe gilt bezüglich der Exkretion und Abscheidung von Flüssigkeit in der Form von pulsierenden Vakuolen. Die letzteren treten in kernlosen Teilstücken z. B. von *Stylonychia* nach einem gewissen Reizzustande in der alten Weise wieder auf und pulsieren ungefähr in derselben Frequenz wie beim normalen Organismus. Es ist gelungen, einen eben sich teilenden *Stentor* derart zu zerschneiden, daß aus dem einen kernlosen Teilstück ein minutiöser *Stentor* entstanden ist, der sodann eine kontraktile Vakuole ausbildete, die im selben Rhythmus wie die Vakuole des größeren, kernhaltigen Tieres pulsierte. Die Pulsationsfrequenz der kontraktilen Vakuole war in beiden zunächst noch physiologisch gleichartigen Teilen gleich und nicht abhängig von der äußeren wasseraufnehmenden Oberfläche. Auch die Art und Weise der Defäkation ist vom Kern unabhängig. Über die vermuteten Beziehungen des Kernes der Protisten zur Atmungstätigkeit der Zelle soll in einem späteren Kapitel noch genauer berichtet werden. Es ist ferner bekannt, daß die meisten Funktionen der Protistenzelle noch persistieren können, während der Kern infolge verschiedener Noxen völlig zerstört ist. Gruber (Zool. Jahrb., Festschrift für Weismann 1904) beobachtete *Amoeba viridis* auf derartigen Stadien, und Doflein (Archiv f. Protistenkunde, Supplement I. Festband f. R. Hertwig) untersuchte durch Parasitismus entkernte Individuen der *Amoeba vespertilio*, bei denen Bewegung, Nahrungsaufnahme und Tätigkeit der kontraktilen Vakuole deutlich nachweisbar waren; Doflein kommt zu dem Schluß, daß zu den erwähnten Funktionen der Zelle nur „bestimmte Substanzen des Kernes, nicht eine bestimmte Gesamtstruktur derselben notwendig ist." In letzter Zeit berichtete Borgert (Archiv f. Prot. 1909) über Tripyleen-Radiolarien, deren Kern durch eine fettige Degeneration zerstört wurde und die noch längere Zeit lebten.

Der Kern scheint dagegen zur Produktion gewisser Schleimsubstanzen der Protozoenzellen in direkter Beziehung zu stehen. Hofer (Jenaische Zeitschr. f. Naturw. Bd. XVII. 1889) stellte fest, daß nur kernhaltige Teilstücke der Amöben den für die Kriechbewegung charakteristischen Schleim produzieren und daß die Teilstücke nach der Entkernung frei im Wasser flottieren. Bei künstlich merotomierten Difflugien beobachtete Verworn (Zeitschr. f. wissenschaftl. Zoologie, Bd. L 1894), daß die entkernten Protoplasten bald das Vermögen, sich festzusetzen, einbüßen. Von Interesse ist ferner, daß die Trypanosomen meist mit den Zellenden, die den sog. Blepharoplast, der ein Kernderivat ist, führen, in der Lage sind, miteinander zu verkleben und zu agglomerieren. Diese Agglomeration ist von der Agglutination der Bakterien insofern zu unterscheiden, als abgetötete Trypanosomen miteinander nicht agglomerieren, während man bekanntlich abgetötete Bakterien zur Agglutination veranlassen kann. Diese Agglomeration kann unter den mannigfachsten Verhältnissen zuweilen auch spontan im Zellkörper erfolgen. Nach meinen Untersuchungen tritt die Agglomeration auch zuweilen beim Zentrifugieren des Blutes, bei Zusatz von taurocholsauerem Natrium (hohe Verdünnung), Galle, „Immunserum" (Dourine), inaktiven Milzpreßsaft, Zusatz von Brillantkresylblau usw. ein. Sowohl bei den Trypanosomen als auch bei den Spirochaeten kann man oft durch entsprechende Giemsafärbungen zwischen den Zellen eine Art von rotfärbbaren Schleimsubstanzen nachweisen.

Beziehungen des Kernes zur Bildung der sog. Cystenmembranen sind gleichfalls festgestellt worden (z. B. Gregarinen von Brazil, für Herpetomonaden u. a. m.). Meines Wissens ist eine Enzystierung von tatsächlich kernlosen Protistenzellen noch nicht beobachtet worden. Schmitz (Festschrift d. naturf. Gesellschaft zu Halle 1879) und Klebs (Biologisches Zentralblatt 1887, Bd. VII) geben an, daß die Bildung der Zellulosemembran der Algenzellen nur bei Anwesenheit des Kernes erfolgt, und Verworn (Zeitschr. f. wiss. Zoologie 1888) wies für *Polystomella crispa* die Notwendigkeit des Kernes für die Bildung der Kalkschale nach. Von besonderer Wichtigkeit sind aber die letzten Beobachtungen von Palla (Berichte d. bot. Gesellsch. 1906), die zu dem Ergebnis führten, daß kernlose Rhizoiden von *Marchantia polymorpha* und Brennhaare von *Urtica dioica* doch Membranen bilden; die Membranbildung ist daher in diesen Fällen von der Anwesenheit des Kernes unabhängig. — Zweifelsohne spielt aber der Kern im Haushalt der Zelle doch eine große Rolle, und es sind in diesem Sinne die Beziehungen seiner chromatischen Bestandteile zum Zelleben von einer ganzen Reihe von Autoren wie Hertwig, Kasanzeff, Siedlecki, Moroff, Goldschmidt, Neresheimer u.a.m. mehrfach in überzeugender Weise diskutiert worden. Der Hauptbeweis für eine große Wichtigkeit des Kernes für das Zellgetriebe scheint mir aber in der Tatsache zu liegen, daß er ein zwar zyklisches, aber kontinuierliches Zellorganell ist, das sich direkt oder indirekt (Chromidien) von Generation zu Generation erhält und bei der wichtigen, später noch näher zu besprechenden Befruchtung eine hervorragende Rolle spielt. Wenn er auch bei der Nahrungsaufnahme, Exkretion, Bewegung, Atmung, Reflextätigkeit zunächst keine direkt nachweisbare Rolle zu spielen scheint, so ist er doch der Produzent von gewissen Profermenten und autoplastischen, funktionellen Generatoren, die im Protoplasma irgendwie aktiviert werden und so indirekt und oft in morphologisch nicht nachweisbarer Weise in das Zellgetriebe eingreifen. Der Kern beeinflußt mehr in dynamischer Weise das Zellgetriebe. Das Chromatin steht auch zu den Zellipoiden in einer gewissen Beziehung; alte Colpidiumzellen sind chromatinreich und arm an Lipoiden. Auch der Träger der Morphe ist der Kern, indem all' die formbestimmenden Strukturen, wie bereits angedeutet worden ist, irgendwie auf Derivate des Kernes als Basalkörper, Centrosomen, Blepharoplaste, Karyosome, Zentralkörper (Heliozoen) zurückgeführt werden können. Die Axopodien der Heliozoen (Keyßelitz), die Randfäden der Trypanosomen und Spirochaeten, die Achsenfäden der Geißeln, die Stützstrukturen höher organisierter Flagellaten *(Trichomonas, Trichomastix, Bodo,* wahrscheinlich *Callonympha* usw.) sind mehr oder weniger genetisch Kernderivate und prägen den betreffenden Protisten erst die Form auf. Da die Morphe das Wesen der Organisation ausmacht und in einem Sinne immer irgendwie vorhanden sein muß, ist die Kontinuität des Kernes verständlich.

Andere Organoide der Protozoenzelle und ihre physiologische Bedeutung.

Im Zelleib der Protozoen kommen neben dem Kern und dessen Derivaten auch zahlreiche andere, selbständige Einschlüsse — Organoide von verschiedener physiologischer Dignität vor, die nun hier in Kürze, soweit sie für uns ein Interesse besitzen, besprochen werden sollen. In dem Alveolargerüstwerke der meisten Protisten und zwar vorwiegend in den Ecken der Alveolen oder in besonderen Zwickelwaben kommen winzigste Granulationen, die sogen. Mikrogranula vor, deren physiologische Funktion noch unbekannt ist. In den hyalinen Fortsätzen vieler Amöben, d. h. in den Pseudospodien, in denen keine weitere Struktur nachweisbar ist, kann man bei entsprechender Vergrößerung minutiöse Körnchen in lebhaft tanzender Bewegung wahrnehmen Sie durchbrechen vielfach plötzlich in einem Fontainestrom die Protoplasmadecke und stürzen in den hyalinen Fortsatz. Vielleicht entstehen sie hier erst durch eine globulitische Entmischung. Manchesmal werden sie bis zum äußersten Rande des Pseudopodium fortgeschleudert. Offenbar sind sie identisch mit den Körnchen, die bereits Bütschli (1902) beobachtet hatte. Auch Schneider (Arb. a. d. zoolog. Inst. Wien 1905) untersuchte dieselben Gebilde und knüpfte an sie weitgehende theoretische, vitalistische Vorstellungen.

Seit langem sind im Zelleib einiger Amöben sogen. Eiweißkugeln bekannt, sie wurden bereits von Auerbach bei *Amoeba proteus* beschrieben, und erst jüngst hat sie Schubotz (Archiv f. Protistenkunde 1905) genau chemisch analysiert. Nach dem letzteren Autor werden die offenbar zähflüssigen Kugeln nach Einwirkung von absolutem Alkohol fest, färben sich mit Millon's Reagens rot und verkohlen in starker Hitze, alles Erscheinungen, die für eine Eiweißnatur der Kugeln sprechen.

Im Protoplasma von *Pelomyxa* kommen von Greeff zuerst beschriebene sogen. Glanzkörper vor, von denen Goldschmidt (Archiv f. Protistenkunde 1904) annimmt, daß sie aus dem Kern entstehen, indem aus der Kernmembran das Chromatin in Form eines Klumpens exzentrisch heraustritt, während die Plastinmasse des Kernes sich stark ausdehnt, eine Art von Plastinkugel bildet, die schließlich noch von der zerknitterten Kernmembran umhüllt wird. Sobald nun diese verschwindet, entsteht aus der Plastinkugel ein Glanzkörper der *Pelomyxa*. Der Glanzkörper wäre also genetisch ein Umwandlungsprodukt des Plastins des Kernes, der sein Chromatin in Form von Chromidien an das Protoplasma abgegeben und schließlich auch die Kernmembran eingebüßt hatte. Gegen diese Erklärung hat Bott (Arch. f. Prot. 1906) einige Bedenken geäußert.

Nach Štolc (Zeitschrift. f. wiss. Zool. 1900) bestehen die Glanzkörper der *Pelomyxa* aus Glykogen, sind jedoch von einer Hülle eines schwer löslichen Kohlenhydrates umgeben.

Glykogen ist von Certes (Compt. rend. 190, 880), Maupas (Compt. rend. 1885), Maggi (Rend. Institut. Lomb. 17, 1885), Bütschli (Zeitschr. f. Biologie 1885) und Barfurth (Archiv f. mikr. anat. 1885) bei einer ganzen Reihe von Protozoen *(Opalina, Paramaecium aurelia, Vorticella* u. a. m.) beobachtet worden. Eine glykogenartige Substanz tritt auch bei den *Gregarinen* in Form von ovalen oder rundlichen Körnchen, die durch ein starkes Lichtbrechungsvermögen ausgezeichnet sind, auf. Mit Jod nehmen sie eine braunrote bis braunviolette Färbung an, die auf Zusatz von Schwefelsäure weinrot oder veilchenblau wird — beim Erhitzen verschwindet sie, durch Speicheldiastase wird die Substanz, die Bütschli Paraglykogen nannte, im Gegensatz zu Glykogen nicht in reduzierenden Zucker übergeführt. Das Glykogen stellt offenbar eine Art von Reservestoff dar und wird bei der intramolekularen Atmung durch Spaltungen aufgearbeitet (vgl. Weinland, Zeitschr. f. Biologie 1901). Auch in den Cysten der im Darm der höheren Tiere parasitisch lebenden *Trichomonaden* und *Trichomastix*formen kommen glykogenartige Reservestoffballen vor. Wie bei den Gregarinen sind im Zelleibe der entoparasitisch lebenden Balantidien und Nyctotherus von Bütschli und Maupas gleichfalls glykogenartige Einschlüsse beschrieben worden. Bütschli (1885) nannte sie Paraglykogen, Maupas Zooamylum. Sie färben sich mit Jod braun, nachträglich mit verdünnter Schwefelsäure violett und sind in konzentrierten Mineralsäuren sowie in Kalilauge löslich. Nach Drzewecki (Archiv f. Protistenkunde 1903) werden die Paraglykogenkörnchen im Laufe der Entwickelung aufgelöst und später wieder neu gebildet. Im Myxomycetenprotoplasma haben Kühne (Lehrb. d. phys. Chemie, Leipzig 1866) und Külz (Pflügers Archiv f. Physiol. 1881) Glykogen konstatiert.

An dieser Stelle möchte ich der von Goldschmidt (Archiv f. Protistenkunde Supplement 1907) bei einigen *Mastigamöben (Mastigella)* beobachteten Klebkörner Erwähnung tun. Es sind dies kurz stabförmige Körner, die bei den kriechenden Organismen ausschließlich am hintersten Ende vorkommen und durch ihre klebrige Oberfläche sowie durch einen gewissen Reibungswiderstand einen Stützpunkt beim Vorwärtskriechen des Hinterendes bilden. „Die Funktion der Klebekörner wäre dann die gleiche, wie die der Nägel an den Schuhen des Bergsteigers."

Die *Mastigella* nimmt bei der Nahrungsaufnahme lange Algenfäden in ihren Zelleib auf, die Klebkörner gruppieren sich dicht um den Algenfaden, sie kleben an ihm fest, und die Sarkode des Organismus umhüllt den Algenfaden kanalartig. Sind sehr große Algenfäden einverleibt worden, so werden sie von der Amöbe in eigenartiger Weise wiederum unter Mithilfe der klebrigen Eigenschaft der Klebekörner im Zelleibe selbst „zerbrochen". Die Klebkörner sammeln sich in der Mitte in Form eines Gürtels an, „und nun beginnt das Plasma auf einer Seite kleine konische Pseudopodienhöcker zu bilden, auf deren Spitze je ein Klebkorn liegt, und indem das Plasma, sichtlich mit Hilfe der Klebkörnchen sich anheftend, auf dieser Seite vorwärts wandert, während die Körner der Gegenseite wohl das Punctum fixum herstellen, wird der Faden allmählich geknickt."

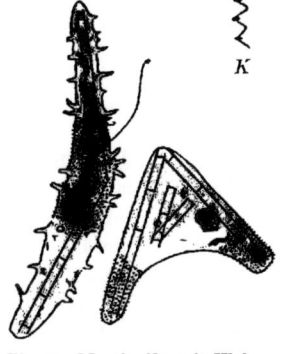

Fig. 8. Mastigella mit Klebkörnern umhüllt einen Algenfaden. Bei *K* 3 Klebkörner. Nach Goldschmidt.

Ältere Untersucher der Protistenzellen bezeichneten vielfach die glänzenden Exkretkörner des Protoplasmas als Fett, das demgegenüber im allgemeinen nur ausnahmsweise bei den eigentlichen Protozoen vorkommen dürfte. Nach Schewiakoff kommt es im Entoplasma von Nassula aurea, nach Nußbaum bei Opalina ranarum, nach Fabre bei Philestes digitiformis vor. Im Paramaeciumzelleib schwärzen sich im allgemeinen kaum mit Osmium Granulationen, dagegen nehmen zahlreiche Granula die Grammfärbung an (Biol. Zentralbl. XXVIII, 1908). Fettkügelchen sind ferner bei den Flagellaten *Zygoselmis* und *Oxyrrhis* beobachtet worden und treten nach Klebs in den Cysten der Euglenen auf. Bei den Dinoflagellaten konnte gewöhnlich ein farbloses Fett, das in Alkohol leicht löslich ist und sich mit Osmiumsäure schwärzt, festgestellt werden; nicht selten kommen auch von Haematochrom gelb gefärbte Fettkugeln im Protoplasma vor.

Vignal beschrieb ferner bei *Noctiluca* zuweilen bis 0,01 mm große Fettropfen, die die Osmiumreaktion gaben sowie durch Färbung mit Quinolin ihre Fettnatur dokumentierten. Bekannt ist das Vorkommen des Fettes bei *Radiolarien* (Borgert) sowie bei den *Coëllomgregarinen* der Insekten. Bei *Stylocystis praecox* verdecken die Fettkörnchen fast alle Plasmaeinschlüsse, und bei *Pterocephalus* kommen sie hauptsächlich in dem mittleren vor dem Deutomerit gelegenen Protomeritteil vor. Thelohan hat bei *Myxosporidien* Fett und fettähnliche Substanzen beobachtet. Meyer (Botan. Ztg. Heft 7, 1904) beschrieb zuerst zähflüssige, zuweilen kristallinische Körperchen im Protoplasma zahlreicher Mikroorganismen unter dem Namen „Volutin"; diese Gebilde scheinen mir mit den von Bütschli und Lauterborn zuerst untersuchten sogen. roten Körnchen der Diatomeen identisch zu sein. Nach Meyer stellen sie sauere oder gesättigte Verbindungen der Nukleinsäure mit einer organischen Base dar, sie färben sich mit Jod gelblich, mit Methylenblau und 1 % Schwefelsäure bläulich. Die Natur des Volutins muß noch näher analysiert werden, obzwar bereits jetzt nicht daran zu zweifeln ist, daß es eine Art von Reservestoff darstellt. Im übrigen kommen im Protoplasma, wie bereits erwähnt, verschiedene fettartige Substanzen vor. „Jedes Protoplasma scheint ferner fettartige Substanzen zu enthalten. Dieselben konnten aus den Plasmodien mit Äther ausgezogen werden." — — Doch scheint nur ein Bruchteil der hohen Fettsäuren in Gestalt von Fetten (Glyceriden) vorhanden zu sein; eine weit größere Menge davon findet sich in Form von Kalkseifen (vgl. Chem. Physiol. d. niederen Tiere, O. v. Fürth).

Bevor wir das Wesen der eigentlichen Exkretkörper und Kristallchen beschreiben, erübrigt uns in Kürze die im Körper zahlreicher Flagellaten auftretenden grünen Inhaltskörper zu betrachten. Sie verhalten sich morphologisch und physiologisch im allgemeinen wie die Chromatophoren der Pflanzenzellen und sollen hier unter dem gleichen Namen geschildert werden. Sie sind Assimilationsorganoide der Zelle und produzieren „Stärke". Die Chromatophoren besitzen vielfach eine minutiös alveoläre Struktur, nehmen nach Klebs bei den *Euglenen* nach der Quetschung eine Art von radiärgestreifter Zeichnung an. Ihre Alveolen sind von dem Chlorophyllfarbstoff durchtränkt; derselbe kann durch Äther oder Alkohol ausgezogen werden, und es bleibt sodann nur die Gerüstsubstanz der Chromatophore übrig. Nach Sorby (Quart. Journ. micr. Science 1878) ist das tierische Chlorophyll identisch mit dem Pflanzenchlorophyll. Die Färbung der Chromatophore ist ziemlich mannigfaltig und dürfte darauf zurückzuführen sein, daß das „Chlorophyll" im üblichen Sinne des Wortes ein recht kompliziert gebauter Körper ist und im Grunde genommen einer Mischung von mehreren Farbstoffen entspricht. Eine braune Färbung der Chromatophoren findet man bei *Chrysomonadinen, Dinobryon,* bei den Dinoflagellaten besitzen diese Organoide braune, gelblichbraune oder braungrüne Farbentöne, die wohl auf eine Mischung von Chlorophyll und Diatomin oder einen verwandten Farbstoff zurückzuführen sind. Den Farbstoff der Peridineen untersuchte Schütt (Berichte d. bot. Gesellschaft VIII, 1890) genauer und bezeichnete ihn Phykopyrrin (α und β Modifikation). Er ist in Alkohol, Äther und Benzol löslich. Daneben tritt noch ein Peridinin und Peridineenchlorophyll auf.

Nicht selten kommt es vor, daß die Chromatophoren ihre assimilatorischen Funktionen aufgeben und ihren Farbstoff einbüßen; man bezeichnet derartige Chromatophoren als apochlorotisch, und die Flagellaten führen auf diese Weise eine mixtotrophe Lebensweise, d. h. bald assimilieren die gefärbten Chromatophoren der Lebewesen im Lichte, bald büßen sie ihren Farbstoff ein, und die Mikroorganismen nehmen entweder geformte Nahrung in Nahrungsvakuolen auf oder aber ernähren sie sich auf saprophytischem Wege. Zu derartigen mixto- oder heterotrophen Flagellaten usw., Dinoflagellaten gehören die *Gymnodinien,* von denen bereits Ehrenberg und Schmarda angaben, daß sie zeitweise feste Nahrung aufnehmen, und Ehrenberg war in der Lage, *Peridinium pulvisculus* mit Karminkörnchen zu füttern. Zumstein (Jahrb. f. wiss. Botan. 1900) weist nach, daß *Euglenen* sich heterotroph ernähren können. *Euglena gracilis* nutzt Zitronensäure (1—2 %), weniger gut Weinsäure (0,5—1 %), schlecht 0,2 Oxalsäure aus. Diatomeen mit abgeblaßten Chromatophoren, die sich auf saprophytische Weise ernähren, beschrieb zuerst Cohn, später konnte ich ähnliche Formen in faulenden Fetzen vom Meersalat beobachten, und sie sind in der Folge mehrfach von Palla, Beneke, Klebhan, Karsten u. a. m. untersucht worden. Die eingehendste Arbeit verdanken wir O. Richter (Denkschrift d. K. Akademie, Wien 1909). Im Hafenplankton von Penang fand ich in größeren Schleimballen zahlreiche *Streptotheca,* eigentümliche diatomeenähnliche Mikroorga-

nismen, die ein dünnes, um die Längsachse gedrehtes Band darstellen und die durchweg apochlorotisch waren. —
Von besonderem Interesse ist die von Engelmann (Pflugers Archiv Bd. XXXII, 1883) ermittelte Tatsache, daß im Ektoplasma mancher Vortizellen freies, nicht an Chromatophoren gebundenes Chlorophyll vorkommt, das im Lichte Sauerstoff zur Ausscheidung bringt, wie durch die bekannte Bakterienmethode nachgewiesen werden konnte. Der Farbstoff der grünen Zellen ballt sich unter ungünstigen Verhältnissen zu lichtbrechenden Kugeln zusammen, die bei einer mikrospektroskopischen Untersuchung ein Absorptionsband im Rot zwischen B und C und eine kontinuierliche Endabsorption etwa von F besitzen.

Seit langer Zeit ist bei den Flagellaten vor allem bei *Euglena sanguinea* und *Haematococcus* das Auftreten eines roten Pigments, des Haematochroms bekannt. Rotfärbung tritt aber auch bei vielen enzystierten Formen dieser Flagellaten auf, wobei man oft einen allmählichen Übergang der grünen Individuen in rotgefärbte durch eine aufmerksame Untersuchung festgestellen kann. Das Haematochrom tritt zuerst in feinkörniger Form im Protoplasma auf und gehört nach Cohn, Braun u. a. in die Gruppe der Fettfarbstoffe (Chromophane nach Kühne).

Nach C. Hamburger (Archiv f. Protistenkunde 1905) tritt der Farbstoff in Form von kleinen Tröpfchen auch in der äußeren Alveolarschicht des Protoplasmas bei *Dunaliella* auf und ist in Alkohol und Äther löslich. Mit konzentrierter Schwefelsäure (89%) wird das Haematochrom, das chemisch von Wittich (Virchows Archiv 1863), Bütschli und Kutscher (Zeitschr. f. physiol. Chemie 1898), Visart (Atti societa Toscana di scienze 1890) bereits untersucht worden ist, blau, durch Salpetersäure (35%), sowie durch verdünnte Jodjodkaliumlösung wird es grün verfärbt. Beim Zusatz von Alkohol zu der ätherischen Lösung erhält man granatrote Oktaeder.

Läßt man die alkoholische Lösung auf dem Thermostaten verdampfen, so bilden sich wetzsteinförmige Kristalle.

„Welche Vorteile die Erzeugung des Haematochroms darbietet, ist ebenso zweifelhaft; vielleicht möchte doch die gelegentlich geäußerte Ansicht, daß dasselbe eine Art Schutzmittel gegen gewisse äußere Einflüsse darstelle, vieles für sich haben." (Bütschli Protozoa Bronns Klassen und Ordnungen des Tierreiches 1883—87), Ray-Lankester (Quart. Jcum. Microsc. science 13—1873) stellte das Absorptionsspektrum des blauen Farbstoffs von *Stentor coeruleus* fest, der durch verdünnte Säuren nicht verändert, durch Alkalien vertieft wird. Es besteht aus zwei Streifen und zwar einer in Rot vor C und einer in in Grün zwischen D und E. Spektroskopisch untersuchte den roten Farbstoff von *Blepharisma* Arcichovskij (Archiv f. Protistenkunde 1905). Der genannte Autor bezeichnete ihn als Zoopurpurin und konnte ihn mit 96% Alkohol extrahieren. Kultiviert man diese Infusorien auf Agarlecithinnährböden, so werden sie dunkler gefärbt.

In den grünen Chromatophoren kommen mit Eisenhaematoxylin stark färbbare lichtbrechende Körperchen vor, die aus einer mit Jod sich bläuenden Außenzone (Stärke, Amylum) und einem plastinartigen bläschenförmigen Inhalt bestehen. Es sind dies die Pyrenoide; eigentlich bezieht sich dieser Name nach Schmitz nur auf den Zentralkörper, der, sobald er von einem Amylummantel umhüllt ist, Amylumherd oder Stärkebildner heißen soll. Manchmal springt das Pyrenoid scheibenförmig über die Oberfläche des Chromatophors hervor. Reinhardt (Arbeiten d. Naturf. Gesellschaft d. Univ. Charkoff, Bd. X, 1876) und Cohn (1878) verglichen sie mit Zellkernen, eine Ansicht, die im modernen Sinne etwa vom Standpunkt der Doppelkernigkeit der Zelle insofern diskutierbar ist, als man die vegetativen Funktionen des Kernes auf mehrere Organoide (Blepharoplaste, Pyrenoide) bei den niederen Algen-Flagellaten sich verteilt denken kann, während bei den höheren Metaphyten zumeist die Blepharoplast-Centrosomen verschwinden und das Homologon des zweiten Kernes nur in den genannten Amylumherden zu suchen ist. Schmitz vergleicht sie mit Nucleoli, und Bütschli schreibt diesbezüglich in seinem berühmten Flagellatenwerk: „jedenfalls ist die selbständige Vermehrungsfähigkeit der Chromatophoren (und auch Pyrenoide) für diese Frage recht bemerkenswert". Nach meinen Beobachtungen vermehren sich die Pyrenoide meistens durch Teilung, zuweilen durch eine eigenartige Spaltung und sind in diesem Sinne dem Kerne gleichzusetzende Gebilde, die ihren eigenen Vererbungsgesetzen folgen. Bei *Bryopsis* wurde manchmal eine Art von Pyrenoidsprossung beobachtet. Eine Neubildung der Pyrenoide ist bis jetzt mit Sicherheit nicht festgestellt worden. Overton (Bot. Zentralblatt XXXIX, 1889) beschrieb bei Gonium und Volvox eine Auflösung und Neubildung von Pyrenoiden.

Stärkekörner kommen sowohl bei grüngefärbten als auch bei sicherlich farblosen Flagellaten vor, die mit den grünen, chlorophyllhaltigen Flagellaten am nächsten verwandt sind. Es sei nur an das allbekannte Vorkommen von Stärke bei *Polytoma* und *Chilomonas* erinnert, wo die Amylumkörnchen nicht von außen aufgenommene Ingesta, sondern tatsächlich Stoffwechselprodukte sind.

40 Andere Organoide der Protozoenzelle und ihre physiologische Bedeutung.

Die Produktion von Stärke ist also **nicht** ein ausschließliches Privileg der grünen, chlorophyllführenden Protisten. Dagegen kommt gerade bei vielen *Euglenoiden*, die grüne Chromatophoren besitzen, keine echte Stärke, sondern ein nahverwandtes Kohlenhydrat, das **Paramylum** vor, das manche verwandtschaftliche Beziehungen zur Zellulose besitzt. Das Paramylum färbt sich im Gegensatz zu der Stärke nicht mit Jod blau; Säuren gegenüber ist es im allgemeinen resistent und löst sich in rauchender Salzsäure, wobei nach Gottlieb gährungsfähiger Zucker entsteht. Diastase beeinflußt das Paramylum nicht. Kutscher (Zeitschrift f. physiol. Chemie, 1898) fand das Paramylum löslich in Kalilauge und Formalin und wandelte es durch Kochen mit verdünnter Salzsäure in reduzierenden, gährungsfähigen Zucker.

Bütschli (Archiv f. Protistenkunde, 1906) hat das Paramylum genau untersucht. Mit 7—8% Salzsäure gekocht, werden die Körnchen für Kalilauge quellbar und lösen sich in 70% Schwefelsäure auf. Mit Schwefelsäure gekocht (16 Stunden) liefert die Substanz einen reduzierenden Körper. Es wurde ein Osazon vom Schmelzpunkt 204 bis 205° hergestellt, so daß der Zucker des Paramylum d-Glokuse ist. Über die Struktur und chemisch-physikalische Verhalten der Paramylumkörper macht Bütschli in der zitierten Arbeit sehr eingehende Mitteilungen.

Die meisten Protozoen besitzen in ihrem Protoplasma mehr oder weniger lichtbrechende, kristallinische Einschlüsse zweifelhafter Art, die oft von einer kleinen Vakuole umschlossen sind und im allgemeinen als **Exkretkörnchen** bezeichnet werden. Es ist aber nicht zu leugnen, daß diese Bezeichnung etwas unklar ist, weil sonst die Exkretstoffe direkt ausgeschieden und nicht in irgendwelcher kristallinischen Form vorher niedergeschlagen werden, um erst sekundär ausgestoßen oder in gelöster Form abgesondert zu werden. Vielleicht sollen diese kristallinischen Substanzen irgendwie das Schwebevermögen der Organismen regulieren und übernehmen z. B. bei *Loxodes* etwa als besondere Organoide die Funktionen von Statozysten (Schwerkraftorganoide). Bei manchen Formen werden sie in unveränderter Form ausgestoßen, sehr häufig ist dieses vor der Enzystierung der Fall. Am genauesten

Fig. 9. *Paramaecium* mit Exkretkristallen. Rechts vergrößert abgebildet. (Nach Schewiakoff.)

sind die Exkretkörnchen bei Paramäcium von Schewiakoff (Fig. 9) untersucht worden; dieser Autor stellte fest, daß sie aus phosphorsaurem Kalk bestehen und in ihrer Art sowie Menge von der aufgenommenen Nahrung abhängig sind (Zeitschr. f. wiss. Zoolog. Pys. XVII, 1893). Schaudinn (Abhandl. d. k. Akad. d. Wiss. 1899) hat in den Exkretkörnern von *Trichosphaerium* Kalzium und Phosphorsäure nachgewiesen. Bei tierischer Nahrung treten sie reichlicher auf, als bei einer vegetativen Ernährungsweise.

Rhumbler (Zeitschr. f. wiss. Zoolog. 1899) nahm von den Exkretkörnern der Infusorien an, daß sie aus Harnsäure bestehe, eine Angabe, die mehrfach bestritten worden ist.

Schewiakoff (l. c.) konnte weder diese noch die Beobachtung von Griffiths (Proc. roy. soc. Edinburgh 16, 1885—89 und Physiology of Invertebrata 1892) bestätigen, die Murexidreaktion fiel in allen Fällen negativ aus. Nach Schewiakoff werden die Exkretkörner im Protoplasma gelöst und ihre Substanz im gelösten Zustande durch die Vakuole nach außen entleert.

Cohn (52. Jahresbericht der Schlesischen Gesellschaft für vaterländische Kultur 1874) fand im Protoplasma von Protozoen, welche in schwefelstoffhaltigen Gewässern lebten, dunkle Schwefelkörner, die durch Oxydationen des Schwefelwasserstoffs entstehen.

Im Protoplasma der Vortizellinen, z. B. von *Campanella umbellaria* L. p., kommen eigenartige zellenähnliche Körperchen vor, die Schröder (Archiv f. Protistenkunde, 1906) *Cytophane* nennt, nach Entz besteht das Protoplasma enzystierter Vortizellinen ganz aus Cytophanen, Faurè (Compt rend. de. sc. biolog. 104) beschreibt sie als „de petites vésicules protéiques, constitués par une mince membrane résistante contenant un liquide homogène".

Zuelzer (Archiv f. Protistenkunde, 1904) stellte von den im Protoplasma vorkommenden Chromidien fest, daß sie von einer Gerüstsubstanz eiweißartiger, der Behandlung von Pepsin unterliegender Natur getragen werden, dagegen kommen in den Wabenwänden nukleinartige Verbindungen, die Chromatine, vor. Sie quellen in 1—2% Kalilauge wie das Plasma und die Kerne auf. In dem Wabeninhalt der Chromidialsubstanz kommen Körner vor, die durch ihre Löslichkeit durch Speichelferment, Jodfärbung und andere Reaktionen ihre Natur als kolloidales Kohlenhydrat dartun.

Die Substanz der Körner, die besonders im Herbst in den Chromidialnetzen auftreten, ist in Pepsin, Trypsin 2% Kalilauge, Alkohol, Äther und 50% Schwefelsäure bei 40° unlöslich, und es handelt sich hier um Paraglykogen.

Winter (Archiv f. Protistenkunde, 1907) beobachtete im Protoplasma der Thalamophoren neben den eigentlichen oben besprochenen Exkretkörnern 1—2 μ große chromorangegelbe Gebilde, die peripher mit lichtbrechenderen Körnchen besetzt sind, mit Osmium behandelt dunkeln sie nach, in Jodalkohol wird ihre Farbe goldgelbbräunlich. In vielen Protozoen kommen selbständige, ovale oder längliche Gebilde vor, die der Vermehrung fähig sind und von denen Bütschli, Säftigen und Tönniges annehmen, daß sie symbiotische parasitäre Organismen darstellen. Sie werden Bakteroiden genannt.

„Ballen unverdauter Nahrungsreste", in denen Exkretkörper (Xanthosome) vorkommen, nannte Schaudinn Stercome. Winter definiert sie als mechanisch entstandene Abfallgebilde aus ausgeschiedenen, unverdaulichen Bestandteilen und tatsächlichen Ausscheidungsprodukten, wie Exkretkörnern. Bei älteren Stercomen erhält man durch die Berlinerblaureaktion eine deutliche Blaufärbung, die auf eine besondere Verkittungssubstanz zurückgeführt wird.

Die Protozoenzelle und die Außenwelt.

Die Protozoenzellen sind gegen die Außenwelt hin durch membranartige, morphologisch verschieden charakterisierte Differenzierungen des Protoplasmas umgrenzt. Bei den Amöben sind es äußerst hinfällige, labile Niederschlagshäutchen, in denen vermutlich nur teilweise lipoidartige Fettsubstanzen eingetragen sind (Quincke) und die nur bei manchen Erdamöben und verwandten Formen eine derbere Konsistenz annehmen. Durch neuere Versuche konnte ich mich davon überzeugen, daß die äußere Hautschicht der Amöben nicht allein aus Lipoidsubstanzen bestehen kann, denn dann müßten die genannten Organismen bei Saponinzusatz explosivartig zerfließen, während man auf diese Weise eine allerdings nicht persistente Membran isolieren kann (Biolog. Zentralbl. XXVIII, 1908).

Bei den im Blute schmarotzenden *Spirochaeten* und *Trypanosomen* scheinen die Substanzen der äußeren alveolaren Hülle, die speziell bei diesen Formen Periplast genannt wird, mit den Kernsubstanzen zum Teil verwandt zu sein, sie widerstehen der Trypsin- und Pepsinverdauung ziemlich lange Zeit, färben sich mit dem Giemsafarbstoff nach Art des Chromatins rot, werden durch Saponin nur teilweise gelöst (Periplastschatten) und können von Amöben (*Entamoeba buccalis*), sowie von Phagozyten schwer verdaut werden.

Die mit Algen verwandten freilebenden Flagellaten, wie die zierlichen *Euglenaarten*, besitzen derbe Membranen, die zu den Proteinstoffen eine Verwandtschaft besitzen, sie verschwinden nach Klebs (Untersuch. des bot. Inst. Tübingen, Bd. I, 1883) nach 24 Stunden in Pepsinsalzsäure, während sie bei den im System nächststehenden *Phacusarten* unverändert bleiben. Bei *Euglena spirogyra* sind Eisenoxydhydrateinlagerungen in der Membran nachgewiesen worden.

Die äußere Begrenzung der *Coccidien* ist noch nicht genauer untersucht worden, dagegen kann man bei den *Gregarinen* am Ektoplasma vier verschiedene Schichten unterscheiden und zwar die eigentliche Kutikula, die Gallertschichte (Schewiakoff 1894), das Ektoplasma s. str. oder das Sarkozyt und schließlich das Myozyt mit besonderen Muskelfibrillen (Myonomen).

Bei den höchstorganisierten Ciliaten kommen verschiedene Pellikulae als membranartige Umhüllungen vor.

Optisch ist das Verhalten dieser membranartigen Hüllen noch wenig studiert worden. Gaidukow (Berichte d. bot. Gesellschaft, 1906) wies mit Hilfe des Ultramikroskops von Siedentopf nach, daß die Zellwände der Kohlensäure assimilierenden Pflanzen optisch leer sind, d. h. nicht glänzen, ebenso wie die Membranen der Purpurbakterien; die Zellwände kleiner Bakterien und Pilzhyphen glänzen dagegen etwas mehr, während die Periplaste der Spirochaeten und Trypanosomen bekanntlich optisch „voll" sind. Benützt man doch das Ultramikroskop dazu, die zarten Spirochaeten in der Dunkelfeldbeleuchtung leichter aufzufinden — sie leuchten in dem dunklen Felde geradezu auf. Diese Verhältnisse scheinen auch bezüglich der für exanthematische Krankheiten wichtigen Chlamydozoen ihre Geltung zu besitzen, wenigstens gibt Volpino (Zent. f. Bakt. 1908) für die kleinen Vaccineerreger an, daß sie im Dunkelfeld schwach aufleuchten. Diese Beobachtungen konnten in der Zwischenzeit bestätigt werden.

Fettartige, mit Lezithinen verwandte Stoffe kommen, wie bereits erwähnt worden ist, sowohl teilweise in den Membranen als auch im Protoplasma selbst vor und bedingen zum großen Teil dessen Struktur. Sie stellen gleichsam Angriffspunkte vieler Substanzen in die Plasmakolloide dar. Die Permeabilität mancher Membranen wird durch diese Lipoide derart teilweise beeinflußt, daß durch sie alle lipoidunlöslichen Substanzen zurückgehalten werden, während wegen ihrer hydrophilen Beschaffenheit Wasser und andere darin gelöste Substanzen die Membranen passieren können. Konzentrierte Salzlösungen vermögen die Lipoide und Lezithine wieder aufzuhellen, und damit geht auch die haemolytische Wirkung dieser Salze in hypertonischen Lösungen Hand in Hand (vgl. Porges und Neubauer, Biochem. Zeitschr. 7. Bd. 1907).

Auf die große Bedeutung, die den Lezithinen und Cholesterinen bei der Narkose zukommt, hat Meyer (Arch f. ex. Path. u. Pharmak. 42. 1899 und 46. 1901) sowie Overton (Jena 1901) hingewiesen. Die fraglichen Stoffe gehen in cholesterin-lezithinartige Bestandteile der Zelle über, verändern ihren physikalischen Zustand und affizieren erst durch ihre Vermittelung das eigentliche Protoplasma.

Overton nennt diese die Narkose vermittelnden Bestandteile der Zelle kurz Lipoide. Um das Eindringen der Narkotica in diese Lipoide zu bestimmen, benutzte man Lösungen der Narkotica im Wasser und bestimmte den Quotienten zwischen den wirksamen Konzentrationen des Narkoticums im Wasser und in dem betreffenden Lipoid, das der Bequemlichkeit halber durch Olivenöl ersetzt wurde. Es wurde derart der Teilungskoeffizient der Narkotica zwischen Olivenöl und Wasser bestimmt. Overton bediente sich bei der sog. physiologischen Methode als Indikatoren der Narkose junger Kaulquappen, Daphnien, Infusorien und Pflanzenzellen. — Man ermittelt zuerst die Grenze der Konzentration des Narkoticums im Wasser, die gerade hinreicht, um die Infusorien zu narkotisieren, dann schüttelt man das Olivenöl mit dem Wasser, in dem die bestimmte Menge des Narkoticums gelöst wurde und prüft nach dem Absetzen der Emulsion die wässerige Lösung wiederum bezüglich der narkotisierenden Wirkung auf die Infusorien. Durch entsprechende Lösungszusätze muß man im zweiten Falle eine Konzentration ausfindig machen, die bezüglich der narkotisierenden Wirkung mit der ersten Wasserkonzentration übereinstimmt, und stellt dann durch diese Zahl fest, wieviel von dem Narkoticum das Lipoid aufgenommen hatte. Aus beiden Zahlen berechnet man dann den Teilungskoeffizienten. Nach Meyer ist der Teilungskoeffizient =
$$\frac{\text{Konzentration des Narkoticums in Öl}}{\text{Konzentration des Narkoticums in Wasser}} = \frac{\text{Konzentration im Lipoid}}{\text{Konzentration in Wasser resp. Lymphe}}$$
d. h. ein Narkoticum wirkt stärker, je größer seine relative Löslichkeit im Lipoid ist.

Bezüglich des Äthers sind bei den Protozoen ebenso wie bei den Pflanzen etwa 6 mal größere Konzentrationen der Narkotica zur Narkose nötig als bei den 9—14 mm langen Kaulquappen. Die Theorie der Narkosewirkung von Overton und Meyer ist wesentlich durch Traube erweitert und umgebaut worden. (Arch. f. d. ges. Physiologie 1904 u. 1908). Die Narkotica gehören zu den schnell diosmierenden Substanzen. Traube wies auf das Wechselverhältnis zwischen der osmotischen Geschwindigkeit und der Fähigkeit die Oberflächenspannung des Lösungsmittels zu erniedrigen hin. Als kapilaraktiv sind die Stoffe aufzufassen, die die Kapillaritätskonstante des Wassers erniedrigen, demnach leicht diffundieren. Die Narkotica sind kapillaraktive Stoffe; je aktiver ein Stoff, um so höher ist seine narkotische Wirkung zu stellen. Dieselbe nimmt mit dem Molekulargewicht im nämlichen Verhältnis zu. Nach noch nicht abgeschlossenen eigenen Untersuchungen an Protozoen (*Colpidium*) zerfällt die Wirkung gewisser Alkaloide wie Atropin, Strychnin, Chinin usw. auf die Protistenzelle in einen physikalischen und einen chemischen Anteil. Die erwähnten Pharmaka werden in der Tat von Lipoiden und Lezithinen physikalisch gebunden; man kann Colpidien lange Zeit in Lezithinlösungen, denen man tödliche Dosen von Atropin 1:200 zugesetzt hatte, züchten (bei $0°$—$30°$ C), ebenso kann man in den ersten 10 Minuten der Atropineinwirkung das Atropin durch Lezithinlösungen aus der Colpidiumzelle auswaschen sowie es nach 15 Minuten durch Pilocarpinzusatz (1:200) verdrängen. Daß es sich im letzteren Falle um eine Substitution handelt, beweist folgender Versuch: Präpariert man Colpidien mit Atropin 1:200 vor und setzt nach etwa 10—15 Minuten Pilocarpin hinzu, so blieben die Tiere am Leben, da das nicht tödliche Pilocarpin das tödliche Atropin substituiert, während mit Pilocarpin zuerst vorbehandelte Colpidien nach Atropinzusatz starben, da das sekundäre Atropin das „unschädliche" Pilocarpin nachträglich verdrängt hatte. Alle drei Pharmaka entmischen das Protoplasmaemulsoid infolge ihrer Avidität zu den Lipoiden der Zelle, die von den Proteiden getrennt und in Hohlkugelform (Cavula) nach einiger Zeit ausgefällt werden. Damit kommen nur die Oberflächenenergien in der Zelle zur Geltung, während die übrigen physikalisch-chemischen Energiefaktoren zurückgedrängt werden und schließlich den Tod der Zelle herbeiführen.

Auf die Narkose der Zelle der Protozoen hat das Alter einen Einfluß. Vier Wochen hindurch wurden aus einer Colpidienzelle Colpidien gezüchtet und im Zustande einer Art von Unterernährung gehalten, damit sie sich nicht lebhaft teilen und so im wahren Sinne des Wortes altern; die ersten Colpidiumzellen gingen bei $20°$ C in einer Atropinlösung von 1:200 etwa in 50 Minuten, nach 4 Wochen aber bereits in 5 Minuten zugrunde, wobei kleinere Cavula gebildet wurden. Die Tiere waren auch mehr abgerundet, ihre Morphe trat hinter die physikalische Oberflächenspannung, die zunahm, zurück. Mit dem Alter erfolgt in dem Protoplasmaemulsoid insofern eine Änderung, als auch hier die Oberflächenenergien (Zunahme der freien Flächen — kleine spärliche Cavulaform) die Oberhand gewinnen. — Andererseits handelt es sich bei der Atropin-Strychninwirkung auch um chemische Prozesse. Nach der van't Hoffschen Regel, die das chemische Geschehen meistert, sterben Colpidien in den genannten Lösungen bei $30°$ C 2 bis 3mal so rasch ab als bei 20° C, dasselbe gilt von 10° und 0° C. Organische und Mineralsäuren schützen die Infusorien vor der Atropin-Strychninwirkung (1:200), während Alkalien, Kalkwasser, Saponin usw. bewirken, daß sie in den Lösungen früher absterben.

Die erwähnten Lipoidbestandteile der Membranen, die sicherlich auch im Inneren der Zellen in der Vakuolenhaut oder in der äußeren Umgrenzung zähflüssiger Granulabestandteile vorkommen, spielen auch bei der elektiven Aufnahme gewisser gelöster Nahrungsstoffe dieselbe Rolle wie bei der Aufnahme von sonst indifferenten Narkotica. Die Aufnahme der sog. Vitalstoffe z. B. Neutralrot, Bismarckbraun, Brillantkresylblau beruht in erster Linie auf der Imprägnierung der Plasmagrenzschichten mit Lipoiden, zu denen die basischen Anilinfarbstoffe eine maximale Lösungsaffinität besitzen. Ruhland (Jahrb. f. wiss. Bot. 1908) leugnet jedoch den Zusammenhang zwischen Lipoidlöslichkeit und Aufnahme von basischen Farbstoffen. (Vgl. Höber, Biochem. Zeitschrift 1909.)

Auch die sog. elektive Färbung gewisser Granula, Fermentträger und Protoplasmapartien in der Cirrengegend der Hypotrichen ist vielleicht in der Weise zu erklären, daß die betreffenden Protoplasmaabstandteile bessere Lösungsmittel für den Farbstoff sind als die flüssigen Lösungsmittel (Wasser, Lymphe); die gefärbten Granula würden nach der Theorie von Overton einen höheren Teilungskoeffizienten als das umliegende Protoplasma besitzen und würden derart elektiv den Farbstoff in sich speichern. Nirenstein vermutet auch in dem Nahrungsvakuolenschleim der Infusorien farbstoffspeichernde Lipoide: „Allerdings erscheint hier das starke Lösungsvermögen für basische Anilinfarben an die Anwesenheit saurer Reaktion gebunden. Daß der letzteren auch bei der vitalen Färbung der Infusoriengranula eine gewisse Bedeutung zukommt, scheint daraus hervorzugehen, daß jene basischen Anilinfarben, die ihre Farbe ändern, je nachdem die Lösung sauer oder alkalisch reagiert, die Granula stets im Farbtone der sauren Lösung anfärben".

Die teilweise Lipoidimprägnation der Membranen bei parasitischen Infusorien spielt vielleicht, sofern sie selbst nicht aktiv beweglich sind, bei ihrem Eindringen in die Wirtszellen insofern eine Rolle, als diese auch von ähnlich gearteten Membranen umgeben sind, so daß die betreffenden Parasiten durch den Lymphstrom an die Endothel- oder Blutzellen gebracht, an diesen sich anheften und durch einen Übergang der Lipoidsubstanzen ineinander in die Wirtszelle gleichsam einsinken. Lipoidartige Membranen wurden bei den Blutzellen von Albrecht und Weidenreich nachgewiesen. Es ist auffallend, daß oft *Treponema pallidum* sowie manche Trypanosomen stark an die

Blutkörperchen sich anheften und diese durch ihre Bewegungen sogar deformieren. Höhnel hat bei *Trypanosoma dimorphon* auf gewissen Stadien der Infektion beobachtet, daß die betreffenden Parasiten aktiv in die Glockenhöhle der Blutkörperchen eindringen, bald aber so innig mit dem Blutkörperchenmembran sich vereinigen, daß die Rotzelle bei ihren Bewegungen mannigfach verzerrt wird, ja in einzelnen Fällen gewinnt es sogar den Anschein, als ob der Parasit in die Blutzelle direkt eindringen würde. Ähnlich lauten die Angaben von Chagas bezüglich *Tryp. cruzi*. Manche Stadien der Malariaparasiten des Menschen und der Affen heften sich gleichfalls sehr innig an die Blutzellen an, und dasselbe gilt von den birnförigen Stadien der *Piroplasmen*. Diese gegenseitigen Beziehungen der parasitischen unbeweglichen Protozoen zu ihren Wirtszellen auf Grund einer Lipoidimprägnation der Membranen beider dürfte schließlich auch bei dem Eindringen der Chlamydozoen in ihre Wirtszellen eine Rolle spielen. Landsteiner wies für die Erreger der Hühnerpest nach, daß sie sich sowohl an die Blutkörper der Hühner als auch an fremde Blutkörper z. B. der Kaninchen so innig anschmiegen, daß man sie aus dem Serum durch Zentrifugieren ausschleudern kann. Besonders der Versuch mit den fremden Kaninchenblutkörperchen scheint mir im Sinne der oben angedeuteten Theorie wichtig zu sein, denn es geht aus ihm hervor, daß die Parasiten, die sonst nur in spezifische Wirtszellen einwandern, hier von allen möglichen Zellen fortgerissen werden, sofern sie nur die korrespondierenden Lipoidbestandteile in ihren äußeren Protoplasmaumgrenzungen besitzen. Bei dem Chlamydozoon des Epithelioms der Hühner kann man durch Osmium und Sudan (Rocha Lima) das Hüllipoid sogar darstellen. Welche wichtige Rolle der Lipoidgehalt des Gehirnes beim Einwandern der Hühnerpest und der Tollwut spielen mag, ist auf Grund der oben erörterten Verhältnisse klar.

Bei der Betrachtung des Aufbaues der Membran der Protozoen wollen wir gleichzeitig das osmotische Verhalten der Protozoenzelle einer Analyse unterziehen. Leider liegen über dieses Gebiet noch wenige exakte Untersuchungen vor, und es bleibt zunächst nichts anderes übrig, als alle die verschiedenen Daten zu besprechen.

In hypertonischen NaCl-Lösungen werden die im Blutserum schmarotzenden *Trypanosomen* zunächst lichtbrechender, dann blähen sie sich auf und blassen ab; im gefärbten Präparat kann man mit Azureosin den aufgelockerten Kern, Blepharoplast, den Randsaum der undulierenden Membran und den die Zelle umgebenden Periplast im rotgefärbten Zustande nachweisen, während das eigentliche Protoplasma noch in einigen blauviolettgefärbten Inseln sichtbar ist. Später zerfließen die Zellen vollständig. Es findet bei diesen Protozoen im Sinne der Botaniker keine Plasmolyse statt; der Protoplast hebt sich nicht von der äußeren schützenden Membran allseitig ab, um beim Überführen in isotonische Lösungen sich an dieselbe wieder anzulegen. Ähnliche Verhältnisse liegen bei den verwandten Spirochaeten vor, nur daß sich hier die Zellen infolge der zahlreichen fibrillären Differenzierungen nicht abrunden. Fischer und Swellengrebel bezeichnen allerdings nur das Auftreten von großen Alveolen im Bakterien- und Spirochaetenzelleib als Plasmolyse, und es ist in diesem Sinne an der Richtigkeit der Angaben von Swellengrebel nicht zu zweifeln. Nach den Untersuchungen von Siebert kann durch hypertonische NaCl-Lösungen die *Treponema pallidum* in zahlreiche Periplastfibrillen aufgefasert werden.

L. Garbowski untersuchte einige Infusorien auf Gestaltsänderungen bei der sog. Plasmoptyse (Archiv f. Protistenkunde, 9. Bd., I. Heft 1907) und kommt zu dem Schlusse, daß Infusorien *(Glaucoma)* und Amöben unter der Wirkung gewisser chemischer Substanzen (Ammoniak, Trimetylamin, Anilin, Essigsäure, Alkohol, Formaldehyd, Äther, Chloroform, Phenol und Jod) sich allmählich aufblähen und besonders die jüngeren Formen Kugelform annehmen; an der Oberfläche treten blasige Ausstülpungen auf, und schließlich zerfließen die deformierten Zellen. Werden sie rechtzeitig in ihr ursprüngliches Medium versetzt, so wird die beschädigte äußere Hülle (Pellicula) durch eine neue Niederschlagshaut repariert. Die rasche und hohe Regenerationsfähigkeit dieser äußeren Hüllen ist vom Verfasser 1901 (Biolog. Zentralbl.) genauer untersucht worden, sie vollzieht sich auch an kernlosen Zellteilen, und es wäre noch die Frage zu entscheiden, wie weit diese Hautbildung mit dem Auftreten von Niederschlagshäuten an jedem „unbelebten" Eiweißtropfen zusammenhängt. Quincke (1888) beobachtete, daß Hühnereiweiß durch den Sauerstoff der absorbierten Luft an der freien Oberfläche hautartig verdichtet wird, und Rhumbler beschrieb ähnliche Hautbildungen beim Eigelb des Hühnereies und dem Eiinhalt des braunen Grasfrosches. —

Bei dem Problem der Osmose der Zellen spielt die Frage nach der äußeren Zellhaut eine große Rolle. Pfeffer nimmt an, daß die Plasmahaut zum größten Teil aus Eiweißkörpern besteht, Overton stellt sich vor, daß sie hauptsächlich aus Lipoiden gebildet wird, Nathanson nimmt eine vermittelnde Stellung in dieser Frage ein. Nach ihm ist die Zellhaut eine Art von Mosaik, das aus Elementen von nicht hydrolisierbarem Cholesterin besteht, die in plasmatisches Material eingetragen sind. Nach eigenen Untersuchungen mit Saponin, taurocholsauerem Natrium, Galle, cholalsauerem Natron ist die Zellhaut der meisten Protozoen nur zum geringsten Teil lipoidaler Natur, kann durch diese Substanzen bei Trypanosomen und Ciliaten, wo sie zum größten Teil Sitz und Träger der Morphe ist, isoliert werden und färbt sich mit Giemsas Farbstoff nach Art der nukleinhaltigen Eiweißkörper rot. Enriques (Rendic. d. R. Accad. Lincei 1902) hatte den Nachweis erbracht, daß das Natriumchlorid durch diese Plasmahaut der Protozoen hindurchgeht, doch soll der Eintritt durch Absorption und nicht durch Osmose erfolgen. Zu ähnlichen Anschauungen gelangten auf Grund ihrer ausgedehnten Versuche M. Traube-Mengarini und A. Scala (Biochem. Zeitschr. 17. Bd. 1909). Bei *Opalina ranarum* ist zunächst die Durchlässigkeit für Farbstoffe nur auf ein bestimmtes Territorium der lebenden Zelle beschränkt. Opalinen schwellen in isotonischen Natriumchloridlösungen zuerst am hinteren Zellende an, ebenso wie Colpidien in Atropinlösungen 1:200 oder taurocholsauerem Natrium. Nach den beiden Autoren soll sich das Natriumchlorid mit den Eiweißkörpern zu natriumsaueren Proteiden verbinden; daher werden die mit Methylviolett gefärbten Opalinen in isotonischen Natriumchloridlösungen blau. Gleichzeitig vermindert das Natriumchlorid ebenso wie das Kaliumchlorid die Viskosität der Eiweißlösung. Die Alkalichloride desorganisieren das Protoplasma, indem sie es verflüssigen und sauer machen.

Durch Osmose wird der Flüssigkeitsgehalt der Zellen im Verhältnis zu dem umgebenden Medium reguliert. Enzystierte Formen sowie Sporenzustände besitzen ein lichtbrechendes, flüssigkeitsarmes Protoplasma, das beim Wiederaufachen der Lebenstätigkeit von zahlreichen Vakuolen durchsetzt wird und bereits bei schwachen Vergrößerungen schaumig, alveolar aussieht. Nach den Untersuchungen von Brandt (Zool. Jahrb. Syst. Bd. IX, S. 27—74. 1895) vermitteln ähnliche nichtpulsierende Alveolen bei den Radiolarien das Auf- und Absteigen im Meerwasser. Das Protoplasma dieser Lebewesen ist natürlich schwerer als das Meerwasser, doch besitzt die Flüssigkeit der Schwimmvakuolen ein geringeres spezifisches Gewicht. Sie muß also nach dem van T'Hoffschen Gesetz an Stelle der Salzatome des Seewassers die gleiche Zahl von nur relativ leichteren Atomen besitzen. Das Gesamtmolekulargewicht der im Seewasser gelösten Salze beträgt nach Brandt 68,812, das Molekulargewicht der Substanzen in den Schwimmvakuolen muß demnach niedriger sein. „Am nächstliegenden ist es, an Kohlensäure zu denken, die im lebenden Organismus beständig bei der Atmung gebildet wird und das Molekulargewicht 44 besitzt". Nach Brandt werden die Seesalze in der Vakuolenflüssigkeit durch Kohlensäure vertreten, so daß das spezifische Gewicht = 1,0260 beträgt. Die kolonienbildenden Radiolarien schweben demnach derart, daß die bei der Atmung sich bildende Kohlensäure in der Vakuolenflüssigkeit gelöst und „nach den Gesetzen der Osmose auf diese Weise eine Verringerung des Salzgehalts und damit auch des spezifischen Gewichtes der Vakuolenflüssigkeit herbeigeführt wird."

Atmung.

Spallanzani stellte bei Gelegenheit seiner Untersuchungen über die Atmung niederer Tiere fest, daß eine vitale Verbrennung auch diesen Organismen zukommt und daß sie eine sehr wichtige Rolle bei dem Lebensprozeß spielt. In jedem Tierkörper entsteht durch die Verbrennungsprozesse Kohlensäure, die im wesentlichen durch den Vorgang der Atmung gegen Sauerstoff eingetauscht wird. Die Protozoen entziehen den Flüssigkeitsmedien, in denen sie sich aufhalten, den Sauerstoff und zwar vollzieht sich bei ihnen der Atmungsprozeß in der einfachsten Weise von der Oberfläche der Zellen aus. Der Sauerstoff wird wahrscheinlich nicht in die labilen Molekularketten des Protoplasmas direkt aufgenommen, sondern erst bei dem Zerfall geraten diese gleichsam in status nascendi, und besonders der Wasserstoff und Kohlenstoff der entstandenen Trümmer reißt den Sauerstoff des Enchylemas, der Lymphe der Protozoenzelle an sich. Unter bedeutender lokaler Wärmebildung, deren Energie sich aber bald auf die zahlreichen Atome der „Protoplasmas" verteilt, bildet sich Kohlensäure und Wasser.

Das Sauerstoffbedürfnis der verschiedenen Protozoen ist recht verschieden, es gibt unter den Flagellaten Formen, die sauerstoffassimilierende Organellen, Chlorophyllkörner besitzen, andererseits findet man im Darmkanal des Menschen und der Tiere verschiedene *Trichomonaden*, *Trichomastixformen*, *Ciliaten* usw., die auf eine niedrige Sauerstoffspannung ihren Lebensprozeß eingestellt haben. Nach den Untersuchungen von Bunge sind im Darminhalt keine quantitativ bestimmbaren Sauerstoffmengen nachgewiesen worden, dagegen konnten auf verschiedenen Lebensstufen der Darmparasiten im Zelleib Glykogengranula und verwandte Stoffwechselgranula festgestellt werden, die nach den Untersuchungen von Weinland (Zeitschr. f. Biolog. 42. 1901), die allerdings zunächst nur an *Ascariden* angestellt worden sind in der Weise intramolekular veratmet werden, daß das Glykogen fermentativ nach Art eines Gärungsvorganges unter Bildung von Kohlensäure und Valeriansäure gespalten wird. — Püttner (Handbuch d.

physiolog. Methodik 1908) gibt an, daß Protozoen aus dem Enddarm des Frosches *(Opalina, Balantidium)* nur wenige Tage in einer NaCl-Lösung anaerob leben, bei Zusatz von Eiweiß, das anaerob fault, lange Zeit ohne Sauerstoff leben können *(Opalina* 21 Tage, *Nyctotherus* 39 Tage).

Die Sauerstoffspannung der flüssigen Medien, in denen sich die Protozoen aufhalten, ist recht verschieden. Die Planktonformen des Meeres, zumal wenn sie mehr oberflächlich vorkommen, sind auf eine günstige Sauerstoffspannung des bewegten Wassers eingestellt; allerdings ist auch hier der Sauerstoffgehalt, je nachdem das Plankton mehr aus Tieren oder Pflanzen besteht, verschieden. Nach Knudsen (Revue scientif. 1897) ist in einem Liter Seewasser mit Copepodenplankton $O = 6{,}10$ cm, mit Diatomeenplankton $O = 7{,}66$ cm.

Knaute bestimmte in einem *Euglena*reichen Dorfteiche bei Tage den Sauerstoffgehalt auf 22 ccm per Liter, bei Nacht sinkt allerdings dieser O-Zunahme am Tage entsprechend der Sauerstoffgehalt auf 2 ccm per Liter. Die Schlamm bewohnenden Protozoen, die der von Lauterborn charakterisierten Lebensgemeinschaft des *Sapropels* angehören, haben wenig Sauerstoff zur Verfügung, da im Schlamme zahlreiche reduzierende Substanzen gebildet werden, wobei noch die Kohlensäure und das Sumpfgas die atmosphärische Luft verdrängen.

Die im Serum schmarotzenden Flagellaten (Trypanosomen) haben, da dieses ungefähr die O-Spannung des destillierten Wassers besitzt, gleichfalls ein geringeres Sauerstoffbedürfnis als die auf und in den Blutkörperchen schmarotzenden Malaria- und Haemoproteusparasiten.

Nach Vernon (Journal of Physiol. Vol. 19. 1895/96) verbrauchen 223 g aschefreier Trockensubstanz von *Collozoum inerme* in einer Stunde 6,205 g Sauerstoff; demnach beträgt der Sauerstoffverbrauch pro qm in einer Stunde 1110 mg für die Oberfläche einer kugelförmigen Kolonie von ca. 100 qmm (100 mg Gewicht und 0,4 Trockensubstanz) umgerechnet.

Barratt (Zeitschrift f. allgem. Physiologie 1905) hat die Menge der Kohlensäure, die *Paramaecien* ausscheiden, bestimmt. Die Größe der Kohlensäureproduktion ist abhängig von der Temperatur und vom Ernährungszustand. Entsprechend der verhältnismäßig großen Oberfläche der kleinen Infusorien ist die Menge der abgegebenen Kohlensäure ziemlich groß; pro kg organischer Trockensubstanz werden mehr als 100 kg CO_2 in der Stunde abgeschieden.

Haufen von *Paramaecien* entfärben nach Jennings (Journ. of Physiol. 21. 1897) Rosolsäure, welche Entfärbung entweder auf Kohlensäure oder eine organische Säure zurückgeführt werden kann.

Der Atmung der Protozoen widmete Pütter (Zeitschr. f. allg. Physiol. 5. Bd. 1905) eine umfangreiche Studie und kommt zu dem Resultate, daß die Protozoen ziemlich unabhängig vom molekularen Sauerstoff sind und daß bei ihnen die Fähigkeit des anaeroben Lebens mit dem Ernährungszustande (Glykogen, Proteingehalt) und der Nahrungszufuhr im Zusammenhang steht.

Über die Wirkung erhöhter Sauerstoffspannung auf die lebendige Substanz hat Pütter (Zeitschr. f. allg. Physiol. 3. Bd. 1904) an dem großen, mit freiem Auge sichtbaren Infusor *Spirostomum ambiguum* verschiedene Versuche angestellt.

Nach Pütter ist das Sauerstoffoptimum für Spirostomum in der Region des Partiardruckes des Sauerstoffs zu suchen, der höher ist als 31 mm Hg und niedriger als 160 mm Hg. Entzieht man den Spirostomen den Sauerstoff vollständig, so sterben sie rasch ab. „Die große Empfindlichkeit gegen Veränderungen der Sauerstoffspannung konnte aber nur am Zelleib-, Ekto- und Endoplasma festgestellt werden. Es wurde keine Beobachtung gemacht, die zu der Annahme berechtigte, daß auch der Kern unter der Einwirkung erhöhter Sauerstoffspannung irgendwelche Veränderungen erleidet. Bei allen Veränderungen, die an ihm vorgingen, reichte die Annahme aus, daß sie Funktionen der veränderten Bedingungen wären, denen der Kern durch das Zerfließen des Zellkörpers ausgesetzt wird, daß es sich also nur um sekundäre Beeinflussungen handelte."

Ferner liegen ältere Versuche über Veränderung der Erregbarkeit durch Steigerung der Sauerstoffspannung von Engelmann an *Paramaecium bursaria* vor. Das Pantoffeltierchen, das unter den gewöhnlichen Versuchsbedingungen (s. sp.) auf Licht nicht reagiert, wird auf Änderungen der Belichtung bei herabgesetzter Sauerstoffspannung unruhig, dagegen werden die Bewegungen bei erhöhter Sauerstoffspannung augenblicklich „höchst ungestüm; oft schießen die Paramaecien auf einmal pfeilschnell weit rückwärts, um erst im Dunkeln allmählich wieder ruhiger zu werden". Pütter kommt auf Grund seiner Versuche zu dem Ergebnis, daß für die Protozoen Sauerstoffvergiftung in dem Sinne zu verstehen ist, daß ihr Protoplasma mit dem Sauerstoff anders als normal reagiert, so daß zwischen dem Sauerstoff und dem Protistenplasma Giftwirkungen Platz greifen. —

1899 hat J. Loeb die These aufgestellt, „daß der Kern für das Zustandekommen der Oxydationsvorgänge nötig sei" (Arch. f. Entwickelungsmechanik Bd. VIII 1899). Im Kern sind dieser Theorie zufolge besondere katalytisch wirksame Sauerstoffträger, die in die Gruppe der Nucleoproteine gehören, zu suchen.

Nach Loeb zerfließen kernlose Protaplasmamassen infolge Sauerstoffmangels, während die chlorophyllhaltigen kernlosen Plasmafragmente am Leben bleiben, weil das Chlorophyll die Rolle des Kernes übernimmt. Im Anschluß an einige Versuche von Verworn konnte ich 1902 (Zeitschr. f. allg. Physiol. 2. Bd. 1902) den Beweis erbringen, daß kernlose *Colpidium*fragmente oder *Paramaecien* mit abgestorbenem Kern oft länger leben als kernhaltige Protozoen bei Sauerstoffmangel, ja daß in ihnen das Neutralrot, das in Form eines Leukokörpers aufgenommen wird, bei Anwesenheit von freiem Sauerstoff in den verschiedenen Granula in die gefärbte Oxyform übergeführt wird. Bei Sauerstoffmangel findet bei Paramaecium eine Reduktion der Entoplasmakörnchen statt, hebt man rechtzeitig das Deckglas auf, so kann unabhängig vom Kern, der abgestorben ist, eine Oxydation und Färbung der gebleichten Granulationen auftreten. Wiederholt konnte man feststellen, daß kernlose Teilstücke bei verminderter Sauerstoffspannung länger am Leben geblieben sind als kernhaltige. Auch Pütter (Zeitschr. f. allg. Physiol. Bd. 5 1905) gibt an, daß kernlose Zellstücke nach vorangegangener Erstickung ohne Mitwirkung des Kernes sich erholt haben. Im übrigen ist die Lebensdauer der Teile einer Protozoenzelle recht verschieden. Nußbaum hielt kernlose Fragmente einer *Gastrostyla vorax* zwei Tage am Leben, Štolc kernlose Amöben einen ganzen Monat.

Diese Versuche stimmen mit den Experimenten an kernlosen Seeigeleiern überein, die oft längere Zeit die Granulationen bei Sauerstoffmangel in der gefärbten Form beibehalten als die normalen Eier. Beim Absterben der Zellen findet unter Einfluß der postmortalen Reduktionen eine Entfärbung der Granula statt.

Weitere Versuche hat Verworn 1904 (Die Lokalisation der Atmung in der Zelle, Festschrift zum 70. Geburtstage von E. Haeckel, Jena) angestellt und kam zu dem Ergebnis, daß die kernhaltigen, wie kernlosen Teilstücke der Protozoenzelle sowohl bei der Erstickung als bei erneuerter Sauerstoffzufuhr sich gleich verhalten, so daß die Atmung des Protoplasmas offenbar vom Zellenkern unabhängig ist. Kernlose Teilstücke, die in einem sauerstofffreien Medium waren, erholen sich bei erneuerter Zufuhr von atmosphärischer Luft, ein Beweis, daß im Protoplasma selbst ein Sauerstoffverbrauch stattfindet. Es muß allerdings zugegeben werden, daß diese Versuche mehr auf Spaltungen im Protoplasma sich beziehen, während Loeb bei seiner Theorie, die den Kern als Oxydationsorgan der Zelle zum Gegenstand hatte, mehr die oxydativen Synthesen betont hatte. Vielleicht kommt man diesem Problem durch eine kritische Anwendung der Errungenschaften der Farbenchemie, die Ehrlich bereits mit großem Erfolg in die Physiologie eingeführt hatte, näher. — Im allgemeinen kommt den freilebenden Infusciliaten ein geringes Sauerstoffbedürfnis zu; sie leben längere Zeit in Präparaten unter Luftabschluß und in einer Wasserstoffatmosphäre. *Colpidium* sterben dagegen unter diesen Bedingungen bei einer Chinineinwirkung von 1:6000—7000 früher ab, als in den Kontrollpräparaten, da durch das Chinin die Oxydationstätigkeit des Plasmas früher herabgesetzt wird. *Colpidium* reduziert bei 1:9000 Chinin und Wasserstoffatmosphäre nicht mehr das Methylenblau in seinem präzytostomalen Plasmabezirk, und hier treten bald lipoidartige Tröpfchen auf, die normal bei der Atmungstätigkeit des Protoplasmas beständig abgebaut werden.

Ernährung.

Die Nahrungsaufnahme ist bei den so verschiedenartig gestalteten Protozoen höchst mannigfach. Es gibt unter den Protozoen Formen, die sehr komplizierte Einrichtungen wie einen Zellmund, Zellschlund u. a. m. besitzen, um durch diese Vorrichtungen die Nahrung aufzunehmen, anderseits findet man mit Zellulosemembranen ausgestattete Zellen, die nur auf eine flüssige oder gasförmige Nahrung angewiesen sind. Es gibt auch zahlreiche parasitische Formen aus den Kreisen der *Gregarinen, Coccidien, Flagellaten, Sarkosporidien* und *Myxosporidien*, die die Nahrung auf osmotischem Wege aufnehmen und wahrscheinlich auch auf chemischem Weise ihre Umgebung beeinflussen. Innerhalb des Kreises der Gregarinen finden wir bereits die mannigfachsten Formen der Nahrungsaufnahme verwirklicht. Die jungen, zumeist in Epithelzellen schmarotzenden Gregarinen z. B. *Lankesteria ascidiae* bewirken nach Siedlecki, daß die Wirtszelle hypertropisch wird, die Kerne derselben vergrößern sich durch Flüssigkeitsaufnahme sehr stark, und die Wirtszelle wird schließlich derart gebläht, daß sich der vergrößerte Parasit in ihr parallel zur Basalfläche des Epithels umdrehen kann. Die erwachsene Gregarine ist zum Schluß nur noch von einer dünnen Plasmaschicht umgeben, an deren einen Stelle die Reste des zerfallenen Zellkernes eben nachweisbar sind. Die erwachsenen Gregarinen besitzen die sonderbarsten Einrichtungen, wie Hacken und Hackenkränze, Pseudopodfäden, Haftscheiben usw., mit denen sie sich in dem ernährenden Epithel des Wirtes festankern können. Die Ernährung erfolgt durch Osmose, doch ist es fraglich, ob die gesamte Körperoberfläche dabei eine Rolle spielt. Léger und Dubosq (Arch. de Zool. exper. 3. scr. 1902) nehmen an, daß die Epimerite, ferner die Protomeritfäden des *Pterocephalus* und das Tastpseudopod der *Lankesteria* nicht allein den Parasiten an das Epithel fixieren, sondern auch Nahrungssubstanzen aufnehmen, ja, die Filamente der Gregarinen, die durch das ganze Epithel bis an die Basis reichen, sollen direkt das den Darm umspülende Blut ihrer Wirte resorbieren. Kürzlich hat Drzewiecki (Archiv f. Protistenkunde, 10. Bd., 1907) bei *Stomatophora coronata* (Hesse) einer Monocystisgregarine aus dem Samenbläscheninhalt einer afrikanischen Wurmart ein Peristom, eine Mundöffnung und einen Zellafter beschrieben. Der junge Sporizoit der Gregarine dringt in das Spermatophor des Wurmes ein und ernährt sich zunächst auf osmotische Weise. Sobald das Spermatophor aufgebraucht ist, frißt die Gregarine direkt die Spermatozoen des Wirtstieres auf, indem inzwischen ein Zellmund entwickelt wird, durch den analog wie bei den Ciliaten die feste Nahrung, in Nahrungsvakuolen eingeschlossen, aufgenommen wird.

Über die Ernährungsweise der *Coccidien*, *Myxosporidien* und *Sarkosporidien* ist bis jetzt noch wenig bekannt, sie vollzieht sich im allgemeinen auf osmotische Art. Unter den Coccidien gibt es Kernparasiten wie *Cyclospora caryolytica*, *Stenophora* u. a. m. Besonders interessant sind die Ernährungsbeziehungen der Coccidie *Caryotropha Mesnilii* zu dem Kern der Wirtszelle, die zuerst M. Siedlecki (Bulletin de l'academie des sciences de Cracovie 1907) aufgedeckt hatte. Der Parasitenkern nützt die Arbeit des Wirtskernes in direkter Weise aus, und es entsteht zwischen beiden ein Strang von dichtem Protoplasma, in dem zuerst die als Reservestoff aufzufassenden Fettkörnchen entstehen.

Fig. 10. *Caryotropha*.
(Nach Siedlecki.)
Über dem Parasiten liegt der dreieckige Kern der Wirtszelle, von da geht ein Kanal zum Parasitenkern.

Der Parasit umfaßt den Kern der hypertrophischen Zelle, und von dem Kern dieser läuft ein spaltförmiger Kanal bis zu dem Parasitenkerne. (Fig. 10.)

„Diese Erscheinung erinnert sehr an die Orientierung der Eizellen infolge der speziellen Ernährungsbedingungen (Korschelt, Boveri, Wheeler u. v. a.) und bildet einen Beweis für die Bedeutung der Ernährung als eines morphogenetischen Faktors."

Über die osmotische Ernährungsweise der Blutparasiten *Trypanosomen*, *Piroplasmen*, *Spirochaeten* usw. liegen bis jetzt so gut wie keine Beobachtungen vor. Die „Malaria"-Parasiten der Vögel, des Menschen und der Affen ernähren sich vom dem Inhalt des angefallenen Blutkörperchens und verwandeln das aufgenommene Haemoglobin in spezifisch kristallinisch geformtes Malariapigment. Die jungen Plasmodien des Menschen und der Affen besitzen vielfach eine sog. Ernährungsvakuole — eine große, mit Nahrungsflüssigkeit angefüllte Alveole. Die *Haemogregarinen* der Kaltblütler verwandeln dagegen das Haemoglobin der oft vergrößerten Rotzelle in kein Pigment mehr, bei manchen Formen wird der Kern des kernhaltigen Blutkörperchens zur Seite gedrängt und degeneriert.

Bei der Betrachtung der Nahrungsaufnahme der freilebenden Protozoen wollen wir zunächst mit den Flagellaten beginnen, weil diese Formen phylogenetisch sowohl zu den niederen Protophyten als auch zu den eigentlichen Protozoen hinüberführen.

Bei den niedersten Formen ist keine bestimmte Lokalisation der Nahrungsaufnahme nachweisbar. Manche *Rhizomastiginen* nehmen die winzigen Nahrungskörper einfach nach Art der Sarkodinen durch Umfließen derselben auf, worauf um die Nahrung herum eine Nahrungsvakuole gebildet wird. Cienkowsky studierte die Nahrungsaufnahme bei *Bodo angustatus (Monas amyli)*, der in den Zellen von faulenden Kartoffeln vorkommt; das Protozoon geht leicht in den amöboiden Zustand über, schmiegt sich den Stärkekörnern an und umfließt dieselben, wobei der Plasmakörper der Flagellaten eine ganz dünne, oft kaum wahrnehmbare Schicht um den Einschlußkörper bildet. Zuweilen umfließen mehrere *Bodonen* dasselbe Stärkekorn, so daß dieses durch die lebhaft schlagenden Geißeln der Parasiten hin- und hergewirbelt wird. Huntemüller (Arch. f. Hygiene 54, 1905) wies nach, daß *Bodo ovatus* und *saltans* sich hauptsächlich von Bakterien nähren und Typhusbazillen nach 1—2 Tagen von der Keimzahl 200,000 auf 7—8000 dezimieren. Nach Cienkowsky dringt die *Pseudospora volvocis* in die *Volvox*kolonien ein und frißt die jungen Kolonien auf.

Die *Pseudospora parasitica* lebt von faulenden Spirogyrazellen, und der Parasit nimmt das Chlorophyll der Fadenalgen auf. Bei den Mastigamöben und zwar *Mastigella vitrea* und *setosa* (Goldschmidt) hat der Entdecker dieser neuen Spezies die Nahrungsaufnahme genauer studiert. *Mastigella vitrea* ist ungemein gefräßig, die Hauptnahrung bilden verschiedene Algenfäden, die entweder in der Mitte oder an einem Ende ergriffen werden. Es entstehen Pseudopodien, die sich der Alge anlegen und sie umfließen, das Protoplasma schiebt sich über den Algenfaden hinweg, etwa wie ein sich ausstülpender Handschuhfinger. Manchmal umfließt die Amöbe in ganz dünner Schicht den Algenfaden. Oft gruppieren sich die bereits erwähnten Klebkörner um den Algenfaden und hüllen ihn ein. Hat das Tier große Algenfäden aufgenommen, so müssen diese in der Sarkode erst zerbrochen werden, wobei die Klebkörner eine wichtige Funktion zu erfüllen haben; das Protoplasma bildet auf der einen Seite kleine mit den Klebkörnern besetzte Höcker. „Indem das Plasma, sichtlich mit Hilfe der Klebkörner sich anheftend, auf dieser Seite vorwärts wandert, während die Körner der Gegenseite wohl das Punktum fixum herstellen, wird der Faden allmählich geknickt."

Der Faden bildet schließlich ein winkliges Gerüst, zwischen dem der Plasmakörper des Protozoons sich membranartig ausspannt. Dieser Prozeß dauert ca. 1 Stunde.

Bei vielen Monasarten ist zwar keine Mundöffnung ausgebildet, die Nahrungsaufnahme erfolgt aber trotzdem nach Cienkowsky und Bütschli an einer streng lokalisierten Stelle.

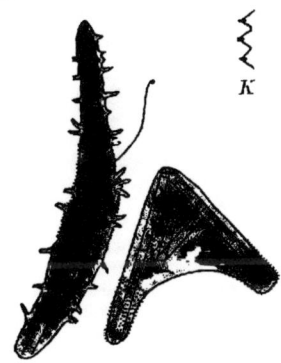

Fig. 11. *Mastigella* mit Klebkörnern umhüllt einen Algenfaden. Bei *K* 3 Klebkörner. (Nach Goldschmidt.)

Neben der Basis der Geißel entspringt ein pseudopodartiger Fortsatz, gegen den die Geißel verschiedene, kleine Nahrungskörper schleudert; sobald ein solches Gebilde den Fortsatz berührt, verschleimt plötzlich die betreffende Stelle, und die Beute wird aufgenommen. Das Inhaltsgebilde liegt alsbald in einer Vakuole, die allmählich in das Entoplasma eingezogen wird. Die Nahrungsteile werden offenbar in das Protoplasma nach den von Rhumbler ermittelten Importgesetzen gleichsam hineingesenkt, worauf sich sofort um dieselben eine Vakuole ausbildet. Bütschli bezeichnet diese Vakuole als Mundvakuole. Ihre Größe ist von der Größe des Nahrungskörpers abhängig. In ähnlicher Weise vollzieht sich nach den Beobachtungen von Bütschli die Nahrungsaufnahme bei *Oikomonas termo* und bei der Familie der *Bicoecida*.

Bei den bis jetzt genauer untersuchten *Trichomonas*formen ist bereits eine richtige Mundöffnung ausgebildet.

Die höher entwickelten Flagellaten besitzen alle, soweit sie sich nicht nach Art der grünen Algen mit Hilfe ihrer Chlorophyllkörper auf pflanzliche Weise ernähren, einen komplizierten Mundapparat, über dessen Aufbau uns die zahlreichen morphologischen Untersuchungen der letzten Zeit Aufschluß geben; bezüglich der näheren Beschreibung sei an dieser Stelle auf das grundlegende Werk von Bütschli in Bronns Tierklassen und Ordnungen verwiesen. (Protozoa I, 3. Bd., 1883—87.)

Allerdings ist bis jetzt von den zahlreichen, im morphologischen Sinne als Mundöffnungen und als Mundapparate entschieden so deutbaren Vorrichtungen nicht in allen Fällen der physiologische Nachweis erbracht, daß sie noch jetzt zur Aufnahme von geformter Nahrung benutzt werden, ja von vielen steht sogar bereits fest, daß die erwähnten Einrichtungen nur mehr eine phylogenetische Bedeutung besitzen (z. B. von *Chilomonas*).

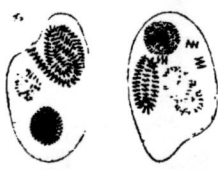

Fig. 12. *Oxyrrhis* während der Nahrungsaufnahme; ein Algenfaden wird im Zellinneren aufgerollt. (Nach Keyßelitz.)

Keyßelitz (Archiv f. Protistenkunde, 11. Bd. 1908) konnte im Anschluß an die Beobachtungen von Blochmann den Nachweis erbringen, daß die interessante, im System so abseits stehende Gattung *Oxyrrhis* in der Nähe der beiden Geißeln eine erweiterungsfähige Mundstelle besitzt, durch die große Algenfäden aufgenommen und in einer Nahrungsvakuole aufgerollt werden. Die in dieser Vakuole befindlichen Algenteile werden ziemlich rasch verändert und besitzen sodann eine große Affinität zu Heidenhain's Eisenhaematoxylin, während die noch freien Algenfragmente sich so gut wie nicht färben.

Die verdauten Nahrungsteile werden zumeist am Hinterende der Flagellatenzelle ausgestoßen. Diese Art der Defäkation bezieht sich hauptsächlich auf *Mastigamoeba* nach F. E. Schulze, ferner *Bodo globosus*, *Phyllomitus*, *Tetramitus descissus*, *Peranema* nach Stein usw. Bei manchen Formen ist die Stelle der Ausstoßung der Nahrung nicht lokalisiert.

Sehr eigenartig ist die Art der Nahrungsaufnahme der Unterordnung Choanoflagellata. Diese Flagellaten sind mit einem dünnen, durchsichtigen Ansatz, dem Kragen ausgestattet, den die Geißel durchsetzt. Kragen und Geißel stehen zur Nahrungsaufnahme in Beziehung; die Art und Weise der Nahrungsaufnahme hat Bütschli bei *Codosiga* näher untersucht. Er beobachtete, „wie die Nahrungspartikel auf der Außenfläche des Kragens ankleben und dann gegen die Kragenbasis herabrücken, jedoch nicht auf dessen Innenfläche, sondern direkt auf der Außenseite. Dicht hinter der Kragenbasis wurde nun auf der Außenseite des Körpers zeitweise ein vakuolenartig vorspringendes Gebilde beobachtet, welches nach einiger Zeit verschwand, worauf dann nach einem gewissen Zeitraum ein ähnliches Gebilde auf der entgegengesetzten Körperseite auftauchte. Es ließ sich nicht sicherstellen, wurde aber wahrscheinlich, daß dieses Schwinden und Wiederauftauchen des Gebildes von einem Herumwandern desselben um den Körper herrühre. Schließlich ließ sich dann beobachten, daß die an der Außenfläche des Kragens herabgerückten Nahrungspartikel, sobald sie mit dem vakuolenartigen Vorsprung in Berührung kamen, von demselben aufgenommen und dem Körperplasma einverleibt wurden." Entz (Temesvary. Füzetek, Vol. VII, 1883) bestätigt in einem gewissen Sinne diese Beobachtung, nimmt jedoch andererseits an, daß der Trichter nicht röhrenförmig geschlossen ist, sondern eine „papiertrichterartig gedrehte, feine, protoplasmatische Membran" darstellt, in deren Tiefe sich eine sonst schwer wahrnehmbare Mundöffnung befindet. (Fig. 13.) Die Nahrungsteile sammeln sich in der Tiefe des Kragentrichters an und werden in einer sog. Schlingvakuole aufgenommen. Diese Beobachtungen von Entz erfuhren durch Francè und Ehrlich eine Bestätigung, während Burck sich von einem spiraligen Aufbau des Trichters nicht überzeugen konnte. (Archiv f. Protistenkunde 16. Bd 1909.)

Fig. 13. Ein Choanoflagellate. Spiralige Ausbildung des Kragens nach der Auffassung von Entz, Francè und Ehrlich.

Die *Choanoflagellaten* ernähren sich auf tierische Weise und nehmen in ihre Nahrungsvakuolen hauptsächlich Bakterien auf.

Die *Dinoflagellaten* besitzen größtenteils Chromatophoren und assimilieren mit Hilfe dieser Organoide wie die größeren Flagellaten; vielfach kommt es aber vor, daß sie eine mixtotrophe Lebensweise führen, d. h. sie nehmen neben ihrer vegetabilischen Assimilationsfähigkeit noch geformte Nahrungskörper auf und ernähren sich derart auf tierische Weise wie die eigentlichen Infusorien. Bekannt ist in dieser Hinsicht *Gymnodinium Vorticella*, in dessen Protoplasma feste Nahrungskörper von Stein und Bergh beschrieben worden sind. Bütschli nimmt an, daß bei den Dinoflagellaten die tierische Ernährungsweise aus der holophytischen direkt oder unter Vermittelung von saprophytischer Ernährungsart entstanden ist. Bezüglich der *Cystoflagellaten* wissen wir von der das Meeresleuchten zum Teil verursachenden *Noctiluca*, daß sie sich auf animalische Weise ernährt und ziemlich gefräßig ist. Sie verschlingt *Tintinnoiden, Dinoflagellaten, Copepoden,* Copepoden- und Gastropodeneier und nebenbei Algen.

Im allgemeinen kann man betreffs der Ernährung der Flagellaten sagen, daß die mit Chromatophoren ausgestatteten Formen größtenteils eine holophytische Lebensweise führen, obzwar es nicht ausgeschlossen ist, daß sie zuweilen auch geformte Nahrungsstoffe aufnehmen und einer mixtotrophen Ernährungsart huldigen.

Auf der anderen Seite treffen wir Formen an, deren Ernährungsmodus als animalisch zu bezeichnen ist, sie besitzen Mundöffnungen oder andere vorübergehende Differenzierungen des Protoplasmas, mit Hilfe deren sie organische Substanzen aufnehmen. Dazwischen gibt es wiederum Formen, die durch eine saprophytische Ernährungsweise ausgezeichnet sind; sie leben in Infusionen, stagnierenden Gewässern *(Polytoma, Chilomonas)* und ähnlichen Örtlichkeiten, die viel organische Substanzen in gelöster Form den Protisten zum Unterhalt darbieten. Zumstein (Jahrb. f. wiss. Botan. 34. Bd. 1909) wies für *Euglenen* eine heterotrophe Lebensweise nach. *Euglena gracilis* kann derart Zitronensäure (bis 2%), Weinsäure (bis 1%) und Oxalsäure (0,2%) direkt ausnutzen. Er kultivierte Euglenen rein im Erbsenwasser, dem 2% Zitronensäure zugesetzt wurden. —

In physiologischer Hinsicht beansprucht die Nahrungsaufnahme der amöboiden *Sarkodina* unser besonderes Interesse. Sie erfolgt nach Rhumbler (Archiv f. Entwicklungsmechanik 1898, 99) in doppelter Weise, entweder wird durch den Formenwechsel des Protozoons bei entsprechendem Kontakt der Nahrungskörper durch Nahrungsumfließen aufgenommen, oder die Nahrung wird durch Nahrungsimport einfach in das Innere der Zelle hineingezogen. Der erstere Modus der Nahrungsaufnahme kommt bei *Rhizopoden, Heliozoen* und den meisten Amöben vor. Ein Pseudopodium (wahrscheinlich auch bei manchen Heliozoen) berührt die Oberfläche des Nahrungspartikelchens, wird auf den Druck hin durch innere Umlagerungen klebrig, und durch Plasmazufluß und Plasmaumfließen wird die Nahrung allmählich in das Innere der Zelle aufgenommen, entweder an Ort und Stelle verdaut, oder, in einer sogenannten Nahrungsvakuole eingeschlossen, in das Entoplasma des Protozoons transportiert. Das mit dem Nahrungskörper ins Innere aufgenommene Ektoplasma ist nach Rhumbler eine Zeitlang noch sichtbar, später verschwindet es aber in dem Entoplasma. Besonders interessant gestaltet sich die Nahrungsaufnahme bei *Amoeba verrucosa*, die Rhumbler genauer verfolgt hatte. (Fig. 14.) Das Protozoon nimmt große Algenfäden der *Oscillaria* auf, die zunächst in einer Furche des Amöbenleibes liegen, das Ektoplasma legt sich nach und nach mantelartig um den Faden herum. Die Amöbe nimmt anfangs eine Spindelgestalt an, bald hört aber das Vorrücken der Amöbenenden auf dem Algenfaden auf; der Algenfaden wird durch „Knickung" oder Abrundung der Amöbe selbst gebogen, hierauf fließen längs des frei hervorstehenden Oscillariafadens neue Pseudopodien entlang, werden abermals unter Abrundung der Amöbe eingezogen, worauf der Algenfaden abermals geknickt wird, und es kommt so zu einer Ösenbildung der Oscillarie — das Spiel wiederholt sich von neuem, bis der ganze Faden aufgeknäult ist. Die Amoeba zerknüllt gleichsam durch die Bewegungen des Körpers in ihrem Leibe den widerspenstigen Bissen. „Von der Stillung eines etwa vorhandenen Hungergefühls bzw. von Übersättigung scheint bei der behandelten Amöbe keine Rede sein zu können. Ich habe unglaublich mit Oscillarien vollgepfropfte Amöben die Aufnahme abermals neuer Oscillarien in Angriff nehmen und in stundenlanger Arbeit durchführen sehen.

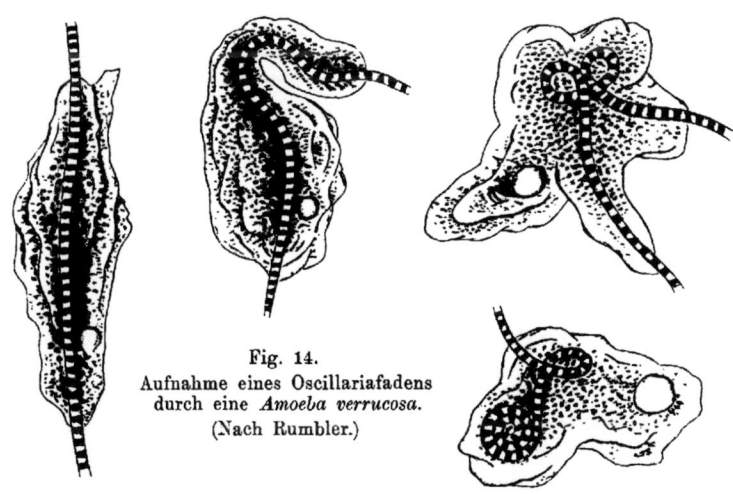

Fig. 14.
Aufnahme eines Oscillariafadens durch eine *Amoeba verrucosa*.
(Nach Rumbler.)

Eine Grenze für die Nahrungsaufnahme schien mir bei *Amoeba verrucosa* nur durch die Größe des Amöbenkörpers selbst gesetzt zu sein."

Rhumbler konnte diese eigenartige Nahrungsaufnahme der Amöben in der Weise künstlich nachahmen, daß er feine Schellakfäden, die in Chloroformtropfen eingesenkt wurden, durch diese Tropfen ganz in Art der Oscillarien aufnehmen ließ. An den Eintrittsstellen des Fadens bildeten sich sogar kleine Pseudopodien oder Importhügel aus. Da das Protoplasma eine Flüssigkeit ist, so erfolgt die Nahrungsaufnahme nach den physikalischen Importgesetzen, die für die Flüssigkeiten gelten. Das Protoplasma muß die Fremdkörper aufnehmen, zu denen es eine hinreichende Adhäsion besitzt, ebenso wie Flüssigkeitstropfen die geeigneten Fäden in sich einziehen — zähflüssige Substanzen ziehen sie langsamer ein als leichtflüssige. Mit anderen Worten: Eine Amöbe nimmt einen Fremdkörper auf, sobald die Adhäsion des Pseudopods zu dem Fremdkörper größer als die Adhäsion dieses zu dem umgebenden Wasser ist. Auf diese Weise müssen die Sarkodinen auch für sie gänzlich **unbrauchbare** Fremdkörper wie Karminkörner aufnehmen — ja sie nehmen unter Umständen so viel Karmin auf, daß sie daran zugrunde gehen. Etwas Ähnliches haben Cienkowski und Pfeffer bei Myxomycetenplasmodien beobachtet. Heliozoen importieren die Beute erst nach einem kräftigen Anschwimmen derselben gegen die strahlenförmigen Pseudopodien, so daß diese klebrig werden, zum Teil auseinandergehen und dann wiederum über der Beute zusammensinken wie ein Ährenwald hinter dem Wild. Nach Verworn nimmt *Difflugia lobostoma* Quarzkörner nur dann auf, wenn· sie mechanisch gereizt wird. „Nicht zu allen Zeiten ist das Protoplasma für dieselben Fremdkörper importfähig. Während z. B. de Bary für die Myxomycete *Chondrioderma difforma* keine oder minimale Aufnahme von Karminkörnchen fand, sah sie Pfeffer zu anderen Zeiten leicht und reichlich Karmin verschlucken." Fehlt nach den Beobachtungen zahlreicher Forscher bei *Myxomyceten* und *Amöben* ein selbst im chemisch-physikalischen Sinne deutbares Wahlvermögen, so scheint ein solches bei den beschalten marinen Sarkodien, die keine Pseudopodien sondern fadenförmige Fortsätze, Filopodien, aussenden, vorzukommen. Jensen (Arch. f. d. ges. Physiologie 1901) hat beobachtet, daß die Filopodien von *Orbitolites* in kurzer Zeit Stärkekörner zentripetal mit sich führen. In der Umgebung nimmt man auch zentrifugale Filopodienströmungen wahr, die aber niemals die Stärkekörner zentrifugal fortführen, wie dieses bei den unverdaubaren Quarzkörnchen, Glassplittern usw. der Fall ist. —

Die Nahrungsaufnahme der höchst organisierten Infusorien, der Ciliata, war frühzeitig Gegenstand eines intensiven Studiums; bereits 1777 hatte Graf v. Gleichen-Rußwurm Infusorien mit Karminkörnchen gefüttert. Ehrenberg beobachtete die Nahrungsvakuolen und wurde hierdurch zu der Annahme verleitet, daß die Infusorien einen vollständigen Magentraktus besitzen.

Maupas (Binet, Das Seelenleben der kleinsten Lebewesen 1892) teilt die bewimperten Infusorien in zwei Gruppen ein, in Ciliata mit einem Ernährungsstrudel und in räuberische Ciliata; die letzteren könnten im Gegensatz zu den ersteren auch Schlinger genannt werden. Die Ciliata mit einem Ernährungsstrudel rufen durch verschiedene Wimpervorrichtungen in der Nähe ihres Mundes einen Strom hervor, durch den alle in der Nähe befindlichen Körper (Nahrungsteile, Karmin, Tusche, Lakmuspulver) in die stets offene Mundöffnung eingewirbelt werden. Bei den räuberischen Infusorien ist der Mund stets geschlossen, die Aufnahme der Beute findet durch einen Schluckakt statt; oft wird sie vorher durch eigenartige, ausgeschleuderte winzige Speere, die Trichocysten, getötet oder gelähmt. Die ersteren Infusorien ruhen infolge eines Thigmotropismus (s. sp.) oft auf ein und derselben Stelle und strudeln sich gemächlich die Nahrung zu, während die räuberischen Infusorien beständig auf der Jagd nach Beute sind — sie schwimmen bald dorthin, bald dahin, kreisen in großen Bogen und wechseln beständig die Schwimmrichtung. Leukophrys besitzt in ihrem Entwicklungszyklus zwei Formen, eine glaukomaähnliche kleine Form ohne Mikronucleus und eine große Form mit einer deutlichen Mundöffnung. Die erstere Form strudelt in ihre Nahrungsvakuole Bakterien ein, die letztere dagegen gehört dem Typus der räuberischen Schlinger an. Den Typus der ersten Art von Nahrungsaufnahme finden wir bei dem allbekannten Pantoffeltierchen *Paramaecium* verwirklicht; die Bildung der Nahrungsvakuole geht folgendermaßen vonstatten: In die offene Mundöffnung wird durch das Wimperspiel etwas Flüssigkeit mit Bakterien hineingestrudelt, das Entoplasma an der Schlundbasis wird ausgehöhlt, das eingestrudelte Wasser nimmt die Tropfenform an. Der Tropfen ist von einer Niederschlagsmembran des Entoplasmas umhüllt. Bei der Ablösung der Nahrungsvakuole wird der Nahrungstropfen in eine Spitze ausgezogen, die wahrscheinlich auf die Rechnung einer Zugwirkung von seiten des Entoplasmas zu setzen ist. Gleichzeitig zieht sich das Entoplasma in der Höhe des Schlundes zusammen, und die abgetrennte Vakuole wird später von den Bewegungen im Entoplasma erfaßt und fortgeführt. Früher nahm man an, daß die Tätigkeit der Peristomwimpern und der analog funktionierenden Mundmembranen die Hauptrolle bei der Ablösung spielt, erst Nirenstein (Zeitschrift f. allgemeine Physiologie 5. Bd. 1905) hat in einer wichtigen Arbeit, auf die wir in diesem Kapitel wiederholt zurückkommen werden, den Beweis geliefert, daß das Entoplasma am Grunde des Schlundes die Flüssigkeit in sich hineinzieht, den Tropfen gleichsam in sich hineinschlingt. Das Pantoffeltierchen scheint bezüglich der Nahrungsaufnahme eine Übergangsform zu den typischen Schlingern zu bilden.

Färbt man mit einer dünnen Neutralrotlösung *Paramaecien* während ihrer Nahrungsaufnahme (Prowazek, Vitalfärbungen usw., Zeitschrift f. wissenschaftl. Zool. Bd. 63), so färben sich mit diesem küpenbildenden Farbstoff um die Nahrungsvakuole im kirschroten

Farbenton winzige Körnchen, die sich der Vakuole anlegen und später in ihr verschwinden; sie wurden vom Verfasser als Träger von Fermenten aufgefaßt. Nach Nirenstein muß man den Akt der Nahrungsaufnahme in zwei Perioden teilen; die erste Periode ist durch eine Verkleinerung der Nahrungsvakuole und durch Ballung des Inhaltes, der sich rot färbt, wobei die Fermentkörnchen in das Innere der Vakuole eindringen, charakterisiert; während der zweiten Periode fällt es auf, daß sich die Vakuole wiederum durch Flüssigkeitsaufnahme vergrößert, ferner daß der Nahrungsinhalt zerfällt und schließlich bis auf die unverdaulichen Reste verflüssigt wird. Während der ersten Periode reagiert der Inhalt sauer (färbt sich kirschrot), während der zweiten Periode nimmt der Inhalt eine gelbliche Färbung an — er ist alkalisch. (Fig. 15.)

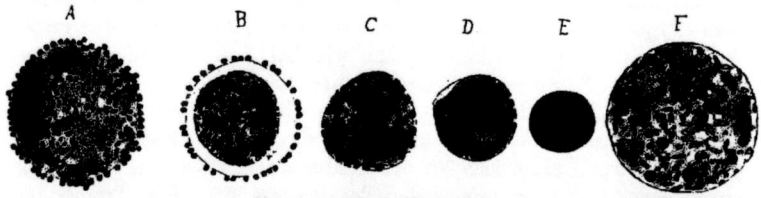

Fig. 15. (Nach Nirenstein.)
A. Frisch abgelöste Nahrungsvakuole von *Paramaecium* mit Entoplasmakörnchen an seiner Peripherie. B—E. Abgabe des Vakuolenwassers und Eindringen der Protoplasmakörnchen ins Innere. Saure Reaktion. F. Neubildung einer flüssigen Nahrungsvakuole. Anfang der Verdauung; alkalische Reaktion.

Die rote Färbung der Nahrungsvakuole ist auf die maximale Verwandtschaft einer schleimartigen Substanz in der Vakuole zu dem Neutralrot zurückzuführen. Die saure Reaktion deutet auf eine Anwesenheit von freier Mineralsäure in der Nahrungsvakuole hin, durch die nach Hemmeter (American Naturalist 30. 1906) die aufgenommenen Bazillen getötet und die Nahrung derart desinfiziert wird. Diese Deutung Hemmeters dürfte aber nicht ausreichend sein, da die Säure doch zu schwach ist, um für alle Fälle verschiedene Bakterien, die sich zuweilen in der Vakuole noch teilen, rasch abzutöten — vielleicht wirkt sie aber nur als eine Art von „Ambozeptor" für ein fermentatives „Komplement" etwa wie die Kieselsäure bei der Lezithinhaemolyse. Das Absterben der aufgenommenen Lebewesen wird wohl durch den Vakuolenschleim verursacht, wenigstens fällt es mit der Abscheidung des Schleimes zeitlich zusammen. In der zweiten Periode, die durch die alkalische Reaktion der Nahrungsvakuole ausgezeichnet ist, findet die Eiweißverdauung statt; gleichzeitig dringen die Körnchen in das Innere der Vakuole ein und lösen sich in ihr auf. Damit gewinnt der Inhalt proteolytische Eigenschaften. Die Körnchen sind auch nach den Untersuchungen von Nirenstein als Träger eines tryptischen Fermentes aufzufassen. Mit diesen Beobachtungen steht die Wahrnehmung von Greenwood und Saunders (Journ. of Physiol. 16, 1894), daß die Säuresekretion der Verdauung vorausgeht und mit dem Einsetzen der Verdauung abnimmt, gut im Einklang. Die saure Reaktion der Nahrungsvakuole während ihrer ersten Periode ist mehrfach (Bütschli, Engelmann, Le Dantec u. a.) durch Farbenänderungen an Lackmus, Kongorot und Alizarinsulfat nachgewiesen worden. Die Körnchen werden mit der verdauten Nahrung ausgestoßen.

Da nur kernhaltige Protozoen auf die Dauer die Nahrungsteile assimilieren können, ist man zu der Annahme berechtigt, daß der Kern mit der Produktion der Fermentträger irgendwie im Zusammenhang steht. Dafür spricht auch der Umstand, daß er bei hungernden Tieren oft eine starke Vergrößerung erfährt, weil ihm von seiten des Protoplasmas in diesem Sinne keine Substanz mehr entführt wird. Bei Colpidien, die vier Wochen bei mangelhafter Nahrung aus einem Individuum gezüchtet wurden und sich späterhin nicht teilten, so daß die Zellen tatsächlich alterten, war der Kern im Verhältnis zum Protoplasma gleichfalls vergrößert.

Konjugierende *Glacoma* besitzen in ihrem Inneren keine neutralrot färbbare Granula, vielmehr sammeln sich die letzten Reste dieser Körnelungen am Hinterende an, wo sie mit dem alten Großkern, der sich bläulichrot färbt, ausgeschieden werden. Die Fermentkörper werden also nach der Konjugation mit der Reorganisation des Kernes restituiert.

Bezüglich der Verdauungsfermente bei den Protozoen ist bis jetzt folgendes festgestellt worden:

Kruckenberg (Untersuch. d. physiolog. Inst. Heidelberg, 1878) fand in Glyzerinextrakten der *Myxomyceten*plasmodien ein peptisches Ferment, das bei saucrer Reaktion Eiweiß verdauen kann. Es wirkt am besten bei 40^0 und wird durch zweistündiges Erwärmen auf 65^0 unwirksam.

Mouton (Compt. rend. d. l. soc. Biologie 53, 1901 u. f.) stellte aus einer mit Bakterien zusammen züchtbaren Amöbe aus der Gartenerde ein tryptisches, bei alkalischer Reaktion wirksames Ferment dar, das Gelatine verflüssigte und durch Erhitzen auf 60^0 inaktiviert wurde.

Mesnil und Mouton isolierten aus Paramaecien Fermente, die am besten bei neutraler Reaktion wirken; Gelatine wird verflüssigt, sowie bei 35^0 Fibrin, das vorher auf 58^0 erhitzt wurde. —

Čelakowsky (Flora. Ergänzungsband, 1892) konnte bei *Myxomyceten* durch eine Art von Protoplasmainbibition mit verdünnten

Lösungen von Alkalikarbonat ($Na_2 Co_3$ 0,05%) die Verdauung ungemein beschleunigen, diese Erscheinung hielt auch längere Zeit noch vor, selbst wenn die Salze künstlich ausgewaschen worden sind. Endlich sei im Anschluß an das erörterte Thema erwähnt, daß Štolc (Zeitschr. f. wissenschaftl. Zoologie 68, 1900) von den sog. Glanzkörpern der *Pelomyxa* festgestellt hatte, daß sie aus Glykogen bestehen und eine kohlehydrathaltige Hüllmembran besitzen. In Hungerzuständen schwindet das Glykogen aus den Glanzkörpern und häuft sich in ihnen bei Verfütterung von Stärke, nicht aber von Eiweiß oder Fett, wiederum an. —

Es bleibt noch die Frage nach dem Verhalten der Infusorien im Hungerzustande, die indirekt auf die Ernährungsphysiologie der Einzelligen Licht wirft, zu erörtern.

Zuerst hat Kasanzeff (Inaug. Dissertation Zürich, Markwalder, 1901) genauere experimentelle Untersuchungen an hungernden Paramaecien angestellt und fand, daß der Großkern dieser Infusorien im Zustande des Hungerns über die normalen Dimensionen heranwächst; während des vegetativen Lebens liefert er offenbar an das Protoplasma Stoffe, die bei der Verdauung der aufgenommenen Nahrung eine Rolle spielen, unterbleibt dagegen die Nahrungsaufnahme, so wächst der Großkern gleichsam auf Kosten des Protoplasmas. Vielfach findet eine Reduktion seiner Masse in der Weise statt, daß das Chromatin des Makronucleus teilweise in eine gelbliche Masse umgewandelt wird, die in Form von unregelmäßigen Klumpen ins Protoplasma übertritt. Weiter hat sich Wallengren (Zeitschr. f. allgemeine Physiologie, I Bd., 1901) mit dem hier erörterten Problem beschäftigt. In der ersten Hungerperiode verschwinden die mit Neutralrot färbbaren Körnchen, die nach den oben mitgeteilten Untersuchungen Träger der Verdauungsfermente sind, allmählich aus der Zelle. Dasselbe gilt von den Nahrungsvakuolen; das Entoplasma wird reduziert, später ist es stark vakuolisiert. Die Vakuolen sind oft recht groß und färben sich zuweilen mit Neutralrot, ein Beweis, daß sie keine indifferenten Flüssigkeiten enthalten; die Trichozysten werden unter Reduktion des Ektoplasma von den Entoplasmaströmungen fortgerissen und resorbiert. Die Körperform, die kontraktile Vakuole wird verkleinert, das Cilienkleid nimmt an Dichte ab. Im Großkern der Paramaecien entsteht aus chromatophilen Körnchen ein maulbeerförmiger Körper (identisch mit den Klumpen von Kasanzeff?), der sich bis zum Ende der letzten Hungerperiode unverändert erhält. Der Makronucleus selbst wird aber mannigfach verunstaltet und zerfällt oft in kleinere Bruchstücke, welche wahrscheinlich „verbraucht" werden. Dagegen treten im Mikronucleus, der im Gegensatz zu dem Großkern (Soma-Nährkern) mit den vegetativen Funktionen der Zelle nichts zu tun hat und als Geschlechtskern für die Erhaltung der Art sorgt, keine deutlich wahrnehmbaren destruktiven Veränderungen auf. (Fig. 16.)

„Bei den Protozoen werden die verschiedenen Teile des Körpers vom Hungerzustande sehr verschieden angegriffen, das Entoplasma zuerst, das Ektoplasma mit seinen Bildungen danach und zuletzt mehr oder weniger der Makronucleus, während der Mikronucleus, dieses für das Fortleben der Infusorien wichtigste Organoid, von der Inanition ziemlich unberührt bleibt. So schreiten also auch bei der einzelnen Zelle die Inanitionserscheinungen von den unwichtigeren Teilen zu den wichtigeren fort, die unentbehrlichsten halten am längsten stand." Der Lipoidgehalt hungernder Colpidien wird in den ersten Tagen nicht wesentlich geändert, im Gegenteil kann man gerade bei diesen Infusorien bei Zusatz von Atropin die Entstehung der Lipoidcavula sehr gut studieren.

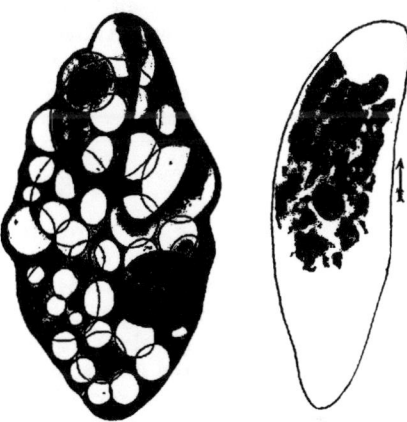

Fig. 16. *Paramaecium caudatum* am 9. und 10. Tage des Hungerns. (Nach Wallengren.)

An den hungernden Infusorien konnten bezüglich der Geotaxis, der thermischen Reizbarkeit und Galvanotaxis im Verhältnis zu den normalen Individuen keine wahrnehmbaren Unterschiede festgestellt werden.

Die ziemlich deformierten Infusorien reorganisieren sich bei entsprechender Fütterung wieder. *Paramaecien* können sich am 3. bis 4. Tage nach dem Beginn der Fütterung abermals teilen; zunächst verschwinden die Hungervakuolen, das Entoplasma nimmt an Masse zu, die Fermentkörnchen tauchen wieder auf, der Großkern erfährt eine Wiederherstellung seiner Form und Struktur, schließlich werden die Trichozysten und Cilien neu gebildet.

Bezüglich der Defäkation der Protozoen wurde bis jetzt folgendes ermittelt: Die unverdauten Nahrungsreste werden bei allen Infusorien nach außen abgestoßen und zwar entweder an einer beliebigen Stelle der Zelle oder an einem bestimmten Ort der Zelloberfläche. Der Fremdkörper wird von seiner Vakuole umschlossen, an die Oberfläche des Zelleibes verschoben und plötzlich ausgestoßen, da er als Nahrungsrest zu dem umgebenden Protoplasma eine geringere Adhäsion besitzt als zu dem umgebenden Flüssigkeitsmedium. Die defäcierte Masse bleibt manchmal an der äußeren Oberfläche haften und wird entweder durch die Bewegungen an äußeren Hindernissen abgestreift oder durch das lebhafte Cilienspiel des Wimperkleides fortgeschleudert. Bei manchen Infusorien, wie Glaucoma oder Colpidium, sind die verdauten Substanzen noch durch den Nahrungsvakuolenschleim verklebt von einer Art Membran umgeben und bleiben so lange Zeit in Kugelform erhalten. Dünne Chininlösungen (z. B. Colpidium 1:9000) beschleunigen durch Änderung der Protoplasmaspannung die Defäkation in ganz auffallender Weise.

Exkretion.

Die Produkte des regressiven Stoffwechsels der Protozoen werden entweder in geformter Art durch den Zellafter (Cytopyge) mit den Nahrungsresten ausgestoßen, oder weiter zu sog. Exkretkristallen und Exkretkörnchen umgebildet, die erst später entweder ausgestoßen (vor der Enzystierung) oder aufgelöst werden. Stein (1889) bezeichnete die Exkretkörnchen der Protozoen als eine „Art Harnkörperchen", und Entz (1879) hielt sie für Gebilde aus harnsauerem Natron. Bütschli vermutet in ihnen ein oxalsaures oder harnsaures Salz. „Ihre bei Infusorien häufig sehr eigentümliche, büschlig kristallinische Beschaffenheit hat mich, hauptsächlich mit Hinblick auf ähnliche Kristallbildungen oxalsauerer Salze, zu der ausgesprochenen Vermutung veranlaßt." Nach Maupas sind diese Gebilde beim Paramaecium doppeltbrechend. Früher hielt man bei diesem Infusor die Exkretkörnchen für Harnsäureprodukte, erst Schewiakoff (Zeitschr. f. wissenschaftl. Zoologie, Bd. 57, 1894) erbrachte den Beweis, daß sie zum größten Teil aus phosphorsaurem Kalk bestehen, daneben war noch eine organische Substanz nachweisbar.

Bei *Colpidium* treten oft in der Nahrungsvakuole meist drei bis vier Kristalloide auf. Schewiakoff hat ferner bei hungernden *Paramaecien* beobachtet, daß die Kristalle sich allmählich in der Nähe der pulsierenden Vakuolen ansammeln, nach und nach an Größe abnehmen und im „gelösten" Zustande durch die kontraktilen Vakuolen nach außen abgeschieden werden.

Die pulsierenden Vakuolen sind tropfige Flüssigkeitsansammlungen im Zelleibe der meisten im Süßwasser lebenden Protozoen, die periodisch verschwinden, d. h. ihren Inhalt entweder nach außen abgeben oder gleichsam im Protoplasma zerstieben. Den parasitisch lebenden Protisten, sowie den zahlreichen im Salz- und Seewasser lebenden Formen fehlen sie vielfach. Nach Lang (Lehrbuch d. vergl. Anatomie, 2. Aufl.; 1901) stehen sie zu der Respiration in Beziehung, nebenbei müssen sie aber wohl noch exkretorischen Leistungen nachkommen. Da alle Protozoen auf osmotischem Wege sowie mit ihren Nahrungsvakuolen Wasser aufnehmen, müssen sie diese nicht unbeträchtlichen Flüssigkeitsmengen irgendwie entfernen, und dieses geschieht durch die mannigfach gestalteten und in verschiedenen Regionen des Zelleibes lokalisierten, pulsierenden Vakuolen. Die Flüssigkeitsausscheidung ist recht bedeutend, bei *Paramaecium* wird in $3/4$ Stunden das Volumen des Tieres in Flüssigkeit abgeschieden, bei *Spirostomum* sind dazu drei Stunden nötig.

Neben dem „Wasser" dürften sie Kohlensäure enthalten, und so erklärt es sich, daß Brandt bei manchen Amöben die Vakuolen mit verdünnten Haemotoxylinlösungen im gelben (sauren) Farbenton färben konnte. Unter Chinineinfluß konnte ich einigemale eine alkalische Reaktion der Vakuole von *Colpidium* feststellen. Die kontraktilen Vakuolen entstehen entweder periodisch an einer präformierten Stelle des Zelleibes aus mehreren sog. Bildungsvakuolen, oder es wird ihnen Flüssigkeit durch sog. zuführende Kanäle zugeleitet, worauf diese Flüssigkeitsmenge die typische Tropfenform annimmt und so lange wächst, bis sie die Spannung des umgebenden Protoplasmas überwindet. Über der Vakuole existiert in der Pellicula zumeist bei den Infusorien eine feine, präformierte Öffnung — ein Vakuolenporus, der zum Austritt der Flüssigkeit dient. Den längsten derartigen Ausführungsgang besitzt *Lembadion*. Nach Brandt entstehen die Vakuolen in der Weise, daß in der Vakuole eine Substanz mit hohem Molekulargewicht gelöst ist und daher eine starke Wasserdiffusion nach der Vakuole hin veranlaßt. Über die Entleerung der Vakuolen hat sich Bütschli in seinem grundlegenden Protozoenwerk folgendermaßen geäußert:

„Die Kleinheit des Vakuolentropfens bedingt, daß derselbe eine sehr hohe Oberflächenspannung besitzt, da letztere bekanntlich dem Durchmesser eines Tropfens umgekehrt proportional ist. Die Oberflächenspannung aber wirkt auf den Tropfen wie eine Kontraktionskraft, welche ihn allseitig zu verkleinern strebt. Sobald nun eine Kommunikation des Vakuolentropfens mit dem umgebenden Wasser hergestellt wird, welch letzteres wir als einen Tropfen mit ungemein großer, also sehr geringer Oberflächenspannung betrachten dürfen, so ist an der Kommunikationsstelle nur die ganz geringe Spannung des äußeren Wassers vorhanden, auf der ganzen übrigen Oberfläche des Vakuolentropfens dagegen eine sehr hohe. Sofort wird daher die Verkleinerung des Tropfens beginnen und nicht eher enden, als bis er mit dem umgebenden Wasser völlig zusammengeflossen, d. h. bis die Vakuole total entleert ist." (Vgl. ferner C. Schneider, Arb. d. zoolog. Inst. Wien XVI. 1905.)

Demgemäß soll die kontraktile Vakuole von keinem submikroskopischen, kontraktilen Mechanismus des Protoplasma, der die Entleerungen vermittelt, umgeben sein, sondern diese höchst eigenartigen Prozesse sind zum Teil aus den Gesetzen des kapillaren Druckes zu erklären. Ihre Periodizität dagegen kann nur aus dem bisher nur teilweise bekannten biochemischen Prozeß im Paraplasma abgeleitet werden. Periodische Vorgänge sind uns zwar auch aus der Chemie der unbelebten Natur bekannt. So hat W. Ostwald bei der Auflösung gewisser Chromarten in Säuren beobachtet, daß dabei die Wasserstoffentwicklung periodisch erfolgt, in gleichem Sinne haben Bredig und Weinmayr auf periodische Kontaktkatalysen (Zeit. f. physik. Chemie 42, 1903) hingewiesen. Die Vakuole wird von einem resistenteren Niederschlagshäutchen des Protoplasma umgeben, das manchesmal durch Chinin (1 : 1000) Saponin, Atropin, taurocholsaures Natrium usw. insofern für eine Zeitlang dargestellt werden kann, als die Infusorien (*Colpidien*) zerfließen und dann die Umgrenzung der Vakuole bloßgelegt wird. Das Chinin schlägt in der Niederschlagsmembran gewisse Substanzen nieder und macht sie so resistenter. Derartige „bloßgelegte" Vakuolen werden von widerstandsfähigen Infusorien und Flagellaten leicht deformiert ohne zu verschwinden. Durch Druck oder bei Regenerationsversuchen können unter Umständen neue kontraktile Vakuolen an nicht präformierten Stellen entstehen, so z. B. bei *Colpidium* (Fig. 17) oder bei *Stylonychia* aus den zuführenden Kanälen der alten kontraktilen Vakuole. Auch diese Tatsache beweist zur Genüge, daß die Kontraktionen der Vakuolen nicht an besonders morphologisch nachweisbare, lokalisierte Mechanismen gebunden sind. Der Umstand, daß elektrische Schläge und intermittierende Ströme die Kontraktionen der Vakuolen nicht beeinflussen, was sonst bei den eigentlichen Kontraktionsphänomenen der Fall ist, spricht gleichfalls hinreichend gegen irgendeine Kontraktionstheorie.

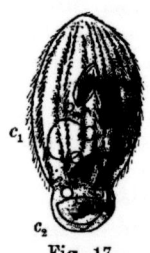

Fig. 17. Entstehung einer neuen Vakuole (c_2) bei *Colpidium* unter Druck. c_1 alte Vakuole.

Künstlich kann man die pulsierenden Vakuolen in Lezithintropfen in schwach sulforizinsauerem Natron insofern nachahmen, als man der Lösung Spuren von Säure hinzufügt und dann gleich unter dem Mikroskop beobachtet. In einzelnen, etwas amöboiden Lezithintropfen treten dann rötliche Vakuolen auf, die mehrmals hintereinander pulsieren, d. h. ihren Inhalt nach außen entleeren, wobei ihre nächste Umgebung stärker lichtbrechend wird. — Rhumbler (Archiv f. Entwicklungsmechanik VII. Bd. 1. und 3. Heft 1898) hat beobachtet, daß ein Tropfen eines Gemisches aus Rizinusöl und Glyzerin, der in Alkohol eingebettet war, Glyzerintropfen nach außen schleudert und zwar fliegen die kleineren in Kugelform aus der Oberfläche direkt heraus, während die größeren sofort unter Schlierenbildung an der Oberfläche platzen.

Durch diese künstliche Darstellung der Vakuole wird zwar der Vorgang nachgeahmt, nicht aber die eigenartige Periodizität des Prozesses erklärt. Dieser letztere ist insofern ein vitaler Vorgang, als durch das lebende Protoplasma in gleichen Zeiten neben der Flüssigkeit noch besondere Stoffe (Säure?) an die Vakuole periodisch abgegeben werden, durch die der kapillare Druck in der Vakuole erhöht, die Adhäsion an das Protoplasma gleichsam geändert wird und der Vakuoleninhalt wie ein fester verdauter Nahrungsbestandteil nach außen exportiert wird. Bei den Lezithinamöben ist es die Spur Säure, die die Pulsationen inauguriert, mit ihrer Zahl in der anorganischen „Maschine" jedoch eine Verminderung erleidet, bei dem Organismus dagegen durch den Lebensprozeß stets von neuem gebildet wird. —

Den Einfluß der Temperatur auf die Entleerungsfrequenz der kontraktilen Vakuolen hat Roßbach (1872) untersucht und konnte feststellen, daß bei niederen Temperaturen die Frequenz der Pulsationen langsam ist, mit der Temperaturerhöhung gleichfalls ansteigt und bei 30—35° das Maximum erreicht. Äußerst wichtig sind die Ergebnisse der Untersuchung von A. Kanitz (Biol. Zentralblatt 27 1907), der die Pulsationsfrequenz als eine Exponentialfunktion der Temperatur darstellte. Mit der Temperaturerhöhung von 10° wächst die Pulszahl um das doppelte; sie ist also nicht linear proportional der Temperatursteigerung. Durch elektrische Schläge sowie intermittierende Ströme wird, wie bereits erwähnt worden ist, die Pulszahl der Vakuolen nicht verändert.

Durch chemische Substanzen, die zum Teil die äußere Zelloberfläche zur Quellung bringen oder irgendwie wie das Chinin die Niederschlagsmembran der Vakuole verändern und „verfestigen", wird die Pulszahl ebenso verlangsamt wie durch Substanzen, die durch Flüssigkeitsentziehung eine Schrumpfung des Zelleibes veranlassen. Zu der ersteren Gruppe gehören verdünnte kaustische Alkalien, Strychnin, Veratrin, Digitalin, Morphin, Atropin, aus der zweiten Gruppe sind zu erwähnen Kochsalzlösungen, Rohrzucker, schwache Mineralsäuren. In der letzten Zeit hatte M. Zuelzer den Einfluß des Meerwassers auf die pulsierende Vakuole (Sitzungsber. d. Gesellschaft naturf. Freunde Nr. 4 1907) der Infusorien studiert: Bei zunehmender Konzentration des Wassers wird die Pulsation der kontraktilen Vakuole der *Amoeba verrucosa* langsamer und ihr Durchmesser kleiner, bei einem Salzgehalt von $1^1/_2 \%$ verschwindet die Vakuole gänzlich. Man kann die Protozoen in der Zeit von 3—8 Wochen an eine Salzkonzentration von 3% gewöhnen. Wurde diesen angepaßten Amöben langsam filtriertes Kulturwasser hinzugefügt, so bildete sich bereits nach 24 Stunden eine neue pulsierende Vakuole, die allerdings zunächst etwas langsam, aber rhythmisch sich entleerte. Nach 6—7 Tagen glichen die angepaßten, in ihr altes Medium zurückversetzten Amöben vollkommen den Süßwasserformen.

Neben Vakuolen, die nach außen ihren Flüssigkeitsinhalt entleeren, gibt es bei einigen *Amöben* und *Heliozoen* pulsierende Vakuolen, die gleichsam in das Innere des Zelleibes periodisch zerplatzen. Durch die bereits von Brandt vermutete Substanz, die sich in der Vakuole ansammelt, gewinnt in diesem Falle der Vakuoleninhalt nach und nach eine größere Adhäsion zu dem Protoplasma und zerteilt sich in ihm tropfenartig, sobald mit dem Wachstum der Vakuole ihre Oberflächenspannung entsprechend abgenommen hat. Brandt, Penard Rhumbler und ich haben diese Vakuolen, die Rhumbler wiederum mit Chloroformtropfen künstlich nachahmen konnte, bei verschiedenen Rhizopoden mehrfach beobachtet. (Ergebnisse der Anatomie- und Entwicklungsmechanik VIII. Bd. 1898.)

Bewegung.

Die Bewegungen der Protisten vollziehen sich auf eine sehr mannigfache Art und Weise; wenn wir von den passiven Bewegungen vieler Planktonorganismen absehen, kommen besonders die Bewegungen durch Veränderung des spezifischen Gewichtes, die Bewegungen durch Sekretion der *Diatomeen* und *Gregarinen*, die amöboiden Bewegungen und die Lokomotionen durch Geißeln und Cilien in Betracht.

Die Bewegungen, die auf einer Änderung des spezifischen Gewichtes begründet sind, hängen mit den Gesetzen der Osmose zusammen. Das Auf- und Absteigen der Radiolarien erfolgt nach den Untersuchungen von Verworn (Pflügers Archiv, Bd. 53, 1892) und

Brandt (Zoolog. Jahrb. Bd. X, 1895) durch zahlreiche Vakuolen des Protoplasmas, das an und für sich ja schwerer als das Meerwasser ist, in dem die schönen und großen Lebewesen schweben. Nach dem van't Hoff'schen Gesetz muß, damit ein Schweben zustande kommt, in der Vakuolenflüssigkeit eine Substanz vorhanden sein, die an Stelle der schwereren Salzatome die gleiche Zahl von leichteren Atomen besitzt, da der osmotische Druck der Zahl der Moleküle in der Volumseinheit direkt proportional ist. Diese Substanz ist die Kohlensäure, die bei der Atmung entsteht und in der Vakuolenflüssigkeit gelöst wird. Auf diese Weise wird eine Verringerung des spezifischen Gewichtes der Vakuolenflüssigkeit herbeigeführt. Die Vakuolen des Protoplasmas wirken wie hydrostatische Apparate, allerdings ist noch die Entstehung der Vakuolen selbst dunkel und durchaus nicht aufgeklärt. Auf gewissen Reife- und Befruchtungsstadien einiger Radiolarien platzen diese Vakuolen, und die Organismen sinken ebenso wie auf heftige mechanische und thermische Reize. Bei bewegter See sinken die Radiolarien in die Tiefe, die Vakuolenschicht verschwindet gleichsam, indem die Vakuolen zum Platzen gebracht werden, und „regeneriert" sich nach einiger Zeit in den ruhigeren Tiefen. Manche Radiolarien produzieren zum Zwecke des Schwebens besondere Gasvakuolen ebenso wie die Arcellen und Difflugien des Süßwassers, die zumeist im Schlamme kleiner Tümpel leben und aktiv sich von dem Boden erheben, indem ihr Protoplasma Kohlensäureblasen (Engelmann, Pflügers Archiv, Bd. 2, 1869) entwickelt. Diese beschalten Rhizopoden sinken sodann nach einiger Zeit wieder in die Tiefe, wobei ihr Protoplasma die Gasbläschen, die gleichsam corrodiert, eingeschmolzen werden, wiederum resorbiert. —

Die zierlichen *Diatomeen* und *Desmidiaceen* bewegen sich auf die Weise vorwärts, daß ihr Protoplasma an bestimmten Stellen des Zellleibes in bestimmter Richtung Sekretmassen beständig produziert und durch die Schleimfäden, Stränge usw. sich an der Unterlage gleichsam vorwärtsschiebt oder stemmt. Bütschli (Verhandl. d. naturhist. med. Vereins zu Heidelberg, N. F. IV. Bd. 1892), wies bei *Diatomeen* diese äußerst zarten Schleimfäden, die an beiden Seiten der Schalenklappen hervorquellen, durch Zusatz von Karmin oder Tusche zu dem Kulturwasser nach. Gegen diese Erklärung der Diatomeenbewegung sind von O. Müller verschiedene Einwände geltend gemacht worden.

Bei den *Gregarinen* sowie *Coccidien* und *Malariaplasmodien* (Sporozosten) kann man drei Arten von Bewegungen unterscheiden: 1. peristaltische Bewegungen, 2. Krümmungen und Streckungen,

3. gleitende Vorwärtsbewegungen. Die erste Art von Bewegungen ist auf besondere Kontraktionswellen zurückzuführen, die über den ganzen Körper dahinlaufen. „Der Körper zeigt eine von vorn nach hinten fortschreitende Kontraktionswelle, in deren Bereich das sonst gar nicht deutlich unterscheidbare Ektosark als dünner Ringwulst nachweisbar ist. Es liegt also eine Peristaltik des Ektosarks vor, durch welche das leicht bewegliche Entosark seiner Hauptmasse nach von vorn nach hinten verschoben wird. Eine Lokomotion wird durch diese Kontraktionswelle nicht bewirkt." C. Schneider (Arb. a. d. zoolog. Inst. Wien, XVI. Bd. 1905). Die seitlichen Krümmungen und Streckungen sind bei den Sporozoiten der Gregarinen, Coccideh und Malariaplasmodien beobachtet worden und kommen bei den männlichen Formen der Haemogregarinen des Geko vor, diese knicken oft die Blutkörperchen, in denen sie schmarotzen, plötzlich ein.

Die gleitende Vorwärtsbewegung der echten Gregarinen hat bis jetzt keine vollkommen befriedigende Erklärung gefunden.

Fig. 18. Eine kriechende Gregarine in Tuschlösung. Abscheidung des Gallertstieles. (Nach Schewiakoff.)

Schewiakoff (Zeitschrift f. wiss. Zoologie, Bd. 58, 1894) nimmt im Anschluß an die Erklärung der Bewegungen der Diatomeen von Bütschli und Lauterborn an, daß durch gewisse Längsspalten des sog. Epicyt eine gallertige Substanz abgeschieden wird, die sich am Hinterende der Gregarine in Form eines Konus ansammelt. Indem beständig neue Gellertmassen abgeschieden werden, wächst dieser Konus zu einem Gallertstiel aus, an dem die Gregarine gleichsam passiv vorwärtsgeschoben wird. (Fig. 18.)

Crawley (Proceed. of the Acad. of Nat. sc. Philadelphia 1902) stellt an diesem Erklärungsversuch aus, daß die Vorwärtsbewegung oft in Zickzacklinien erfolgt, dagegen die Gallertabscheidung immer nur in der Richtung nach rückwärts erfolgen soll. Auch können die Gregarinen oft plötzlich einen Bogen ohne Knickung des Körpers beschreiben, die Richtung der Bewegung kann mannigfach geändert werden, ja das Hinterende kann sich aus der Bewegungsrichtung herausbiegen — alles Umstände, die Crawley mit dem oben referierten Erklärungsversuch schwer in Einklang bringen kann. Ähnliche Bedenken macht Awerinzew (Arch. f. Protistenkunde 1909/10) geltend.

Crawley erklärt die Gleitbewegung der Gregarinen durch die Annahme sehr geringer aktiver Bewegungen, durch die ein Teil der Zelloberfläche an die Unterlage fixiert wird, da aber der fixierte Teil dem auf ihn ausgeübten Druck nicht ausweicht, stemmt sich die ganze Gregarine in entgegengesetzter Richtung, also ein Stück des Weges nach vorwärts. Nach Crawley wäre die Bildung des Gallertstiels nicht die Ursache, sondern eine Folge der Gleitbewegung der Gregarinen.

Wenden wir uns dem so oft diskutierten, bis jetzt aber noch nicht erschöpfend behandelten Problem der Amöbenbewegung zu.

— Es würde den Rahmen einer kurzen Einleitung in die Physiologie der Protozoen weit überschreiten, falls ich nur den Versuch wagen würde, alle die Erklärungsversuche, die über die amöboide Bewegung bereits existieren, hier nur in Kürze anzuführen. Daher muß ich auch davon absehen, alle Modifikationen der Amöbenbewegung zu besprechen.

Die Amöbenbewegung wurde zum Teil auf Kontraktionen von besonderen eindimensional charakterisierten Strukturen zurückgeführt, teils wurden zu ihrer Erklärung besondere Oberflächenspannungs- und Quellungstheorien zu Hilfe genommen.

Die Oberflächenspannungstheorien werden von Bütschli (Untersuch. über mikroskop. Schäume u. d. Protoplasma 1892), Quincke (Ann. Phys. Chem. XXXV. 1888, Tagebl. 62. Vers. d. Naturforscher u. Ärzte Heidelberg 1889, Ann. Phys. Chem. Bd. LIII 1894. u. f.), Rhumbler (Arch. f. Entwicklungsmechanik VII, 1898, Zeitschrift f. allg. Physiologie I. 1902, Physik. Zeitschrift. I. Jahrg. 1899, Ergebn. Anat. Entwicklungsgeschichte Bd. VIII, Zeitschrift f. wissenschaftl. Zoologie LXXXIII 1905 u. f.), Jensen (Ergebn. Physiol. I. Jahrg. II. Ab. 1902), Verworn (Bewegung d. lebend. Substanz 1892), z. Teil Jennings (Amerikan. Naturalist XXXVIII. 1904), Bernstein (Anatom. Hefte XXVII. 1905), L. Michaelis (Folia serologica I. 1909) verfochten.

Jensen und Quincke gehen bei ihren Erklärungsversuchen von einem reinflüssigen, homogenen Zustand des Protoplasmas aus, Bütschli und Rhumbler nehmen eine schaumige Struktur desselben an. Quincke ahmte die amöboide Bewegung in der Weise nach, daß er auf einen Öltropfen im Wasser einen feinen Strahl alkalischer Flüssigkeit zuströmen ließ; es kommt bei Gegenwart von freien Fettsäuren bald zu einer Seifenbildung, die sich an der Grenze von Öl und Wasser ausbreitet und von letzteren gelöst wird. Die Oberflächenspannung des Öltropfens wird derart herabgesetzt, und der Tropfen buckelt sich vor, gleichzeitig entstehen in dem Öl und dem angrenzenden Wasser Wirbel, neues Öl strömt hierauf an die Stelle der Spannungsverminderung, und es kommt abermals zu einer Seifenbildung. Der Öltropfen verändert auf diese Weise beständig seine Gestalt und ahmt einer Amöbe nach.

Der periphere Ausbreitungsstrom der Seife, der zu ihm parallele Wasseraußenstrom und der Zuführungsstrom in Öl selbst konnten durch Zusatz von Kienruß und Tusche verdeutlicht werden.

Quincke nimmt an der Oberfläche der Amöben eine dünne Ölhaut an, an deren Innenfläche lokal Verseifungen unter Einfluß des alkalisch reagierenden Protoplasmas eintreten. Durch eine Art von Eiweißseife treten längs der Ölhaut Ausbreitungsströme auf, durch die die Oberflächenspannung herabgesetzt wird. Axial werden so immer neue Protoplasmateile zu der Ölhaut geführt, verseifen hier und setzen die Oberflächenspannung herab.

Auf Grund einer Verseifung der Lipoidmembran, womit eine lokale Verminderung der Oberflächenspannung Hand in Hand geht, baut auch L. Michaelis seine Theorie der „Amöboidenbewegung" auf.

Bütschli stellt sich vor, daß durch Platzen der von ihm gesehenen Waben des Protoplasmas das Enchylema, welches Eiweißseifen gelöst enthält, auf die Oberfläche der Amöbe tritt und hier Ausbreitungsströmungen und Verminderung der Oberflächenspannung bewirkt. Damit strömt aber die Amöbe bzw. ihr Pseudopodium in einer bestimmten Richtung nach vorwärts.

Blochmann (Biolog. Zentralblatt 1894) konnte bei *Pelomyxa* die angenommenen Strömungen (den axialen Innenstrom und den Außenstrom) direkt beobachten.

Rhumbler geht im Anschluß an Bütschli, Engelmann, Israel, Pénard u. a. von der Annahme aus, daß das „Ektoplasma der Amöben keine dauernd selbständig strukturierte Organoidschicht des Amöbenkörpers" darstellt, sondern nur ein vorübergehendes Umbildungsgebilde der Amöbenzelle ist. „Das Ektoplasma ist also ein Umwandlungsprodukt des Entoplasmas, entstanden durch die die Oberfläche verdichtende Einwirkung des äußeren Wassers und die dadurch bedingte Zurückweisung der körnigen Einlagerungen." Das Entoplasma bildet sich beständig in das Entoplasma und umgekehrt um (Ento-Ektoplasmaprozeß). Durch innere chemische Prozesse oder durch äußere Reize erfolgt eine Herabminderung der Oberflächenspannung, die Protoplasmamassen fließen an die Stelle der Spannungserniedrigung ab und wölben so hier ein Pseudopodium vor. Unter Einfluß der Außenwelt verändert sich das gleichsam bloßgelegte Entoplasma in Ektoplasma, es wird unter der Einwirkung des Außenmediums verdichtet, und drängt die Körnchen usw. in das Entoplasma zurück. Das Ektoplasma häuft sich durch Vorfließen der Massen am Hinterrande der Amöbe an, seine tieferen Schichten werden durch die zunehmende Verdickung dem Einfluß des äußeren

Mediums entzogen und wandeln sich in der Folge in Entoplasma um. Am Vorderende der Amöbe entstehen derart neue Oberflächen, die am Hinterende der Zelle in das Innere aufgenommen, einkassiert werden. Von den Quellungstheorien ist zunächst die Inotagmentheorie Engelmanns zu erwähnen (Hermanns Handbuch d. Physiologie Bd. I. 1879). Inotagmen sind hypothetische „submikroskopische" (!) Protoplasmateilchen, die sich unter Wärmeaufnahme verkürzen und Kugelform annehmen, bei der Entquellung geben sie das Quellungswasser an die Intertagmalsubstanz ab und verlängern sich derart wieder. Sind nun die Inotagmen hintereinander fibrillär angeordnet, so verkürzen sie sich bei der Verquellung und ziehen das Pseudopodium ein, während bei der Entquellung eine Ausstreckung derselben erfolgt. Bei vollständiger Entquellung müßten die längsten Pseudopodien vorhanden sein. Diese Theorie ist nicht ausreichend. —

Wir dürfen uns nicht der Hoffnung hingeben, alle amöboiden Bewegungen aus einzelnen wenigen Prinzipien zu erklären, da bereits der morphologische Aufbau der Amöbenzellen sehr mannigfaltig ist und der Begriff der Amöbenzelle im Sinne vom Schaudinn nur einen „Sammeltopf" für alle möglichen Formen und Protistenentwicklungsstadien darstellt. Es gibt im allgemeinen zwei große Gruppen von Amöben und zwar leichtflüssige Formen mit rückläufigen Randströmen, deren Typus die *Amoeba limax, blattae, Pelomyxa penardi* sind, ferner Formen mit einer dickeren gelatinierten Oberfläche, die keine rückläufigen Randströme besitzen und deren Typus die *Amoeba verrucosa* ist. Dazwischen liegen Formen, deren Bewegungen vollkommen apolar sind, die sich gleichsam überstürzend, eruptiv mit einzelnen seitlichen Pseudopodien vorwärts bewegen wie die *Entamoeba histolytica* und die Amöben der provisorischen Histolyticagruppe.

Jennings hat sich hauptsächlich mit dem Studium der rückstromlosen Amöben beschäftigt und versuchte unter Zusatz von Tusche die Oberflächenbewegung der fraglichen Amöben festzustellen. Durch diese Methode konnte er aber keine rückläufigen Bewegungen der obersten Oberflächenschicht beobachten. Die der Oberfläche anhaftenden Tuschteilchen werden von hinten nach vorne durch die Bewegung einfach geschleppt, bleiben auf der Unterfläche der Amöbe fest liegen, während die Amöbe gleichsam über sie hinwegkriecht. Schließlich kommen sie wieder an den Hinterrand der *Amoeba* zu liegen.

Betrachten wir zunächst die Bewegung der rigideren mit rückläufigen Strömungen ausgestatteten Amöben. (Fig. 19.) Wir müssen annehmen, daß unter Einfluß des Außenmediums das Protoplasmakolloid mit einer Art von Haptogenmembran oder Niederschlagshaut umgeben ist, die zum Teil aus Eiweißkörpern, zum Teil aber aus den physiologisch sehr wichtigen Lipoiden besteht. Allein aus Lipoiden kann die äußere Haptogenmembran nicht bestehen, denn sonst müßten die Amöben in Saponinlösungen, taurocholsaurem Natrium usw., die Lipoid lösen, sofort zerplatzen, was durchaus nicht der Fall ist. Bei manchen Amöben, wie A. verrucosa kann man die Lipoide sogar mit Neutralrot in manchen Fällen färben, wobei sich der Farbstoff in dem Lipoid in seiner Oxyform auflöst und die Membran leicht in der Nuance der saueren Lösungsart färbt. Da die Lipoide wie Lezithin sowohl Basenkapazität als auch Säurebindungsvermögen besitzen, so können sie sich unter den mannigfachsten Reizeinflüssen des Außenmediums oder unter Veränderung des Protoplasmakolloids, das sich beständig entmischt, und die Enchylematropfen zum Platzen bringt, verändern, verseifen, zu Ausbreitungserscheinungen Anlaß geben.

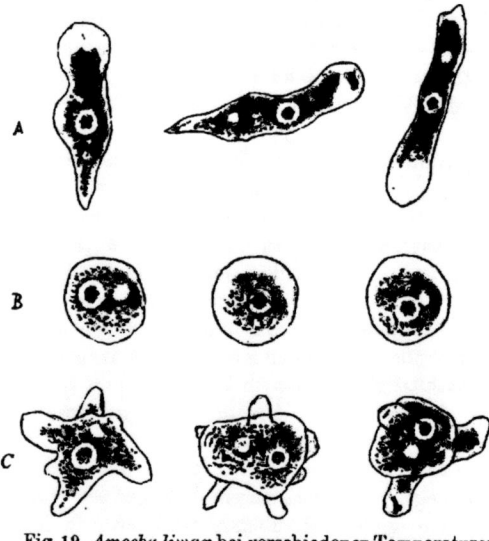

Fig. 19. *Amoeba limax* bei verschiedenen Temperaturen. (Nach Verworn.)

Durch sie wird dann die Oberflächenspannung momentan verändert, das Entoplasma stürzt vor, wird aber wieder unter Einfluß des Außenmediums verdichtet und wandelt sich zum Teil in Entoplasma um.

Der von Rhumbler beobachtete Entoplasma-Ektoplasmaprozeß besteht für die leichtflüssigen Amöben zu Recht und kann durch Beobachtungen jedesmal festgestellt werden. Die Amöbe bewegt sich etwa wie künstliche Lezithinamöben (Biolog. Centralblatt XXVII. Bd. 1908) in sulforizinsaurem Natron, das durch Natronlauge neutralisiert wurde, oder in einer 2% Kochsalzlösung.

Die Veränderungen des Lipoideiweißniederschlagshäutchens kann man auch künstlich nachahmen, indem man einer wässerigen Lezithinlösung 3% Kochsalzlösung zusetzt. Um größere Lezithintropfen und -ballen bilden sich nach einiger Zeit kristallinisch aussehende, ebene Niederschlagsmembranen aus, die zeitweise eingerissen werden, worauf in das Innere zu dem Lezithinkern wieder das Lösungsmittel hinzutritt, an der Rupturstelle eine neue Haut erzeugt und so fort. Es existiert hier eine Oberflächenenergie zweiter Art im Sinne von W. Ostwald, Maxwell, Mensbrugghe u. a., die bei Vergrößerung der Oberfläche sich in andere Energieformen umwandelt. Derartige expansive Oberflächenspannungen kommen in zweiphasische Systemen oft vor. Das kristallartige Hohlgebilde wächst nach Analogie einer Traube'schen Zelle und bewegt sich wie ein Hüllphantom einer Amöbe, die ihres Protoplasmas vollständig beraubt wurde. Die angenommenen Lipoide kommen auch im Innern der Zelle vor. Die sogenannte Fermentgranula der Protozoen besitzt gleichfalls eine lipoide Grundlage. Nach Reincke und Rodewald wurden im *Aethalium septicum* 0,20% Lezithin festgestellt. Die Lipoide scheinen Derivate der Kernsubstanzen zu sein.

Bei den rückstromlosen mit derberen Ektoplasmahäuten ausgestatteten Erdamöben muß man nach einem anderen Erklärungsprinzip fahnden. L. Rhumbler (Zeitschrift f. wissenschaftl. Zoologie LXXXIII 1905) nimmt an, daß die Oberflächenspannung durch einen zentripetalen Gelatinierungsdruck der Oberfläche ersetzt wird. Unter dem verändertem Medium (feuchte Erde, Moos usw.) geht der Phasenwechsel im Kolloid des Protoplasmas von Sol zu Gel rascher im letzteren Sinne vor sich, die Amöben werden gleichsam von einer Gelatinehülle umgeben, die bei den mannigfachen Bewegungen in zahlreiche Falten geschlagen werden kann. Durch diese Vorgänge wird die Möglichkeit zur Ausbildung von Rückströmen ungemein erschwert, reduziert, und es kommen nur lokale Adhäsionsänderungen zustande. Durch Druck auf die Unterlage verschleimt die Ektoplasmahülle, neue Ektoplasmagebiete werden gelatiniert und verlieren bei vorschreitender Gelatinierung ihre Klebrigkeit, sie erstarren gleichsam, um schließlich am Hinterende der Amöbe in Form von Falten und Fältchen wiederum einkassiert zu werden. Durch die Gelatinierung wird zentripetal aber ein Druck ausgeübt, der am Vorderrande die gelatinierte Amöbenblase gleichsam zum Bersten bringt, worauf selbe sackartig nach vorne stürzt.

Sehr mannigfach sind in morphologischer Hinsicht die Bewegungsorganellen der höher organisierten Protozoen gebaut, die man als Flagellen oder Geißeln sowie als Cilien bezeichnet.

Durch zahlreiche Untersuchungen, die der letzten Zeit angehören, wurde ihr einheitlicher Bau im Prinzip enthüllt, und wir sind bereits in der Lage, aus den bis jetzt bekannten Strukturen auf die physiologische Funktion dieser Organoide gewisse Schlüsse ziehen zu dürfen.

Es wurde festgestellt, daß die Geißeln und Cilien nicht einfache plasmatische, zarte, zumeist spitz endigende Härchen sind, sondern aus zwei Strukturelementen bestehen, und zwar aus einem elastischen Achsenfaden und einer rigideren spiraligen Hülle; diese Hülle überzieht oft nicht den ganzen Achsenfaden, so daß er eine Strecke frei verdünnt hervorragt und etwa mit dem Endfaden der Spermatozoen der höheren Tiere zu vergleichen ist. (Fig. 21.) Yamamoto konnte ihn samt seinem punktförmigen Ende bei einer ganzen Reihe von Formen nachweisen. Der Aufbau dieser Gebilde aus einem festeren elastischen Teil und einer plasmatischen Hülle ist bis jetzt bei zahlreichen Protozoen beobachtet worden, so bei *Rhizomastiginen* von Goldschmidt, Plenge bei *Trichomastix* von mir, bei höheren Flagellaten von Hamburger und Dobell, bei den Cilien der höchst organisierten Ciliaten von Schuberg, der systematisch diese Strukturen bei einer ganzen Reihe von Formen untersucht hatte. (Archiv f. Protistenkunde 6. Bd. 1905.)

Fig. 20. Struktur der Flagellen. Rechts Zusammenhang mit dem Kern. Bei *a* Achsenstab und Spiralsaum. (Nach Plenge.)

Der Achsenfaden prägt diesen Bewegungsorganoiden gleichsam die „beständige" Form auf, ihm kommt eine festere Beschaffenheit zu, während der Spiralsaum im Sinne der Protoplasmakonsistenz mehr als flüssig zu bezeichnen ist. Bei *Trichomastix lacertae* „verquillt" dieser rigide Saum unter Einwirkung von Chinin oder Esanophelin und löst sich stellenweise in Form von Kügelchen und Tröpfchen ab. Er strebt der Tropfenform der Flüssigkeiten zu.

Im Sinne von Bütschli, mir, Koltzoff, Pütter, Gurwitsch, Hartmann, Schuberg stellt der Achsenfaden eine formbestimmende Stütze für seine spiralige, flüssige Hülle dar. Er ist mit dem Randfaden der undulierenden Membran der Trypanosomen zu vergleichen. Setzt man Spuren 0,2% Salzsäure zu den Trypanosomen des *Mal de Caderas* oder zu den *Congolensetrypanosomen* hinzu, so kann man beobachten, daß sich der Randfaden ablöst und viel länger wird als im normalen Zustand, da er mit dem ganzen Körper der Zelle verbunden war und ihr eben die gewundene, typische Trypanosomengestalt aufgeprägt hatte. Er befand sich offenbar in einer Art von Quellungstonus, wobei seine kleinsten Elemente durch Flüssigkeitsaufnahme sich verkürzten, indem sie die Kugelform annehmen. Beim Entquellen wurde der Faden lang und stärker lichtbrechend (deutlicher). Vieles spricht dafür, daß auch bei den Achsenfäden der Flagellen und Cilien ähnliche Verhältnisse vorherrschen. Auf Grund dieser Tatsachen und Annahmen können wir uns die Funktion der Flagellen und Geißeln folgendermaßen vorstellen: Der Achsenfaden und die Spiralhülle verhalten sich wie Antagonisten. Der chemisch-physikalische Reiz, der aus der Außenwelt kommt oder dem Innern der Zelle entstammt, beeinflußt zunächst die spiralige Hülle, die ähnlich wie die Oberfläche einer Amöbe nur noch teilweise mit einer Lipoidhülle umgeben ist. Es findet in ihr ein Zerfall und eine Entmischung statt. Durch Reize wird der Phasenzustand in der plasmatischen schraubigen Hülle, die nach Leydig (1885), Bütschli u. a. m. das „Kontraktile", das „aktiv Bewegende" darstellt, von Sol in Gel übergeführt, worauf der Achsenfaden durch Flüssigkeitsaufnahme von der Hülle her verquillt und im Sinne des Randfadens der Trypanosomen seinen Quellungstonus erreicht. Die Cilie senkt sich, die Geißel wird „kontrahiert", weil die Elastizität des verquollenen Achsenfadens nicht mehr entgegenwirkt. In der Folge nimmt wieder die Plasmahülle sich restituierend die Flüssigkeit auf, der Achsenfaden entquillt, verlängert sich, und das Organell schnellt in die Ausgangslage zurück. Der Achsenfaden wird für die Spiralhülle gleichsam zu lang, wie dieses auch für die Trypanosomenzelle der Fall ist. Der ganze Energiewechsel spielt sich hier an der Grenze der spiraligen Hüllschicht und des Achsenfadens ab, die beide im Verhältnis zum Volumen eine sehr große Oberfläche besitzen — es kommt auf diese Weise zu einer sehr großen rhythmisch verlaufenden Oberflächenenergieproduktion.

Mit dem Phasenwechsel im Colloidsystem der „Schraubenhülle" hängt es zusammen, daß bei manchen Formen, ebenso wie bei den Amöben und Difflugien (Rhumbler) die Geißeloberfläche eine klebrige Beschaffenheit gewinnt. Auch Fischer (1895) nimmt von der Geißeloberfläche der Flagellaten an, daß sie klebrig ist.

Bezüglich der „Schraubenhülle" sei noch erwähnt, daß im Hinblick auf die mannigfachen Schraubenbewegungen der Flagellen die Möglichkeit besteht, daß die plasmatische Hülle, in der das „Aktive", „Auslösende" der Kontraktion zu suchen ist, um den Achsenfaden herum ihre Stelle zu verändern vermag. Ältere Forscher nahmen an, daß die Cilien und Geißeln nur starre, passiv bewegte Anhänge des Zellkörpers sind. Klebs beobachtet jedoch an den langen Geißeln von *Trachelomonas*, die abgeworfen waren, Zuckungen, auch Bütschli und Schillings geben bezüglich der Geißeln der *Peridineen* an, daß sie nach ihrer Ablösung noch umherflattern und sich bewegen.

Im selben Sinne wurden Angaben über Geißeln von *Polytoma uvella* von Fischer, von Rothert über Zoosporengeißeln der *Phycomyceten*, von mir über *Volvox*geißeln und Zirren von *Euplotes*, von Kölsch über Cilien der *Paramaecien* gemacht. Setzt man zu *Glaucoma*- und *Colpidium*infusorien Atropin oder Strychnin etwa im Verhältnis von 1 : 300 zu, so treten an der Peripherie oft die bekannten hyalinen Zerfließungsblasen auf, an deren Peripherie die mit ihren Basalkörpern losgelösten Cilien hin- und herschlagen. Sie bedürfen demnach zu ihrer Funktion nicht des Entoplasmas, auch brauchen die Basalkörper nicht im Plasma fest fixiert zu sein.

Die Geißeln und Cilien entspringen von mit Eisenhaematoxylin besonders differenzierbaren Körperchen in der Zelle, die allgemein Basalkörper (Blepharoplaste) genannt werden. Meistens sind die Basalkörper gedoppelt (*Colpoda*, *Colpidium*). Bei größeren Formen, besonders aber bei den *Trypanosomen* gehen diese Basalkörper durch eine ungleichhälftige Teilung aus einem größeren mit Kernfarbstoffen färbbaren Kerngebilde, dem Blepharoplast, hervor. Schaudinn hat durch seine grundlegenden *Halteridium*untersuchungen den Nachweis erbracht, daß dieser Blepharoplast ein zweiter Kern der Zelle ist. Er geht aus dem Karyosom des zentralen Kernes hervor und ist mit ihm durch eine Fibrille verbunden. Er teilt sich selbst nach den Untersuchungen von Schaudinn, mir und Rosenbusch durch eine primitive Mitose*). (Fig. 21.)

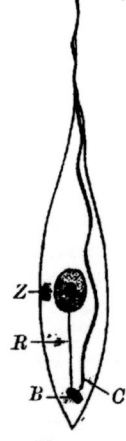

Fig. 21. Schema eines *Trypanosoma*. Zentraler Kern (*Z*), Rhizoplast (*R*), Blepharoplast (*B*), Centriol der Blepharoplast (*C*).

Die Basalkörperchen und Blepharoplaste werden vielfach als „Zentrum der Flimmerbewegung" angesehen. Bereits durch Koelliker ist aber nachgewiesen worden, daß isolierte Cilien von *Paramaecium* noch eine Zeitlang in 1 % Essigsäure leben, eine Beobachtung, die für das Leben der Cilien ohne Basalkörperchen hinreichend spricht. Auch die oben mitgeteilten Fälle von Bewegungen abgelöster Geißeln und Cilien müssen im gleichen Sinne gedeutet werden. Natürlicherweise darf man bei so zarten Gebilden nicht erwarten, daß sie lange Zeit ohne die zugehörigen Zellen leben. Auch wird durch das Trauma

---

*) Eigentliche Amitosen scheinen bei den Protozoen nicht vorzukommen.

unmittelbar eine Shockwirkung ausgelöst, die die empfindlichen Organellen wesentlich schädigt.

Vignon, der zu dem Schluß gelangte, daß die Cilien „um schlagen zu können, weder der Wimperwurzeln noch der Basalkörperchen" bedürfen, konnte auch an bewegungslosen Cilien Basalkörperchen nachweisen. (Arch. d. zoolog. experimental. et general. 1901.) —

Welche Bedeutung haben nun die Blepharoplaste und Basalkörperchen? Zunächst sind sie die entwicklungsgeschichtlichen Bildner der fraglichen Gebilde, die von ihnen ausgehen.

Bei den *Trypanosomen* entsteht der Blepharoplast als zweiter Kern durch eine ungleichhälftige Teilung aus dem Zentralkern. Er teilt sich nochmals, und wiederum bildet er auf heteropolem Wege das Basalkörperchen, das durch eine weitere Teilung aus sich den Randfaden der undulierenden Membran hervorgehen läßt.

Das Protoplasma dieser Zellen nimmt als Flüssigkeit die Tropfengestalt an, die durch diese Teilungen sofort aber zerstört wird. Die persistierenden Teilfäden, die sich zwischen den erwähnten Teilprodukten der Kerne (Karyosom, Blepharoplast und Basalkern) ausspannen, prägen also der Zelle die typische Trypanosomengestalt auf. (Fig. 22.) Sie sind das Baugerüst, das Netz, das das flüssige Protoplasma trägt, etwa wie das Drahtgestell in den bekannten Plateauschen Versuchen die Flüssigkeit. Sie sind Träger der Morphe, in ihnen ist das spezifische, zunächst nicht weiter analysierbare Gestaltprinzip eingeschlossen.

Fig. 22. *Trypanosoma Brucei* mit dem Randfaden der undulierenden Membran.

Auch bei den *Trichomonaden* geht von den Basalkörnern das Geißelbüschel, der Randfaden der undulierenden Membran und ein eigenartiger Achsenstab aus, der der *Trichomonaszelle* die eigentümliche Gestalt verleiht. Durch Druck kann man das Protoplasma mit dem Kern ablösen, und der Teil der Zelle, von dem die Bewegung und die Morphe der *Trichomonas* ausgeht, bewegt sich noch weiter. Sehr interessant wären in diesem Sinne physiologische Versuche an der von A. Foa beschriebenen *Callonympha*.

Auch bei den Spermatozoen geht aus dem Centrosom, das mit den Basalkörpern zu vergleichen ist, durch eine Teilung, die wir Centrodesmose nennen, der Achsenfaden samt dem Endstück des Spermatozoenschwanzes hervor.

Nach den Untersuchungen von Schuberg besitzen auch die Cilien einen ganz analog gebauten Achsenfaden, der an seinem distalen Ende in ein Endstück, den Endfaden ausläuft. Man kann ihn zuweilen mit der

Geißelbeize färben, sofern man die Zellen vorher mit Strychnin (1%) behandelt, worauf auf den Zilien blasenartige Vorwölbungen entstehen.

Sind die Basalkörper und Blepharoplaste die **Bildner und Regeneratoren** der Cilien und Geißeln und tragen sie das **gestaltgebende, morphogene Prinzip** zum Teil in sich, so dürfte während der vegetativen Periode der Zelle damit ihre Funktion noch nicht erledigt sein, und es ist nicht unwahrscheinlich, daß sie irgendwie den Stoffwechsel der lebhaft funktionierenden Teile des Protoplasmas regulieren und leiten. Bei den Trypanosomen findet man in ihrer unmittelbaren Nähe Vakuolen, die vielleicht mit diesen Funktionen in Zusammenhang stehen. — Die Oberflächenentwicklung der zarten Cilien ist im Verhältnis zu ihrer Masse enorm, und man muß annehmen, daß der Stoffwechsel dieser lebhaft tätigen Gebilde von einer tieferen Partie des Zelleibes im wesentlichen besorgt wird. Nach Bütschli ist eine *Mastigophoren*geißel z. B. 160 µ lang, 0,5 µ dick, so steht also 31,4 μ^3 Volumen einer Oberfläche von etwa 25 μ^2 gegenüber.

Bei der Teilung der Zelle teilen sich diese eindimensionalen Bewegungsorganoide nicht etwa der Länge nach, sondern aus dem geteilten Basalkörperchen und Blepharoplast geht längs der alten Fibrille eine neue hervor, die zunächst wesentlich kürzer ist, unregelmäßige flimmernde Bewegungen ausführt (*Chilomonas*, *Polytoma*) und nach Francè von einer weicheren Konsistenz zu sein scheint. Im allgemeinen scheinen eindimensionale, fibrilläre Zelldifferenzierungen, wie Muskelfibrillen, Bindegewebsfibrillen, Stützfibrillen, Randfäden der undulierenden Membranen usw. sich nie der Länge nach zu teilen, sondern werden aus körnigen Organoiden oder granulären Bildnern (Mitochondrien usw.) erst sekundär gebildet.

Die Basalkörperchen vieler Protozoen sind noch durch zarte faserförmige Strukturen verbunden, bezüglich deren Bedeutung wir nur auf Vermutungen angewiesen sind. Schuberg (Archiv f. Protistenkunde, 6. Bd., 1905) schreibt hierüber: „Nahe liegend erscheint es, sie mit dem Metachronismus der Cilienbewegung in Beziehung zu bringen. Das physiologische Zusammenarbeiten der in einer Längsreihe angeordneten Cilien scheint uns verständlicher, wenn wir sie durch eine besondere Verbindung materiell miteinander zusammenhängen sehen." Vielfach sind sie mit Neurofibrillen verglichen worden — eindeutige Beweise für eine solche an sich sehr wahrscheinliche Annahme stehen aber bis jetzt aus. Vielleicht wird durch diesen basalen Mechanismus im Sinne von Verworn die Autonomie der einzelnen Cilie unterdrückt und die Bewegung von einem Cilienelement zum anderen übertragen.

Das Tempo der Cilien- und Flagellenbewegung ist ungemein mannigfach; im allgemeinen scheint die Bewegungsfrequenz der Flagellen niedriger zu sein als die der Metazoencilien. Die Geißeln der *Polytoma* führen 29 Schläge bei 18^0 C pro Minute aus, *Euglena viridis* in derselben Zeit 67,2 (auf eine Zeichnung 0,767—0,638).

Martius (1884) gibt für Metazoencilien nach der stroboskopischen Methode eine Frequenz von meist elf, zwölf, seltener 16—17 Schwingungen pro Sekunde an. Dagegen beträgt die Cilienfrequenz etwa 8—10 Schläge pro Sekunde. Man müßte hier auch nach der stroboskopischen Methode die Frequenz feststellen.

Die absolute Kraft einer Paramaeciumcilienzelle hat 1893 Jensen (Pflügers Archiv, Bd. 54) bestimmt, indem er durch die Zentrifugalkraft das Gleichgewicht mit ihr eben noch ermittelte. Die Zentrifugalkraft, der das anschwimmende Paramaecium noch das Gleichgewicht hält, ist gleich

$$\frac{4\pi^2 rp}{g T^2} = \frac{4,3 \cdot 14^2 \cdot 80 \cdot p}{g \, 0,2^2}.$$

Das Gewicht der Paramaeciumzelle beträgt 0,000175 mg, die absolute Kraft des Cilienkleides 0,00158 mg. 600 Paramaecien vermögen 1 mg zu heben.

Die Bewegung der Cilien und Flagellen dient in erster Linie zur Fortbewegung, ferner zur Herbeistrudelung der Nahrung, schließlich wird aber das rege Spiel der Organellen auch die Atmung unterstützen und den Gaswechsel fördern.

Myoidbewegung.

Viele Protozoen besitzen besondere eindimensionale Strukturen, die zumeist im Ektoplasma gelegen sind, sich durch eine lebhafte Kontraktionsfähigkeit auszeichnen und als Myoneme bezeichnet werden. Selbst auf andauernde Reizung hin antworten sie zumeist durch eine vorübergehende Kontraktion.

Bekannt ist das Myonem im Stiel der *Vorticella* (Glockentierchen) das leicht spiralig verläuft und von einer Art Scheide umgeben ist. Durch mechanische Reize wie durch Klopfen auf das Präparat kann man die Zuckungsfrequenz bestimmen. Für *Spirostomum* beträgt sie 18,2 bis 27,3. Hält der Reiz an, so tritt Ermüdung ein, und die Zuckungsfrequenz nimmt ab. Dauert die tetanische Reizung lange Zeit an, so erfolgt trotz andauernder Reizung eine Streckung, die mehr oder weniger vollständig ist und bei verschiedenen Tieren verschieden sein kann.

„Sehr auffällig ist beim Studium der Reizerfolge am Myoidsystem die Neigung zu rhythmischen Reizbeantwortungen, die häufig auf konstante Reize hin erfolgen. Solche Rhythmenbildung wird beobachtet, wenn die Tiere in ein Gemisch gleicher Teile Kulturflüssigkeit und 0,8% NaCl Lösung gebracht werden, oder der Zusatz schwacher Lösungen von Magnesiumsulfat. Die von Biedermann beschriebene Salzlösung, in der der Skelettmuskel rhythmische Kontraktionen zeigt, löst keine besonders typischen Reihen von Rhythmen aus." (Pütter im Handbuch d. physiolog. Methodik, hrsg. v. R. Tigerstedt 1908.)

Neresheimer (Arch. f. Protistenkunde, 2 Bd. 1903) hat in der hinteren Hälfte des *Stentor coeruleus* Fibrillen beschrieben, die die Myophane begleiten und die er als Neurophane bezeichnet; er schreibt auf Grund von einigen Experimenten ihnen eine nervöse Funktion zu. Schröder kam auf Grund seiner Untersuchung zu einer anderen Deutung.

Vermehrung.

Die ursprüngliche und weitverbreitete Art der Vermehrung ist die Zellteilung. Das Problem der Zellteilung wurde früher mit der Phrase „Wachstum der Zelle über das individuelle Maß" abgetan. Erst R. Hertwig hat in einer Reihe von Schriften (Über d. Wechselverhältnis von Kern und Protoplasma, München, Lehmann 1903, ferner Vorträge in der Gesellschaft f. Morphologie und Physiologie, München 1899, 900 usw., Archiv f. Zellforschung I Bd. 1908) dieses Problem näher diskutiert und kam zu sehr bemerkenswerten Resultaten. Er unterscheidet zwischen zwei aufeinanderfolgenden Zellteilungen zwei Arten des Wachstums und zwar ein funktionelles Wachstum der Zelle und ein Teilungswachstum derselben. Anfangs wächst der Kern der Zelle langsam im Verhältnis zum Protoplasma, nach und nach kommt es zu einem Mißverhältnis zwischen Kern und Protoplasmamasse (Kernplasmaspannung), und die Zelle gerät in einen abnormalen Zustand, der Kern fängt plötzlich auf Kosten des Protoplasmas an zu wachsen und gewinnt so sein Teilungswachstum. Der abnormale Zustand des Teilungswachstums, durch das der Kern doppelt so groß geworden ist, wird durch die Teilung beseitigt; die Teilung ist also ein Regulationsvorgang. „Ich nehme an, daß, wenn ein Höhepunkt der Kernplasmaspannung erreicht wird, der Kern die Fähigkeit gewinnt, auf Kosten des Protoplasmas zu wachsen, und daß die hierbei sich vollziehenden Stoffumlagerungen zur Teilung der Zelle führen. Zum funktionellen Wachstum gesellt sich das Teilungswachstum des Kernes, um die Kernplasmanorm wiederherzustellen."

Die Verhältnisse der Kernplasmarelation hat kürzlich Popoff

(Archiv f. Zellforschung 1 Bd. 1908) in einer sorgfältigen Studie an *Frontonia*, *Dileptus* und *Stylonychia* genau verfolgt und kommt zu folgenden Resultaten: Gleich nach der Teilung fängt das Protoplasma an zu wachsen, dagegen zeigt der Kern zuerst eine Verminderung seines Volumens, die etwa in der zweiten Stunde nach der Teilung ihr Maximum erreicht. Fünf Stunden nach der Teilung besitzt er seine Ausgangsgröße. Trotzdem wächst der Kern noch langsamer als das Protoplasma. In der 15. Stunde hat die Zelle im Verhältnis zum Plasma den kleinsten Kern, der von da ab sehr schwach wächst, in der 17. Stunde beginnt der Kern sich durchzuschnüren und geht in seiner Teilung dem Protoplasma voraus.

Die Zellteilung ist die Folge eines Kernplasmaspannungsmomentes, das hauptsächlich durch eine rapide Größenzunahme des Kerns (Teilungswachstum) bedingt wird, es tritt eine Verschiebung in der normalen Kernplasmarelation ein, und diese abnormalen Zustände werden durch die Zellteilung behoben. „Die Zellteilung ist als Ausdruck der wechselseitigen Beziehungen zwischen Kern und Plasma aufzufassen und nicht nur als Folge des Kernwachstums allein, wie man es vielfach aufzufassen gesucht hat (Popoff)." Da bis jetzt noch zu wenig Experimente über die Teilung der Zelle von anderen Gesichtspunkten aus vorliegen, kann dieses Problem nicht weiter diskutiert werden; es sei hier nur auf eine andere Erklärungsmöglichkeit hingewiesen. Bereits früher wurde erwähnt, daß die Funktionen der Zelle einen rhythmisch-zyklischen Charakter besitzen. Johannes Müller war der erste, der in seiner grundlegenden Physiologie auf diese Erscheinungen als Allgemeineigenschaften des Organischen hingewiesen hatte. In der Zelle funktionieren nun die „Träger" der Assimilation, der Präparation der Nahrung, der Fermentation, Sekretion usw. zunächst in einem anderen Rhythmus als die „Träger" der Morphe, die Bildner der Teilungsapparate, d. h. jene Substanzen, die durch bis jetzt unbekannte chemisch-physikalische Änderungen die Solzustände des Plasmakolloids in Gelphasen, die für die Teilungsstadien des Zellplasmas bezeichnend sind, überführen.

Auf Grund von neueren Untersuchungen hat es sich herausgestellt, daß die sog. Centriolen vieler Protozoen und Metazoenzellen, die gleichsam das punctum fixum der Teilungsfiguren darstellen, fast immer geteilt sind — ihr Teilungswachstum ist demnach sehr kurz. Dasselbe scheint auch bezüglich des Chromiolen, die die Kernschleifen zusammensetzen, zu gelten. Nach Němec sind die Kernschleifen von *Allium* gleich nach der Teilung wiederum geteilt, eine Beobachtung, die ich bestätigen kann. Auch viele Basalkörperchen sind gedoppelt und befinden sich stets in einem Diplosomzustand. In den Kernen von Drüsenzellen, wo die Chromiolen oft sehr deutlich sind, sind diese Granulationen gepaart. Durch das übrige Assimilationsgetriebe der Zelle kann aber das Teilungswachstum dieser Produzenten der Teilungsapparate nicht effektiv werden und wird so lange niedergehalten, bis das Funktionswachstum der anderen „Funktionsträger" nachläßt. Normalerweise erzeugen die Zellipoide in der Zelle eine Zellspannung, indem sie die Zellproteide emulgieren (Biol. Zentralblatt 1908, ferner Loeb und Knaffl-Linz, Archiv f. Physiol. 1908), im Laufe der Zeit werden sie reicher an ungesättigten Fettsäuren (Zangger, Korrespondenzbl. f. schweiz. Ärzte 1908), und dadurch erfährt die Zellspannung eine Änderung, die wahrscheinlich nun jene Teilungsbildner zu Worte kommen läßt. Demnach wäre der eine Teil der Funktionsträger der Zelle so gut wie immer geteilt, die Zelle wäre a priori für Teilungsvorgänge ausgerüstet, diese Teilung kann aber erst perfekt werden, sobald der Teilungsvorgang der Bildner der Teilungsapparate gerade mit dem passenden Stadium des Funktionssystems der erst genannten Funktionsträger zusammenfällt. —

Die Teilung der Protozoen ist ein viel komplizierterer Vorgang als der Teilungsprozeß einer Metazoenzelle, indem hierbei eine Summe von Organoiden verdoppelt und neugebildet werden muß, die sonst ein ganzer Zellverband liefert, während bei den Protozoen für sie eine einzige Zelle aufkommen muß.

Es scheint, daß bei den höheren Protozoen wie bei den Infusorien mehrere Vorgänge mit dem Teilungsprozeß phylogenetisch zusammengetroffen sind. So kommt es noch bei einzelnen Infusorien wie *Stylonychia*, *Colpidium* und *Stentor*, ja selbst bei manchen Flagellaten wie *Herpetomonas* vor, daß sie periodisch ihr Wimperkleid, ihren Mundapparat bzw. ihre Flagellen abwerfen und sodann regenerieren, ohne daß es zu einer eigentlichen Teilung kommt. Bei den anderen Organismen scheinen sich aber beide Vorgänge: der Teilungsvorgang und der Renovationsprozeß kombiniert zu haben.

Vielfach ist der Kernteilungsvorgang ziemlich unabhängig von der Plasmaleibdurchschnürung. Beim *Trypanosoma equinum* (Fig. 23) gelang es durch Spuren von 0,2% Salzsäure die beiden Vorgänge derart voneinander

Fig. 23. *Trypanosoma equinum*, bei dem durch Salzsäurespuren die Plasmaleibdurchschnürung unterdrückt wurde. In Fig. 2. ist der Randfaden bloß abgetrennt.

zu trennen, daß die Plasmaleibdurchschnürung teilweise oder gänzlich wohl durch den Niederschlag der Lipoide im Periplast durch die Säure

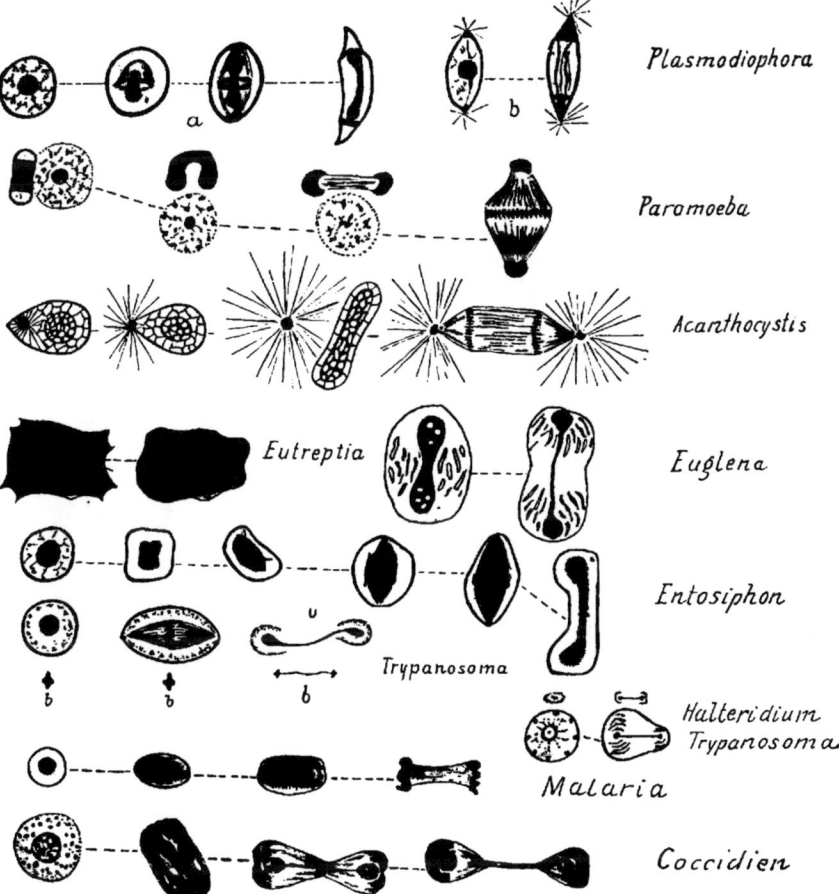

Fig. 24. Kernschema einiger Protozoen, aus dem die Doppelnatur des Kernes (Karysom [schwarz] und periphere Zone) hervorgeht.

unterdrückt worden ist, während sich der Kern und der Blepharoplast teilte und einen neuen Randfaden der undulierenden Membran produzierte. Popoff (Ref. Berl. Klin. Wochenschrift 1909) konnte durch Harnstoff und Ammoniak bei *Paramaecium* und *Stylonychia* eine mitotische Vermehrung des Mikronucleus, sowie Vergrößerung des Makronucleus **ohne** Zellteilung hervorrufen.

Der Kernteilungsvorgang ist ungemein mannigfaltig, und wir finden bei den Protozoen alle Typen und Übergänge der Teilung von dem direkten bis zum indirekten Teilungsmodus sowie verschiedene Abarten der multiplen Kernvermehrung verwirklicht. Leider ist über die Physiologie dieser Vorgänge nicht viel bekannt geworden.

Weit verbreitet sind die sog. „bläschenförmigen Kerne", die nach den neueren Untersuchungen eigentlich einem eingeschachtelten Doppelkern (Binuclearproblem) entsprechen. Die Art der Kernteilung dieser Kerne geht aus der vorstehenden Figur hervor. (Fig. 24.)

Bei *Plasmodiophora* sowie bei vielen Amöben, bei zahlreichen Flagellaten usw. teilt sich zunächst das sog. Karyosom, das aus Platin und Chromatin besteht und den **intranuclearen zweiten** Kern vorstellt, selbständig innerhalb der Kernmembran, die **nicht aufgelöst** wird. Das Karyosom teilt sich wie die Centrosomen, Blepharoplaste u. a. Organoide infolge einer inhaerenten, nicht weiter analysierbaren Polarität in zwei Teile. Es teilt sich entweder hantelförmig mehr nach dem direkten Typus, oder es entstehen zwischen dem Teilprodukten faserartige Differenzierungen des Kernprotoplasmas, und es bildet sich eine Art von **Zentralspindel** aus, wie dieses bei den generativen Kernen der *Plasmodiophora*, beim *Entosiphon*, *Trypanosomen* usw. der Fall ist. Ja, es kann bei ein und demselben Organismus im Laufe der Entwicklung der eine Teilungsmodus mit dem andern abwechseln.

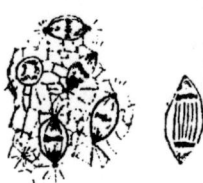

Fig. 25.
Generative Teilung von *Plasmodiophora*.

Fig. 26.
Mitose des *Actinosphaerium*kernes bei der ersten Richtungskörperbildung.
(Nach R. Hertwig.)

So sehen wir bei *Plasmodiophora*, daß die vegetativen Kerne ihre Karyosome hantelförmig zerteilen, während die generativen Kerne auf eine feinere Verteilungsart ihrer chromatischen Substanzen eingestellt sind und eine typische Zentralspindel bilden (Fig. 24, 25, 26). Bei all' den Formen, wo die Zentralspindel dauernd intranuclear bleibt und die Kernmembran nicht aufgelöst wird wie bei manchen Flagellaten, Ciliaten und Amöben, werden die Fasern der Zentralspindel, sobald sie wachsen, mehrfach tortiert und zusammengedreht, weil sie an der weniger nachgiebigen Kernmembran einen Widerstand erfahren.

Die Zentralspindelfasern scheinen demnach ziemlich feste, persistentere Differenzierungen der Gelphase des Karyosomplasmas zu sein. Bei *Entamoeba buccalis* sowie einer ganzen Reihe von echten Amöben teilt sich das Karyosom typisch spindelförmig, während die umgebende Chromatinzone, die dem zweiten Kern entspricht, und in dem der Karyosomkern gleichsam eingesenkt ist, sich amitotisch auf dem Wege einer gewöhnlichen Durchschnürung teilt. Gewiß ein schönes und instruktives Beispiel für die Doppelkernigkeit der Protozoenzelle! Aragão konnte für einen neuen Süßwasserflagellaten *Polytomella* den Nachweis erbringen, daß das Chromatin des Karyosoms unabhängig vom Chromatin der Kernzone eigene Chromosomen bildet, so daß hier eigentlich zwei Spindeln ineinandergeschoben sind.

Bei vielen *Heliozoen* (Sonnentierchen) emanzipiert sich der Innenkern und wird selbständig, wobei er gleichzeitig als Träger der Morphe dem Organismus die typische Gestalt aufprägt. (Fig. 27.) Bei der Teilung teilt er sich gleichfalls selbständig und liefert für den anderen Kern die Zentralspindel.

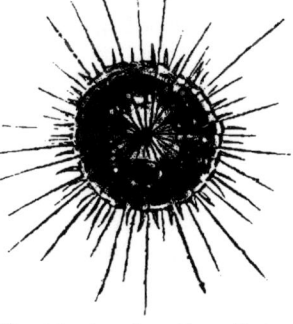

Fig. 27. *Acanthocystis aculeata*, oberhalb des Kernes der Zentralkörper. (Nach Schaudinn.)

Mitotisch teilen sich nebst den Kernen mancher Flagellaten auch die Kerne der *Gregarinen* und *Myxosporidien*, während der Kern der *Coccidien* einem Übergangsmodus der Kernteilung von Amitose zur Mitose folgt.

Bei den Ciliaten teilt sich der somatische Großkern amitotisch, während der generative Kleinkern eine intranucleare Zentralspindel ausbildet.

Der Teilung unterliegen nächst den Kernen auch die Chromatophoren mit ihren Pyrenoiden, die Geißel- und Cilienbildner (Basalkörperchen und Blepharoplaste), während die Geißeln, Cilien, kontraktile Vakuolen, Pigmentkörner, und vermutlich auch die Entoplasmakörnchen, die als Fermentträger funktionieren, von neuem gebildet werden.

Die Mundöffnung samt ihren Nebenapparaten entsteht entweder in der Nähe oder aus einer Aussackung des alten Cytostomas.

Ökologisch dient die Vermehrung zur Verbreitung und Erhaltung der Art. —

Organismen, die unter ungünstigen Lebensbedingungen sowie bei Nahrungsmangel usw. in ihrer ursprünglichen Zellgröße sich nicht mehr auf der Höhe ihres vegetativen Lebens erhalten können, teilen sich oft. Daher vermehren sich die *Trypanosomen* vielfach vor dem Tode ihres Wirtstieres enorm, daher nimmt die Zahl der verkleinerten Infusorien in den Infusionen bei Nahrungsmangel häufig zu. (Hungerteilungen nach Jickeli.) Jickeli, der auf diese Teilungen zuerst aufmerksam machte, ging allerdings in seinen Schlüssen zu weit, indem er annahm, daß die Zellteilung überhaupt durch Hunger und andere Schädlichkeiten bedingt wird.

Der Vermehrungsrhythmus verläuft bei den verschiedenen Protozoen verschieden. Bei den ciliaten Infusorien wird durch den Befruchtungsvorgang keinesfalls die Teilfähigkeit gesteigert, wie man eigentlich annehmen sollte, sondern eher verlangsamt.

Infusorien, die man künstlich durch Zerschneiden oder durch Zersprengen ihren Befruchtungsvorgang in der Konjugation nicht zu Ende führen ließ, teilen sich sogar lebhafter als normal exkonjugierte Tiere. Bei *Spirogyra*, bei *Volvocineen*, bei *Actinophrys*, *Polytoma* und vielen parasitischen Protozoen findet im Anschluß an die Befruchtung in ihrer Vermehrung eine Pause statt, während bei einigen *Haemosporidien*, bei *Trichosphaerium* u. a. durch die Befruchtung eine erhöhte Teilfähigkeit der Organismen herbeigeführt wird.

Maupas zeigte, daß Infusorien, die lange Zeit fortgezüchtet wurden und sich lebhaft vermehrt haben, einer Störung ihrer Lebensfunktionen anheimfallen, die dieser Forscher „dégénérescence senile" nannte. (Arch. Zoolog. experiment. 1888.) Diese Erscheinung darf man allerdings nicht verallgemeinern, so hatte Joukowsky (Verh. d. nat. Ver. Heidelberg 1889) beobachtet, daß *Pleurotricha* selbst nach 8 Monaten keine Degenerationserscheinungen aufweist, obzwar die Zahl der Generationen 458 erreicht hatte. Enriques, dem sich Moroff anschließt, leugnet sogar eine „senile Degeneration" auf Grund des inneren Zellebens und führt die Erscheinungen auf Schädlichkeiten der Außenwelt zurück.

Hertwig (Sitzungsberichte d. Ges. f. Morph. u. Biologie 1900, 1902, 1903), Calkins (Archiv f. Entwicklungsmechanik 1902, Archiv f. Protistenkunde Bd. I, Biolog. Bull. Bd. V. 1902, Journal of Exper. Zoolog. Vol. I. 1904), zum Teil Woodruff (Journal of exper. Zool. Vol. II. 1905), Kasanzeff (Exp. Unters. über Paramaecium Inaug.-Diss. Zürich 1901) und Popoff (Archiv f. Protistenkunde Supplement I. 1907) haben gezeigt, daß Perioden intensiver Vermehrung Zeiten folgen, in denen die Teilungsfähigkeit der Organismen stark herabgesetzt ist. Die Tiere nehmen keine Nahrung auf, degenerieren leicht, und die Kulturen können schließlich vollständig erschöpfen. Calkins nannte die erwähnten Zustände der Infusorien „kulturen"

Depressionszustände, die nach Hertwig zu einer „physiologischen Degeneration" führen sollen. Es sei hier nochmals erwähnt, daß demgegenüber im eigentlichen Sinne des Wortes eine physiologische Degeneration von einigen Autoren wie Küster (Anleitung z. Kultur d. Mikroorganismen, Teubner 1907, pg. 93) und Enriques nicht anerkannt wird. Beide Autoren nehmen an, daß nur die ungünstigen Kulturbedingungen, Stoffwechselprodukte, Bakterien und ihre Toxine im Laufe der Zeit die Infusorien derart schädigen und bei ihnen das Bild der „senilen" Degeneration hervorrufen. (Vgl. P. Enriques, Monitore zool. ital. 1903, Accad. Lincei 1905.) J. Resch (Kernteilung usw. bei Colpidium. Dissert., München 1908) gibt auch für *Colpidium* an, daß der Depressionszustand der Infusorien „bei sehr großer Fäulnis" in den Zuchtgläsern eintrat.

Als Ursache der Depressionen nimmt Hertwig eine übermäßige Vergrößerung des Kernes und eine damit verbundene Störung der normalen Kernplasmarelation an. Der normale Zustand kann wieder erreicht werden, indem der Kern einen Teil seiner Masse ausstößt und das Chromatin von seiten des Protoplasmas „resorbiert" wird — zumeist wird es wohl in eine pigmentähnliche Masse umgewandelt. Künstlich kann man z. B. beim *Dileptus* durch Anstechen mit einer Uhrmacherahle von den reichlich vorhandenen Kernmassen etwas eliminieren, worauf sich die Tiere wieder aus ihrem Depressionszustand erholen und sich weiter teilen.

Nach diesen Vorstellungen würden zyklisch Perioden lebhafter Vermehrungstätigkeit auf Perioden tiefster Depression folgen, und für den Organismus wären „in der Ausübung der Grundfunktionen des Lebens, der Ernährung und Vermehrung, bereits Momente enthalten, die dem Organismus Gefahr drohen und unter Umständen zu abnormer Lebenstätigkeit und schließlich auch zum Zelluntergang führen können" (Hertwig).

Befruchtung.

Die Untersuchungen über die Entwickelung der Protozoen führten in den letzten Jahren zu dem Ergebnis, daß fast bei allen diesen angeblich niedrig organisierten Lebewesen ein Sexualakt in irgendeiner Form vorkommt. Das Phänomen der Sexualität wurde von Schaudinn[*] bei den Bakterien, ferner bei einer Reihe von For-

---

[*] Gegen die Deutungen von Schaudinn wendet sich mit Unrecht Dobell, der eben bei den Bakterien die typischen Plasmaströmungen, die vor der Autogamie stattfinden, nicht beobachtet hatte.

schern bei den *Saccaromyceten, Myxomyceten, Foraminiferen, Rhizopoden, Heliozoen, Flagellaten, Coccidien, Haemosporidien, Gregarinen, Myxosporidien* und *Ciliaten* beobachtet. Die Gruppe der *Sarkosporidien* ist noch zu wenig morphologisch erforscht, und unsere Kenntnisse über ihre Biologie sind noch sehr mangelhaft; Sexualvorgänge sind bei diesen Protozoen noch nicht beschrieben worden. — Die Befruchtungsvorgänge bei den Protozoen sind sehr mannigfach.

Der Geschlechtsakt verläuft zum Teil in der Weise, daß zwei mehr oder weniger geschlechtlich differenzierte Individuen mit ihren Kernen und Zelleibern zu einem Individuum verschmelzen, das sich entweder gleich weiter teilt oder eigenartige Ruhezustände annimmt, die zur Erhaltung und Verbreitung der Art dienen. Diesen Vorgang nennen wir Kopulation; er kommt bei zahlreichen niederen Rhizopoden, bei *Chlamydophrys, Centropyxis,* bei *Foraminiferen, Trichosphaerium, Flagellaten, Binucleata, Coccidien* und anderen mehr vor. (Fig. 28.) Oder die Befruchtung vollzieht sich in der Weise, daß nur vorübergehend die beiden weniger weit sexuell differenzierten Individuen sich vereinigen, Teile des Geschlechtskernes, die vorher ihre Masse auf die Hälfte entsprechend reduziert hatten, austauschen und dann sich wiederum trennen.

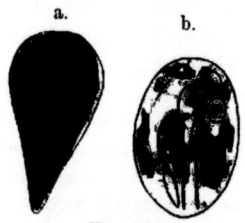

Fig. 28. Kopulation von *Lamblia intestinalis*.
a. Zwei Individuen legen sich aneinander und b. enzystieren sich.

Diesen Geschlechtsakt nennt man Konjugation, er kommt hauptsächlich bei den höchst differenzierten Infusorien vor. (Fig. 29.) Bei diesen Protozoen ist die Differenzierung der Kernsubstanzen am weitesten vorgeschritten. Wir finden bei ihnen einerseits eine Trennung in einen Großkern, der, wie früher bereits erwähnt worden ist, den vegetativen Funktionen vorsteht, und daher auch somatischer Kern genannt werden kann; andererseits gibt es einen Kleinkern, der sich mitotisch teilt und erst bei der Befruchtung in Aktion tritt. Der Großkern geht im Konjugationsakt durch Fragmentation zugrunde, während der Kleinkern seine Masse durch Reduktionsteilungen in entsprechender Weise vermindert, sodann wandert ein Teil des Kernes als sogenannter Wanderkern in den anderen Partner hinüber und verschmilzt mit einem anderen Teil Mikronucleus, der stationärer Kern genannt wird. Ebenso geschieht es mit dem Wanderkern des anderen Partners, der gleichfalls in das andere Individuum eindringt und sich dort mit dem stationären Kern vereinigt.

Nach diesen Vorgängen trennen sich die beiden Konjuganten, und wir finden in jedem Individuum bloß einen Kern, das Syn-

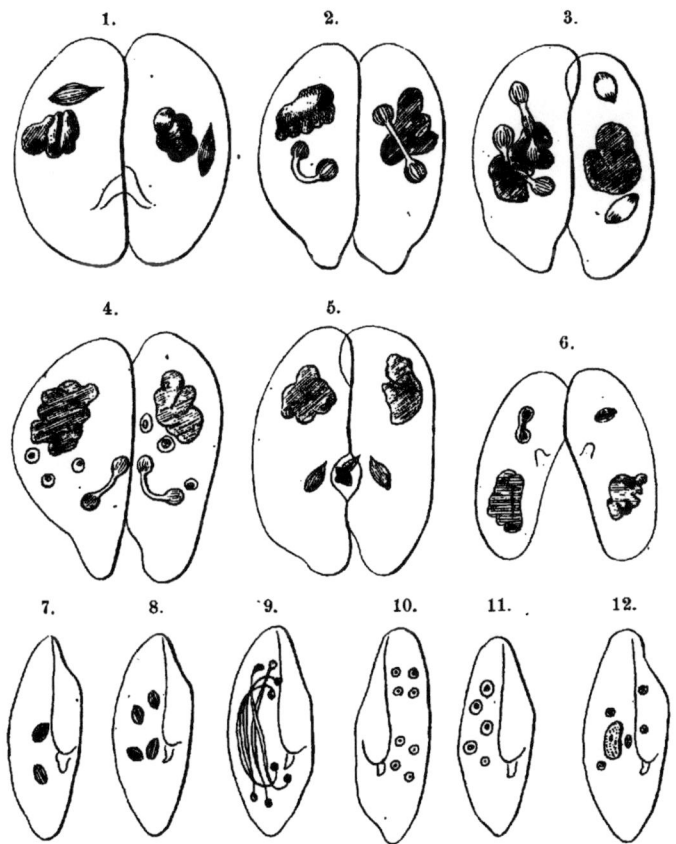

Fig. 29. Konjugation von *Paramaecium caudatum*. (Nach Maupas aus Lang.)
1. Zerfall des Großkernes; erste Teilung des Mikronucleus. 2. Späteres Stadium. 3. Ausbildung von 3 Reduktionskörpern. 4. 3 Reduktionskörper und Ausbildung des stationären und Wanderkernes. 5. Befruchtung. Austausch der Kerne. 6. Synkaryonstadium. 7., 8., 9. Aufteilung des Synkaryon. 10., 11. Anlage des neuen Makro- und Mikronucleusapparates. 12. Neuer Makro- und Mikronucleus. Daneben Reste des alten Makronucleus.

karyon oder Frischkern, der aus der Vereinigung von stationären und Wanderkernen hervorgegangen ist. Dieser Kern differenziert sich durch weitere Teilungen wieder in einen Großkern (somatischer Kern) und in einen Kleinkern (generativer Kern). Die Doppelnatur des Kleinkernes, der aus sich den stationären (gleichsam weiblichen) und den Wanderkern (zu vergleichen mit einem männlichen Kern) produziert, prägt den Infusorien den Charakter von hemisexuellen Organismen auf. Dementsprechend werden zumeist auch zwei Großkernanlagen und vier Reduktionskörper (zwei vor und einer nach der Verschmelzung der Kerne) gebildet.

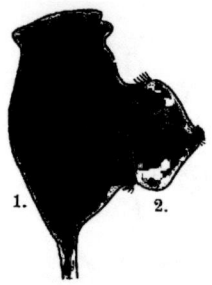

Fig. 30. Totale Konjugation bei *Vortizellen.*
1. Makrogamet. 2. Mikrogamet.
(Nach Wallengren.)

Die Konjugation kann zwischen gleich großen Individuen, wie z. B. beim *Paraemacium,* oder verschieden großen Individuen wie bei *Vorticella* erfolgen. (Fig. 30.) Dazwischen kommen verschiedene Übergänge vor.

Eine Abart der Kopulation ist die Autogamie; hier vereinigen sich im Geschlechtsakt nicht zwei gleichsam zwei verschiedenen Milieus entstammende Individuen, sondern ein und dieselbe Zelle teilt sich in zwei Individuen, die ihre Kernmassen entsprechend reduzieren, worauf sofort die derart reduzierten Kerne sich zu einem **Synkaryon** oder **Frischkern** vereinigen. Es liegt hier eine Art von Inzucht vor. Eine echte **Autogamie** kommt bei einigen *Bakterien,*

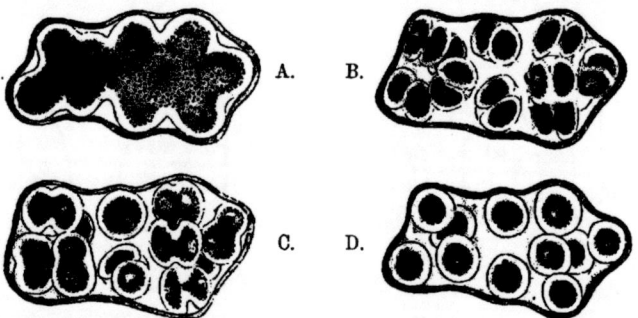

Fig. 31. Autogamie von *Actinosphaerium Eichhorni.* (Nach R. Hertwig.)
A. Abfurchung in Primärzysten. B. Ausbildung von Sekundärzysten. C. Verschmelzung der Sekundärzysten. C. Stadium der Keimkugeln (Cystozygoten).

Actinosphaerium, (Fig. 31) *Amoeba coli* und *Actinophrys,* bei *Trichomonas* (Fig. 32) und *Trichomastix* und im gewissen Sinne bei Myxosporidien vor. Bei *Plasmodiophora* und den *Myxomyceten* differenzieren sich innerhalb der ursprünglichen Zelle, aus einer Zahl von vegetativen Kernen die Geschlechtskerne, die ihre Kernmasse reduzieren und sodann in einem autogamen Befruchtungsakt verschmelzen. Bei *Plasmodiophora* konnten innerhalb desselben Plasmodiums sogar Andeutungen von sexuellen Verschiedenheiten an den Kernen beobachtet werden. Diese Art von Autogamie führt durch Vermittelung der sogenannten Pädogamie zu der eigentlichen Kopulation. Die Pädogamie wurde bei *Polytoma* zuerst genauer untersucht; hier

Fig. 32. Autogamie von *Trichomonas hominis*.
1. Kernteilung in der Cyste. 2. Die Cyste selbst kann sich noch weiter teilen (nach Werner in 3—4 Teile). 3. Ausbildung der Reduktionskörper. 4. Annäherung der Geschlechtskerne, die in 5. zu einem Synkaryon verschmolzen sind, 2 Reduktionskörper.

kopulieren zwei eben aus einer Vierteilung hervorgegangene Individuen miteinander. Die Geschlechtstiere sind auch hier Abkömmlinge ein und derselben Zelle. Aus der Pädogamie hat sich phylogenetisch die Kopulation beliebiger gleich großer Individuen (Isogamie) entwickelt. Diese Individuen können ferner deutlich sexuell differenziert und verschieden groß sein (Heterogamie) wie z. B. bei *Volvox, Eudorina, Plasmodium, Coccidium* usw.

Es können auch mehrere Modi des Befruchtungsaktes miteinander abwechseln; so kommt bei *Bodo* und *Trichomonas* neben einer Autogamie noch eine Kopulation vor, nur daß der erstere Modus wesentlich vorherrscht. Durch die Kopulation wird auf diese Weise einer zu weitgehenden Inzucht entgegengearbeitet. Die Au-

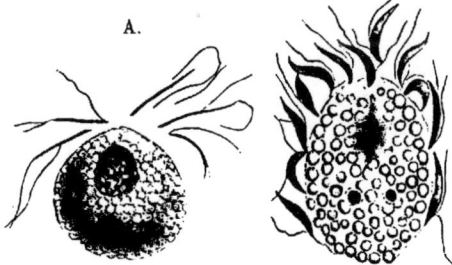

Fig. 33. Befruchtung der *Coccidien*. (Nach Schaudinn.)
A. *Coccidium Schubergi*. B. *Cyklospora karyolytica*.

togamie ist kein primärer Vorgang, sondern ist erst sekundär aus der Kopulation von zwei Individuen entstanden (vgl. Hartmann, Archiv f. Protistenkunde 1909, Prowazek, Zoolog. Anz. 1908). Sehr verbreitet ist bei den Protozoen die Erscheinung einer sexuellen Differenzierung, die man beispielsweise bei *Cyclospora caryolytica* ziemlich weit in den sexuellen Entwicklungskreis verfolgen kann. (Fig. 33.) Im allgemeinen sind die weiblichen Zahlen protoplasmareich, besitzen einen chromatinärmeren Kern und führen viel Reservestoffprodukte. Die männlichen Zellen sind plasmaarm, zeichnen sich durch eine große Beweglichkeit aus und haben einen chromatinplastinreichen Kern. Bei den *Coccidien*, *Haemosporidien (Binuclcata)* und manchen *Gregarinen* ähneln sie in ihrem Bauplan den Spermatozoen der Metazoen. Eine sexuelle Differenzierung wurde bis jetzt bei *Centropyxis*, *Rhizomastiginen*, *Flagellaten*, *Binucleata*, in allen Abstufungen bei den *Gregarinen*, ferner bei *Coccidien*, sowie in einem gewissen Grade bei *Plasmodiophora* nachgewiesen. Die Frage nach der sexuellen Differenzierung bei den *Myxosporidien* (Schröder) und *Ciliaten* (*Didinium*, Prantl.) ist noch nicht vollständig entschieden. Immerhin ist die sexuelle Differenzierung eine weit verbreitete Erscheinung im Protistenreich und scheint eine Elementarerscheinung des Organischen überhaupt zu sein. Demnach wären alle Zellen primär sexuell differenziert, nur daß diese Differenzierung nicht immer morphologisch erkennbar ist und sich vielfach nur durch eine physiologische Resistenz, z. B. Giften gegenüber manifestiert. Die künftige Forschung wird wohl mit diesem Umstand rechnen müssen.

Die Erscheinung der Parthenogenese hat sich erst sekundär aus der geschlechtlichen Differenzierung entwickelt, denn die parthenogenetischen bzw. etheogenetischen *(Herpetomonas)* Zellen haben bereits den Stempel einer stattgehabten sexuellen Differenzierung aufgeprägt, und sie stellen entweder einfache weibliche oder männliche Zellen dar, die sich erst nach gewissen Kernregulationen (Reduktionen) und Kernumbildungsprozessen weiter ohne Befruchtung entwickeln. Andererseits kommt die echte Parthenogenese bei den Protozoen selten vor, ein Umstand, der auch auf ihre sekundäre Natur hinweist. Bei den Volvocinen scheint es sich gar nicht um eine echte Parthenogenese zu handeln (Hartmann), und sie ist mit Sicherheit nur von Leger bei den *Schizogregarinen* nachgewiesen worden. Aber gerade bei diesen Formen kommt nebstdem auch ein Geschlechtsakt vor.

Das Phänomen der Befruchtung ist mit dem Prozeß der Kernreduktion enge verknüpft. Der zu befruchtende Kern teilt sich ein- bis zweimal, ohne daß es zu einer Plasmateilung käme, und es werden auf diese Weise Kernreduktionskörper gebildet. Reduktionskörper sind bis jetzt bei folgenden Formen beobachtet worden: *Entamoeba coli*, *Actinophrys sol*, *Actinosphaerium*, *Gregarinen*, *Myxosporidien*, *Flagellaten*, *Halteridium*, *Trypanosomen* (Rodenwaldt), vermutlich bei *Plasmodium*,

Coccidien und *Radiolarien*, schließlich mit Sicherheit bei den *Ciliaten*. Eine typische Verminderung der Chromosomen auf die Hälfte hat Prantl bei *Didinium nasutum* beschrieben (Biologisches Zentralblatt XXV. 1905). Normal kommen bei dieser Form 16 Chromosomen vor, worauf bei der Chromosominreduktion je acht ganze Chromosomen nach je einem Pole wandern; der Kern wird auf diese primitive Weise auf die Hälfte reduziert. Nach Enriques (Archiv f. Protistenkunde 1908) reduziert der 4 Chromosomen enthaltende Geschlechtskern von *Chilodon uncinatus* diese bei der Konjugation auf zwei. Die Reduktion der Kernmasse ist insofern notwendig, als durch den Befruchtungsakt die Kernmasse jedesmal verdoppelt würde. Auf diese Weise würden die Organismen im Laufe der Entwicklung immer chromatinreicher werden, sie würden immer mehr Chromosomen erhalten, wodurch der Bestand der Art als solcher stark gefördert wäre. Durch die Reduktion wird diese Gefahr beseitigt. Die Reduktion tritt nicht bei allen Protisten vor der Befruchtung auf, wir kennen auch pflanzliche Protisten wie *Desmidiaceen*, bei denen die Reduktion nach dem Befruchtungsakt erfolgt. Es scheint, daß der Reduktionsprozeß ursprünglich überhaupt eine Folge der Befruchtung war und daß er erst im Laufe der Entwicklung gleichsam vor die Befruchtung verlegt wurde. (Vgl. Hartmann *Amoeba diploidea*.) Durch diese Betrachtungsweise wird der Reduktionsvorgang seiner teleologischen Mystik beraubt.

Die Reduktion der Kernmasse kann auf Kernteilungen zurückgeführt werden, die infolge der mannigfachen Schädigungen, die das vegetative Leben mit seinen zahlreichen Teilungen nach sich zieht, nicht mehr den „normalen", typischen Verlauf nehmen. Physiologische Depressionszustände des Zellebens sowie phylogenetische Reminiszenzen gehen bei der definitiven Ausbildung des Reduktionsvorganges ineinander über.

Welche Bedeutung kommt den Befruchtungsprozessen der Protisten zu? Früher nahm man an, daß durch fortgesetzte Teilungen die Fortpflanzungsfähigkeit der Protozoen herabgesetzt wird und durch den Befruchtungsakt eine Art von Auffrischung erfährt.

Die Befruchtung hat nach dieser Ansicht die Aufgabe, die Lebenssubstanz der Zelle zu verjüngen. Hertwig wies aber nach, daß die entkopulierten, also angeblich degenerierten Infusorien sich noch lebhaft teilen, ja daß ihre Teilfähigkeit mehr gesteigert ist als die der befruchteten Ciliaten. Nach Joukowsky (1898) tritt bei *Paramaecium putrinum* die Konjugationsreife schon nach 7 Teilungen ein, und Enriques (1908) hat beobachtet, daß eben exkonjugierte

Chilodon sofort wieder konjugieren können; in diesen Fällen entfällt die Notwendigkeit einer „Verjüngung". Ferner können Colpidien, die aus einem Individuum gezüchtet wurden, untereinander konjugieren, es entfällt hiebei auch die Notwendigkeit einer Verschiedenheit. Hatschek (Lehrbuch d. Zoologie) nahm an, daß die Befruchtung eine Art von Korrektur der günstigen, schädlichen Einflüsse der Milieus ist.

R. Hertwig drückt sich über die Bedeutung der Sexualität folgendermaßen aus: „Zur normalen Erledigung der Lebensprozesse bedarf es nicht nur der treibenden Kräfte, sondern auch der regulierenden. Die Befruchtung, die Vereinigung zweier verschiedenartiger Organisationen in eine hat den Zweck, diese regulierenden Einrichtungen zu verstärken; sie ist daher um so notwendiger, je lebhafter der Lebensprozeß, je höher die Organisation ist, was in Übereinstimmung steht mit der relativen Häufigkeit der Befruchtung bei den höheren Organismengruppen (Über Wesen und Bedeutung der Befruchtung. Sitzungsberichte d. mathem.-phys. Klasse d. bayr. Akademie, Bd. XXXII, 1902). Anknüpfend an Schaudinns Ideen (Verhandl. d. Deutschen Zoolog. Gesellschaft 1905), ging ich (Archiv f. Protistenkunde, 9. Bd. 1907) von der Annahme aus, daß die sexuelle Differenzierung eine Elementareigenschaft des Organischen ist.

Die männlichen Zellen sind durch einen Chromatinplastinreichtum ausgezeichnet, in ihnen sind die Funktionen der Morphe (Blepharoplaste, Centrosomen, Zentralspindeln, Achsenfäden usw.) sowie die lokomotorischen Funktionen (*Trypanosoma*), stärker ausgebildet als in den weiblichen Zellen, die reich an Reservestoffen, Assimilationsprodukten u. a. sind. Man kann in einem gewissen Sinne so von männlichen und weiblichen Funktionen der Zelle reden. Die ersteren sind durch die zunächst nicht näher analysierbare Fähigkeit ausgezeichnet, das Plasmakolloid aus der Sol- in die Gelphase zu überführen. Sie werden also bei der Bewegung (vgl. Theorie der Cilien und Flagellenbewegung) sowie Teilung (Strahlungen), besonders manifest. Das organische Geschehen zeichnet sich durch einen zyklischen Verlauf aus. Beide Funktionsgruppen (Bewegung und Teilung einerseits und Assimilation anderseits) besitzen im vegetativen Leben in verschiedenen Rhythmen gleichsam pulsierende Zyklen, in die im Laufe des Lebens früher oder später aber ohne vorhergehende Alterserscheinungen sich gewisse Disharmonien einschleichen, die durch den Geschlechtsakt, die Befruchtung eine notwendige Korrektur erfahren.

Die Zelle sucht die Disharmonien zwar oft durch andere Umregulationen unschädlich zu machen, meistens muß sie aber zu dem Radikalmittel des Geschlechtsaktes greifen. Diese Anschauungen bemüht sich P. Enriques (Arch. f. Protistenkunde 1908) noch zu erweitern, zum Teil zu berichtigen, es sei aus diesem Grunde auf die Arbeit selbst verwiesen.

Nach dieser Vorstellung wäre die sexuelle Differenzierung oder mindestens die Möglichkeit für einen Sexualakt bei den Protozoen immer gegeben, und könnte gleich unter allen möglichen Schädlichkeiten äußerer und innerer Natur wirksam werden. Eine permanente sexuelle Differenzierung ist bei *Cyclospora, Halteridium* von Schaudinn nachgewiesen worden, für Malariaparasiten der Affen, Haemogregarinen, Trypanosomen, Haemoproteus der Taube (Aragaõ) und des Reisvogels (Anschütz) u. a. ist sie wenigstens wahrscheinlich gemacht worden.

Nach Enriques kann das Infusor *Chilodon* gleich nach der Kopulation bzw. Konjugation abermals konjugieren und es sind hier für den Sexualakt keine langen Perioden asexueller vegetativer Vermehrung notwendig. In diesem Sinne entfällt die Forderung Maupas' von einer Konjugationsreife der Infusorien. Zu ähnlichen, hier skizzierten Anschauungen gelangte auch kürzlich Jennings (Americ. Philos. Society XLVII, 1908). Der physiologische Zweck der Befruchtung ist durch sexuell immer differenzierte Zellen die Schädlichkeiten, welche sich entweder aus dem inneren Zelleben (Disharmonien zwischen Assimilations- und Teilungsfunktion) ergeben oder die das Milieu induziert (Wassermangel, Hunger usw.), zu paralysieren. Mit dieser Aufgabe ist aber der Zweck der Befruchtung nicht erschöpft. Es wurde bereits erwähnt, daß für eine Befruchtung eine Reduktion der Kerne zuweilen der Protoplasmamasse notwendig ist. Betrachtet man nun im Sinne von Weismann die differenzierten Kernsubstanzen allein als Vererbungsträger (Bedenken gegen diese Annahme wurden besonders von Fick, Schneider, teilweise mir u. a. geäußert), der Zelle, so ist es klar, daß jedesmal durch eine solche Elimination gleichsam einzelne Kapitel der Familiengeschichte des Lebewesens entfernt werden. Durch die Reduktionen werden die Entwicklungstendenzen beider geschlechtlich differenzierter Partner in verschiedener Weise zugeschnitten, worauf im Befruchtungsakt eine Mischung der durch die Reduktion variierten Vererbungsrichtungen angebahnt wird. Die individuell vererbten oder durch Kernvariationen in den Vordergrund tretenden Tendenzen der beiden Eltern werden in dem Befruchtungsakt auf den Sproß vereinigt, und man spricht in diesem Sinne von der Funktion der Amphimixis der Befruchtung. Für den Bestand und Bedeutung der Art hat Janicki im Biolog. Zentralblatt 1906 das Problem der Befruchtung besprochen, es sei hier auf die Arbeit selbst verwiesen.

Mit dem zuerst diskutierten Partialproblem der Funktion des Geschlechtsaktes hängt die Erscheinung der Entwicklungserregung innig zusammen.

Sie ist aber, wie Hertwig mit Recht betont, nicht der einzige Zweck des Sexualaktes: „Während nun die Befruchtung bei den Protozoen bald mit Fortpflanzung vereint, bald von ihr getrennt auftritt, ist sie bei den vielzelligen Tieren stets mit Entwicklungserregung kombiniert. — Erst die genauen Untersuchungen über die ferneren Vorgänge bei den Befruchtungserscheinungen haben die Vorstellung... angebahnt, daß beim Befruchtungsprozeß Vorgänge der Entwicklungserregung und der Idioplasmakombination (Befruchtung im engeren Sinne) auseinander zu halten sind." (R. Hertwig, Sitzungsberichte der Gesellschaft f. Morphologie und Physiologie in München 1899.) —

In der Literatur sind auch Angaben über die näheren äußeren Bedingungen, die zur Konjugation und Kopulation führen, niedergelegt worden.

Nach Maupas kann man Infusorien, die vorher reichlich ernährt wurden, zur Konjugation veranlassen, wenn man sie plötzlich hungern läßt. Kasantzeff (Inaug.-Diss. Zürich 1901) zeigte, daß durch die Hungerzustände bei *Paramaecien* eine Zunahme der Kernmasse herbeigeführt wird, wodurch die Kulturen in einen Depressionszustand kommen. Dieser physiologische Zustand wird durch eine Konjugation korrigiert. Der erwähnten Methode bedienten sich mit Erfolg R. Hertwig, der Verfasser, Prantl, Popoff u. a. m.

Für eine erfolgreiche Konjugation verlangt Maupas (1889) ferner eine bestimmte Konjugationsreife, die durch eine Reihe von Generationen erreicht wird, sowie eine möglichst entfernte Verwandtschaft der konjugierenden Individuen.

Gegen letztere Forderungen spechen die Beobachtungen von Joukowsky und Enriques. *Colpoda steini* konjugiert nach Enriques nur in Kulturen mit niedrigem Wasserstand. (2—3 mm.) Die Konjugationsepidemien sollen hier immer nur von äußeren Lebensbedingungen abhängig sein. Ich beobachtete einmal Konjugation bei Colpidium, die aus einem Individuum gezüchtet worden sind.

Es ist wahrscheinlich, daß bei der gegenseitigen Anlockung der Geschlechtszellen besondere Stoffe, die abgeschieden werden, einen chemotaktischen Reiz ausüben. Schaudinn (Zoolog. Jahrbücher 13. Bd. 1900) bringt die Anlockung der Mikrogameten mit der Ausstoßung eines Kernbestandteiles des Karyosoms in Zusammenhang. Die Karyosomsubstanz wirkt in einer Entfernung von 20 μ sehr deutlich anlockend auf die männlichen Schwärmzellen. Schaudinn stellt diesen Vorgang in Parallele zu der chemotaktischen Wirkung der Apfelsäure auf die männlichen Schwärmer der Farnkräuter (Pfeffer). Die Zahl der Mikrogameten, die sich um eine reife weibliche Zelle ansammeln, ist eine beschränkte — im Durchschnitt beträgt sie 12—14. Offenbar wird die Karyosomsubstanz von den Mikrogameten gebunden, und dazu genügt die Zahl von 14—18 Mikrogameten. Polyspermie verbunden mit Degeneration wurde von Schaudinn bei *Cyclospora* beobachtet. —

Vielfach diskutiert wurde die Frage, welche Reize bei den männlichen Zellen des Malariaplasmodiums die Ausbildung der befruchtungsfähigen Mikrogameten (vgl. mit Spermatozoen) veranlassen. Eine wichtige Rolle spielt dabei die Veränderung der Temperatur (Abkühlung) und Veränderung der Dichtigkeit des Blutes. Danielewsky und Schaudinn treten besonders für die Wirksamkeit des ersten Faktors ein. Dagegen spricht sich Grassi aus, der die Geißelbildung im Thermostaten auch bei der Bluttemperatur beobachtet hatte. Nach Martirano findet die Geißelung nicht bei 17° C. statt, tritt bei 18° C. nach ca. 30 Minuten ein und ist bei 20° C. ziemlich häufig.

Hauptsächlich scheinen aber osmotische Änderungen im Mückenmagen oder bei der Gerinnung des Blutes im Deckglaspräparat maßgebend zu sein. Bei der Mikrogametenbildung kommt es zu einer Entmischung des Protoplasmas, an der Peripherie wird das Plasmakolloid in Gelzustände übergeführt, und die Plastinchromastinmodifikationen des Kernes sind dabei besonders tätig. Im Innern werden dagegen die Vakuolen vergrößert, und in ihnen beginnt das Pigment lebhaft zu tanzen (Brownsche Molekularbewegung).

Roß, Doflein und Claus verfechten gleichfalls die Ansicht, daß Dichtigkeitsänderungen im Blute die Hauptrolle bei der Malariageißelung spielen: Roß und Claus haben diese Auffassung experimentell gestützt.

Für den weiteren Befruchtungsvorgang und Ausbildung der Ookineten nimmt Claus wohl mit Recht die Temperaturerniedrigung im Mückenmagen als das auslösende Motiv an. (Weitere Literatur vgl. in dem Artikel von M. Lühe in Mense's Handbuch der Tropenkrankheiten 3. Bd. 1906.)

Die meisten Konjugationen und Kopulationen scheinen in frühen Morgenstunden stattzufinden, so erfolgt die Konjugation von *Paramaecium putrinum* gegen Ende der Nacht, dauert bei 20—25° C. etwa 12 Stunden, die Konjugation von *Paramaecium aurelia* nimmt bei 15° C. 24 Stunden in Anspruch.

Regeneration.

Die Erscheinungen der Regeneration sind zum Teil bei der Besprechung der Funktion des Kernes bereits behandelt worden. Die Regenerationsfähigkeit der Protozoen hat längere insofern Zeit das Interesse der Forscher beansprucht, weil sich diese Phänomene bei den einzelligen Organismen an einer einzigen Zelle abspielen. Die Regenerationsmöglichkeit kommt wohl allen Protozoenzellen zu, und ist bis jetzt bei *Myxomyceten (Aethalium)*, *Amöben*, *Thecoamöben*, *Foraminiferen*, *Heliozoen*, *Radiolarien*, *Flagellaten*, ferner bei *Ciliaten* beobachtet worden. Genauere Mitteilungen über die Regeneration der Sporozoen fehlen.

Normale Regeneration kommt bei den meisten Protozoen gelegentlich der Teilung oder Konjugation vor. Im ersten Falle übernimmt nur ein Teilindividuum die Organoide (Cytostom, Cilien, Geißeln usw.) der Mutterzelle, während die andere Tochterzelle sie erst durch einen Regenerationsvorgang neu bilden muß. Oft sind aber die alten Bewegungsorganoide (Cirren) für das kleinere Teilindividuum zu groß und unproportioniert; sie werden daher nach Wallengren eingezogen, resorbiert, und an ihre Stelle treten neue Organoide. Bei *Stentor* kann nach Balbiani von Zeit zu Zeit das Peristom resorbiert und erneuert werden. (Zoolog. Anzeiger 1891.)

Bei den Ciliaten kommen auch natürliche Verletzungen vor, die ebenso wie nach der künstlichen Verwundung geheilt und regeneriert werden. Unregelmäßige Teilstücke, die fetzenartig über den Wundrand hervorragen, werden abgestoßen, oder das Infusor entledigt sich ihrer durch teilweises Zerfließen; dabei rundet sich die Zelle unter beständigen Drehbewegungen ab.

Die einfachste Art von Wundheilung erfolgt in den Fällen, da ein resistenter Ektoplasmasaum vorhanden ist, durch eine Verklebung der Wundränder. Manchmal bildet sich über dem tropfenförmig hervorquellenden Entoplasma eine Art von Niederschlagsmembran aus, worauf es erst später zu einer Regeneration des Ektoplasmas kommt. Aus den regenerationsfähigen Teilstücken bilden sich zunächst, indem das Protoplasma seiner flüssigen Natur zufolge der Tropfenform zustrebt, abgerundete Formen, die sich erst später zu der typischen, nur verkleinerten Form wiederum regenerieren. Die Regeneration erfolgt bei *Stentor* auch ohne Nahrungsaufnahme, wird aber wesentlich durch dieselbe unterstützt. Die Regenerationsdauer schwankt je nach der Temperatur zwischen $1/2$ Stunde (*Actinosphaerium*) bis mehreren Tagen (*Loxodes* 4 Tage) und ist natürlich abhängig von der Größe und Zahl der Organoide des zu regenerierenden Teilstückes. Die kleinsten Teile, die als „minimalste Organisationsmasse" eben noch regenerierten, sind für *Stentor polymorph.* von Lillie (Journ. of Morph. XII. 1896. Archiv f. Entwicklungsmechanik V), auf $^1/_{27}$ des Volumens (80 μ im Kontraktionszustand) festgestellt werden. Nach Morgan betragen die regenerationsfähigsten Formen des Stentor nur $^1/_{64}$ des ganzen Tieres.

Fast allgemein wird eine vollständige Regeneration der operierten Protozoen beobachtet; allerdings hat man bei den Versuchen mit gewissen technischen Schwierigkeiten zu kämpfen, indem manche Infusorien eine Isolation nicht vertragen, oder es wird durch besonders resistentes Ektoplasma ein Wundverschluß nicht rasch genug erzielt, und das Tier zerfließt bei der Operation plötzlich.

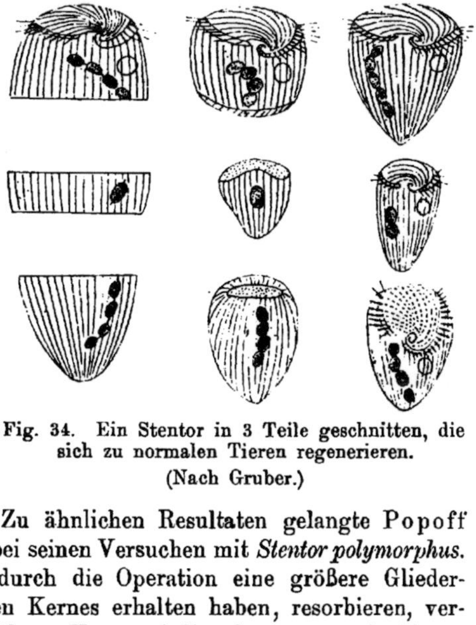

Bezüglich der näheren Organisationsbedingungen der zu regenerierenden Teilstücke sei erwähnt, daß zwischen der Kernmasse in dem Protoplasma derselben ein bestimmtes Mengenverhältnis vorherrschen muß; Protozoen mit wenig Kernsubstanz und viel Protoplasma gehen ohne Regeneration zugrunde, ebenso wie *Vaucheria*-Fragmente, die wenig Kerne enthalten.

Fig. 34. Ein Stentor in 3 Teile geschnitten, die sich zu normalen Tieren regenerieren.
(Nach Gruber.)

Zu ähnlichen Resultaten gelangte Popoff (Archiv f. Zellforsch. 1909) bei seinen Versuchen mit *Stentor polymorphus*.

Stentorteilstücke, die durch die Operation eine größere Gliederzahl des rosenkranzförmigen Kernes erhalten haben, resorbieren, verkleinern zunächst vielfach ihren Kern auf die eben normale Masse. Andererseits können wieder innerhalb der Verbindungsstücke der einzelnen Kernglieder durch Chromatinansammlung neue Kernglieder entstehen.

Hofer (Jenaische Zeitschrift XXIV. 1890) gibt gleichfalls an, daß unter einer gewissen Größe auch kernhaltige Teilstücke von *Amoeba proteus* nicht regenerieren können.

Im allgemeinen regenerieren nur kernhaltige Fragmente. (Fig. 34.) Kernlose Teilstücke gehen unter Vakuolisationserscheinungen zugrunde. Zum normalen Osmosegleichgewicht scheint die Existenz der Kernsubstanzen notwendig zu sein. *Gregarinen* und Ookineten von *Binucleata*, die den Kern eingebüßt haben und ihn vermutlich wieder aus den Chromatinkomponenten des Protoplasmas restituieren, sind gleichfalls deutlich alveolar strukturiert. Kernlose Teilstücke bewegen sich nach der Verwundung, sobald ein gewisser Verwundungshock überwunden wurde, wie normale Individuen, die Nahrung wird ebenfalls wiederum aufgenommen und kann anfangs noch verdaut werden (Neutralrotreaktion). Die Vakuolen bilden sich an bestimmten Stellen wieder von neuem und pulsieren in der üblichen charakteristischen Pulszahl. Bei *Stylonychia* entstehen aus den vorderen oder hinteren zuführenden Kanälen je nach der Operation neue pulsierende Vakuolen. Bei den Hypotrichen bilden sich die typischen Exkretkörnchen weiter, so daß manche kernlose Fragmente mit der Zeit ganz dunkel aussehen.

Die Funktionen der Bewegung, Nahrungsaufnahme, zum Teil der Abtötung der Nahrung, der Vakuolentätigkeit, der Exkretion, der Atmung und Reizbeantwortung sind demnach vom Kern unabhängig.

Unter Umständen kann man auch kernlose Teilstücke zur Regeneration veranlassen. 1. Durch wiederholte Regeneration kann man Stentorteilstücke gleichsam auf die Regeneration einüben. Mir gelang es einmal sogar, einen kernlosen Stentor zur Regeneration von zwei Mundapparaten zu veranlassen (Hyperregeneration). 2. Operiert man eben sich teilende Stentoren in der Weise, daß das Kernband von dem einen Teilstück übernommen wird, so regeneriert sich das kernlose Teilstück zu einem verkleinerten Individuum. Nach Balbiani nimmt bei *Stentor* die Teilung bei einer künstlichen Verletzung ihren normalen Fortgang. (Annales de Microgr. IV. 1892.)

Isolierte Kerne gehen ohne Regeneration nach einiger Zeit zu Grunde. (Verworn, Pflügers Archiv 1892.) Nach Le Dantec (Compt. rend. 1897) wird der Mikronucleus (Geschlechtskern) bei manchen Formen aus dem Großkern (Somakern!) regeneriert(!?) —

Die zu regenerierenden Stücke verschließen zunächst ihre Wundränder, die flüssigkeitsreichen, weniger geformten Protozoen runden sich hernach ab, nehmen eine Tropfengestalt an und gehorchen so einfachen physikalisch-chemischen Gesetzen. Erst später greifen in dieses untypische Geschehen über diese Gesetze hinausgehende, typische, morphogene Prinzipien ein und die Plasmatropfen stellen jedesmal ihre typische, harmonische Gestalt wieder her. —

Durch nicht zu tiefgehende Schnitte und Risse kann man verschiedene Doppel- und Vielfachbildungen erhalten. Gruber

(Biolog. Centralblatt 1885 u. 86) stellte Stentoren mit zwei Peristomen her. Diese Versuche sind von mir mit gleichfalls positivem Ergebnis wiederholt worden. Über Monstra beim *Paramaecium* berichtet Balbiani (Annales de Micrographie 1892).

Eine Art von **überschreitender Regeneration** ist bei Stentor beobachtet worden, indem **zwei Peristome** regeneriert wurden. Demnach kommt bereits bei den Protozoen eine Hyperregeneration vor, die von Ribbert mit Unrecht bei den Metazoen geleugnet wird. In einem anderen Falle wurde ein viel zu langes Peristomband angelegt. (Fig. 35.) Heteromorphosen hat Balbiani zuerst beim *Stentor* beschrieben; durch geeignete Operationen ist es ihm gelungen, einen *Stentor* mit Peristomen an beiden Enden herzustellen. (Annales de Microgr. 1892.)

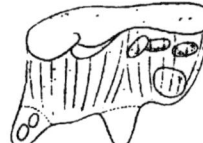

Fig. 35. *Stentor* mit regeneriertem langen Peristom.

Fig. 36. Zwei ineinander transplantierte *Stentoren*.

Transplantationen gelingen leicht bei *Myxomyceten*, schwieriger bei *Pelomyxa*. Verworn (Pflügers Archiv 1892) konnte bei der Radiolarie *Thalassicola* mit Erfolg 1—2 Zentralkapseln transplatieren.

Mir gelang es einmal, zwei Stentoren zur Vereinigung zu bringen. Die beiden Stücke nahmen ungefähr die einheitliche Stentorenform an, gingen aber leider bald zugrunde. (Fig. 36.)

Protektive Funktionen der Protozoenzelle.

Zum Schutze gegen Austrocknung sondern manche niedere Protozoen, vor allem amöbenartige Rhizopoden, ungeformte Sekrete — Schleime — ab. Über den Chemismus der Schleimsubstanzen, die bei den Peridineen oft in großen Mengen produziert werden, ist so gut wie nichts bekannt. *Herpetomonas muscae domestiae* und einige im Darmtraktus von Dipteren und Hemipteren schmarotzende Typanosomen bilden sogenannte Schleimzysten, indem sie sich mit einem Schleimmantel von bestimmter Struktur umgeben. Diese Schleimsubstanz färbt sich mit Giemsa's Eosinazur rot.

Aus geformten Sekreten sind die Schalen und Skelettbestandteile zahlreicher niederer Protozoen, Foraminiferen und Radiolarien aufgebaut.

Dreyer hat 1892 (Jenaische Zeitschr. f. Naturwissenschaften) den Versuch gemacht, die inneren Gerüstbildungen der Radiolarien auf einfache physikalische Gesetze zurückzuführen und stellte sich vor, daß die Skelettsysteme der genannten Organismen sich wie die Wände eines Schaumes aneinanderlegen. Die Oberflächenspannungsgesetze, die Plateau'schen Gesetze der Flüssigkeiten wären nach dieser Vorstellung für das Zustandekommen der inneren Zellgerüste verantwortlich zu machen. Gegen diese Annahme hat später Haecker (Zeitschr. f. wiss. Zoologie V. 1905) einige sehr beachtenswerte Einwände erhoben. Wahrscheinlich greift auch hier das Geschehen einer typhischen Morphe in das Walten des physikalischen Chemismus hinein. Haecker (Jen. Zeitschr. f. Naturwiss. 1904) gibt als ziemlich verbreitete Regel für den Bauplan der Radiolarienskelette an, daß die sog. Kandelaber- und Kronenbildungen im Tiefen- und Kaltwasser, die Quirlbildungen im Oberflächen- und Warmwasser vorkommen; durch letztere Strukturen wird eine Oberflächenvergrößerung des Weichkörpers erzielt. Auch ist die erwähnte Formbildung als eine „Anpassung" an die geringere, innere Reibung und Dichtigkeit des warmen Oberflächenwassers aufzufassen.

L. Rhumbler teilte zuerst 1899 (Ergebnisse d. Anatomie u. Entwickelungsgeschichte v. Merkel u. Bonnet) mit, daß die äußerst variablen vielkammerigen Foraminiferenschalen selbst bei Verschiebungen der Windungsachse einen homologen konstanten Randwinkel der aneinander stoßenden Kammern besitzen. „Die Konstanz der Randwinkel ist aber eine notwendige Folge der Oberflächenspannung des flüssigen, zum Kammeranbau aus der Mündung der Endkammer hervorgetretenen Weichkörperteiles; denn nach den Gesetzen der Hydromechanik muß in demselben Medium die Oberfläche derselben Flüssigkeit Wände gleicher Substanz stets unter demselben Winkel schneiden, einerlei, welche Neigung die berührten Wände selbst von vornherein haben mögen." —

Im Süßwasser kommen lobose Amöben (Testaceen) vor, die sich aus Diatomeenschalen sowie Quarzteilchen zierliche Schalen bauen. Rhumbler (Archiv f. Entwicklungsmechanik Bd. 7 1898) faßt diese Schalen als ein Produkt gleichzeitiger Defäkation der aufgenommenen Bausteine, bei der die Kapillarattraktion zwischen Testaceenoberfläche und Steinchen größer ist als die von Bausteinchen und Wasser. Sie bleiben an der Amöbenoberfläche haften und ordnen sich durch Kapillarattraktion an der Oberfläche zu einer Art Mosaikwerk an. Dauernd zusammengehalten werden sie durch eine erstarrende Kittmasse. Den Vorgang der Gehäusebildung ahmte Rhumbler durch einfache Modelle nach, indem er Chloroform- und Öltropfen, in die Quarzkörnchen, Glassplitter u. a. m. eingetragen wurden, in ein anderes nicht mischbares Medium tropfenweise einführte. Die Tropfen bauten sich selbsttätig durch ihre Kapillaritätsgesetze Gehäuse auf, die den Testaceengehäusen außerordentlich ähnlich sind. Diese Gehäuse werden, da sie in keinem organischen Zusammenhang mit den Protozoen stehen, natürlich nicht regeneriert oder ausgebessert. (Verworn, Zeitschr. f. wissenschaftl. Zoologie 1888, Psychophys. Protistenstud. Jena 1890.) —

Schaudinn züchtete *Calcituba polymorpha Roboz*. in großen Mengen durch zwei Jahre im Aquarium, wobei die Organismen reichlich ihre Schalen aus Kalziumkarbonat bildeten, nach einiger Zeit wurden aber, da die Tiere immer bis auf wenige Exemplare eliminiert wurden, die Schalen zusehends kalkärmer und bestanden schließlich nur aus einer **organischen Grundlage**, die also bei dieser Form wohl auch von **maßgebender Bedeutung** sein dürfte. Diese Beobachtung ist auch mit ein Beispiel für die **elektive Ausnutzung** der Kalksalze. Auch die Gehäuse der hauptsächlich im Plankton massenhaft auftretenden *Tintinniden* bestehen nach den neueren Untersuchungen von Entz (Arch. f. Protistenkunde XV. 1909) zum größten Teil aus einer organischen muzin- oder chitinartigen Substanz. Einige andere Formen bilden ihre Gehäuse durch eine Art von Abhäuten einer aus Keratin bestehenden Membran. Die Gehäuse werden an der Oberfläche der Infusorien nach Art von Cystenmembranen abgestoßen.

Awerinzew (Arch. f. Protistenkunde B. 8 1907) wies in den Schalen von *Cyphoderia*, *Euglypha*, *Lecquereusia* und *Quadrula* Kieselsäure in Form von Na_2SiF_6 kristallen sowie durch die Berlinerblaureaktion auch Eisen nach. Nach Schaudinn bestehen die „Gehäuse"- bestandteile von *Trichosphaerium* aus Magnesiumkarbonat. —

Unter ungünstigen Ernährungsbedingungen oder beim Austrocknen der Flüssigkeit können die meisten Protozoen (Rhizopoden, Heliozoen, Ciliaten) besondere Cysten bilden, durch die sie gegen die Gefahren des Milieus, wie Trockenheit, Kälte, Nahrungsmangel, geschützt sind. (Fig. 37.) Beim langsamen Eintrocknen tritt nach Cienkowski (Arch. f. mikroskop. Anat. Bd. 1 1865) eine Encystierung von *Colpodella pugnax Cnk.* ein. Maupas (Archives de Zoologie expérimental. 1888) löste diesen Vorgang bei *Oxytricha* durch Nahrungsentziehung aus, eine Beobachtung, die ich bestätigen kann. Durch Abkühlung brachte Greely (The Decennial Publications Vol. 10. Chicago 1902) Monasflagellaten zur Encystierung, während Stentoren nur besondere Involutionsformen annahmen.

Fig. 37. Cyste von *Lamblia intestinalis*.

Die sich encystierenden Infusorien stellen die Nahrungsaufnahme zunächst ein. Es gibt allerdings auch Formen, die wie *Amphileptus* und *Holophrya tarda* sich gerade im stark gefütterten Zustande encystieren, auch kann man mit Hilfe von Neutralrot in *Stylonychia* und *Colpoda*-cysten zuweilen noch geringe Nahrungsreste nachweisen. Im allgemeinen wird die Verdauung sistiert oder erniedrigt.

Das Protoplasma wird durch die Flüssigkeitsabgabe dichter und die Infusorien rotieren vielfach lebhaft um ihre Achse. Die progressive Bewegung wird aufgegeben. Nach den Angaben mancher Autoren werden die Cilien abgeworfen. Bei *Stylonychia* werden zum Teil die Cirren eingezogen. Sicher abgeworfen bzw. ausgestoßen werden bei *Dileptus* Teile des Rüssels und des Mundapparates. Das Protoplasma wird zusehends flüssigkeitsärmer und das Tier nimmt unter Reduktion der Bewegungsorganoide und der Oberflächenskulpturen die Tropfenform an. Für Studien über das Ineinandergreifen des Geschehens der Morphe in die chemisch-physikalischen Gesetze sind die Stadien der En- und Excystierung der Infusorien besonders wichtig. Die Pellikula bzw. das Ektoplasma verschleimt zum Teil, worauf diese Schicht später erstarrt und die oft mit typischen sekundären Skulpturen versehene Cystenhülle bildet. Die kontraktilen Vakuolen pulsieren eine Zeitlang allerdings in einem stark verlangsamten Rhythmus weiter. Da aber ihre Flüssigkeit die erstarrende Hüllschicht nicht mehr durchbrechen kann, entleert sie sich zwischen diese und den eigentlichen Zelleib, der von der Cystenhülle derart gelockert und abgelöst wird. Bei starkem Neutralrotzusatz färbt sich der Cysteninhalt von Colpoda gelblichrot (alkalisch), während die Vakuole einen dunkelroten Farbenton annimmt. Auch die Kerne erfahren gewisse Veränderungen, sie werden dichter und verschmelzen bei *Stylonychia pustulata* zu einem wurstförmigen Kern, bei dieser Form findet man in den Cysten zumeist auch nur einen Mikronucleus, während im vegetativen Leben zwei Mikronuclei vorkommen. Die Cystenmembranen sind ziemlich resistent und schützen die Protoplasten vor dem Austrocknen. Meunier (1865) konnte nach 14 monatlicher Eintrocknung *Colpoda* zum neuen Leben erwecken, Nußbaum wies nach, daß Cysten von *Gastrostyla* noch nach 2 Jahren lebenstähig sind, Maupas konnte nach 22 monatlicher Austrocknung Cysten von *Gastrostyla Steinii* wieder zum neuen Leben erwecken. Die Cystenmembranen leisten dem Eindringen von Flüssigkeiten ziemlich starken Widerstand; Farbstoffe dringen im allgemeinen nicht in sie ein, besser durchlässig sind sie für alkoholische Lösungen derselben sowie für die Konservierungsflüssigkeiten. Die Hüllen verschiedener Dauercysten widerstehen Kali und konzentrierter Schwefelsäure lange Zeit, werden nach Fabre von verschiedenen Anilinfarben gefärbt und lassen gelöste Substanzen sowie Flüssigkeiten verschieden leicht durch, z. B. dringt Pikrinsäure oder Essigsäure rasch ein, während das Karmin der Pikrokarminlösung nicht aufgenommen wird. Auch die verschiedenen Sporenzustände der pathogenen Protozoen sind von einer Art Cystenmembran umgeben; es sei hier nur an die Sporen der Myxosporidien und der Gregarinen (Pseudonavizellen) erinnert. Der Sporoblast der Coccidien (Schaudinn, Zoolog. Jahrbücher 1900) scheidet bei der Umbildung zur Sporocyste eine zarte Gallerthülle als Exospore ab, unter der eine der Oberfläche dicht aufliegende, stark lichtbrechende undurchlässige Membran als Endospore auftritt.

Es sei noch hier der Trichocysten einiger Ciliaten gedacht. Es sind dies längliche wetzsteinförmige Gebilde des Alveolarsaumes des Entoplasmas, die besonders bei *Paramaecium, Frontonia* u. a. vorkommen. Auf verschiedene Reize hin werden sie ausgeschnellt und scheinen im Dienste einer Abwehrfunktion der Zelle zu stehen. Verworn betrachtet die Trichocysten als erstarrte Fäden einer ausgepreßten Flüssigkeit. Gegen diese Ansicht traten Kölsch (Zool. Jahrb. 16. Bd. 1902) und Schuberg (Archiv f. Protistenkunde 1905) auf. Die ruhende Trichocyste hat nach Maupas, Kölsch, Maier und Mitrophanow einen Haarfortsatz, mit dem sie an die Pellicula anstößt. Die ausgeschleuderte Trichocyste ist stark färbbar, deutlich konturiert und besitzt häufig an ihrem Ende eine Art von „Kopf", der manchmal etwas abgehoben ist. Auf späteren Stadien wird zwischen Kopf und Körper ein haarartiges Verbindungsstück sichtbar. Es ist wahrscheinlich, daß der Kopfanhang verquillt, worauf das Endhärchen zum Vorschein kommt. Die verquellende Substanz kann dann eine Giftwirkung ausüben. Immerhin geht aus diesen vorläufig noch fragmentarischen Beobachtungen hervor, daß die Trichocysten kompliziert gebaute Gebilde sind und nicht als einfache Flüssigkeitsfäden betrachtet werden können.

Über die Gifte der Protozoen ist bis jetzt sehr wenig bekannt. Bei den pathogenen Protozoen wie Malariaplasmodien und Trypanosomen ist es bis jetzt nicht gelungen, in einwandfreier Weise ein Toxin nachzuweisen. Weder Serumfiltrate, noch abgetötete Parasiten und Extrakte aus ihren Leibern (Mayer), sowie durch taurocholsaures Natrium, Galle, Saponin aufgelöste Zellen (Siebert) beeinflußten im Experiment den Organismus der Affen (Flu), Meerschweinchen, Ratten, Mäuse und Hunde in keiner wahrnehmbaren Weise. Extrakte aus abgetöteten Naganatrypanosomen rufen bei

Impfungen auf die Kaninchenkornea im Verhältnis zu entsprechenden Kontrollimpfungen nach den Untersuchungen von Leber und Boehm eine Reaktion hervor, die eventuell auf gewisse Toxine zurückgeführt werden kann.

Suctorien scheinen in ihren Tentakeln eine Art von Giftsubstanz zu produzieren, die die Beute (Protozoen) lähmt und die Pulsationsfrequenz der Vakuolen herabsetzt.

Das einzige, genauer untersuchte Gift der Protozoen ist das Sarkosporidin der *Sarkosporidien*, dessen Natur Kasparek, Mesnil, Sieber (uned.) experimentell ergründet haben. Nach Sieber ist es ein Neurotoxin, das das Zentralnervensystem beeinflußt und durch Meerschweinchenhirnemulsionen sowie Lezithin abgebunden und unwirksam wird.

Kaninchen sterben rasch unter Krampferscheinungen, während Meerschweinchen refraktär sind. Mit geringen Dosen beginnend, kann man Kaninchen gegen eine letale Dosis von Sarkosporidin immunisieren. Rievel und Behrens (Zentralblatt f. Bakteriologie, Originale, 35 Bd. 1904) untersuchten das Sarkosporidin der Sarkosporidien des *Lama* und kamen zu folgenden Resultaten: Das sehr heftige Gift wird nicht durch Neutralsalze gefällt, ebensowenig durch Ferrocyankalium und Essigsäure, liefert nicht die Biuretreaktion, ist ferner dialysierbar, in wässeriger Lösung ohne besondere Vorsichtsmaßregeln lange Zeit haltbar und zeigt für Kaninchen eine starke spezifische toxische Wirkung. Es wirkt hauptsächlich auf das Zentralnervensystem und wird von den Autoren für eine Art von Enzym gehalten.

Die Immunität und die Protozoen.

Immunitätserscheinungen bei Protozoenkrankheiten sind lange Zeit gar nicht beachtet worden, erst in der letzten Zeit, da die Protozoenkrankheiten infolge ihrer eminent praktischen Bedeutung in den Vordergrund des öffentlichen Interesses gerückt sind, wurden von einer großen Zahl von Forschern die Immunitätsphänomene bei Protozoenerkrankungen einem näheren Studium unterzogen. In den folgenden Zeilen sollen die Resultate dieser Untersuchungen, soweit sie für den Physiologen vom Interesse sind, nur in großen Zügen mitgeteilt werden. Im übrigen muß auf die Zusammenstellungen in dem „Handbuch für pathogene Mikroorganismen", herausgegeben von Kolle und Wassermann, verwiesen werden.

Die Immunitätserscheinungen der Protozoenkrankheiten unterscheiden sich wesentlich von den analogen Phänomenen der bakteriellen Erkrankungen. Diese Unterschiede sind zum Teil in den Verschiedenheiten der Lebensprozesse beider Arten von Mikroorganismen begründet. Die Protozoen besitzen komplizierte Entwicklungskreise und sind durch diese befähigt, in zweckmäßiger Weise den Angriffen des Wirtsorganismus auszuweichen. Sie können in geeigneten Augenblicken verschiedene Latenz- und Resistenzformen annehmen und durch eigenartige Regulationen des Kernplasmalebens die Schädlichkeiten des Millieus paralysieren. Anderseits besitzen sie besondere Vermehrungscyklen und überschwemmen infolge dieser Vermehrungsrhythmen die inneren Organe des Wirtsorganismus nicht in der rapiden Weise, wie dies bei den bakteriellen Erkrankungen im allgemeinen der Fall ist. Dementsprechend fällt auch die Abwehrreaktion des Organismus anders aus. Die Protozoenkrankheiten nehmen demnach einen mehr chronischen, die bakteriellen Erkrankungen einen akuten Verlauf. Vor allem sind sie durch periodisch wiederkehrende Rezidive (Malaria, Halteridien, Syphilis) ausgezeichnet. Mehr nach der Seite der bakteriellen Erkrankungen fallen die von sog. *Chlamydozoen* (Tollwut, Pocken usw.) hervorgerufenen Krankheiten, deren Erreger aber eine Zwischenstellung zwischen Protozoen und Bakterien einnehmen. Nur das afrikanische Küstenfieber besitzt einen ausgesprochen akuten Verlauf, es ist aber nach den Erwägungen von Fülleborn und Ollwig mehr als fraglich, ob der von R. Koch beschriebene Parasit tatsächlich der Erreger der Krankheit und nicht vielmehr ihr Kommensale ist.

Die Protozoen sind durch ihren komplizierteren Entwicklungszyklus dem Wirtsorganismus viel weiter angepaßt als die Bakterien, daher kommt es auch, daß sie nach dem Tode des Wirtstieres sehr bald selbst zugrunde gehen (Trypanosomen, Binucleata, Spirochaeten, Amöben usw.) und zu ihrer Übertragung von Wirt auf Wirt besonderer Zwischenwirte aus dem Reiche der Insekten (Mücken, Fliegen, Zicken, Wanzen, Läuse usw.) oder Würmer (Egel) bedürfen. Die Bakterien (Pest) können zwar durch Insekten auch übertragen werden, doch ist die Übertragung direkter Art, während die Protozoen in den Insekten eine Entwicklung durchmachen. Die Chlamydozoen sind dagegen resistenter (Pocken) und werden größtenteils durch direkten Kontakt übertragen.

Wie bereits erwähnt worden ist, konnte bis jetzt eine Giftproduktion bei den eigentlichen Protozoen in einwandsfreier und überzeugender Weise nicht nachgewiesen werden, obzwar man das Vorhandensein von bestimmten Toxinen (Spirochaetenkrankheiten) annehmen muß. In manchen Fällen schädigen die Protozoen den Wirtsorganismus zum Teil in mechanischer Weise, z. B. Coccidien, oder unter Umständen auch Trypanosomen, Plasmodien und Spirochaeten, die die feinen Blutkapillaren verstopfen und derart den plötzlichen Tod des Tieres herbeiführen. Auch durch eine Entziehung der Nährstoffe aus dem Blut oder der Lymphe kann eine gewisse Schädigung des Wirtstieres erfolgen. Amöben zerstören direkt die Gewebe und fressen den Zelldetritus sowie die roten Blutzellen auf.

Auch mit der Komplementbindungsmethode von Bordet und Gengou konnten einwandsfrei keine Toxine nachgewiesen werden. Manteufel (Arb. a. d. K. Gesundheitsamte 1908) kommt auf Grund seiner Untersuchungen sogar zu dem resignierten Resultat, daß durch die Komplementbindungsreaktion keine Fortschritte für die Erforschung der Immunität der Trypanosomen und Spirochaetenkrankheiten zu erwarten sind. Nach Leber (D. med. Wochenschrift 1908) erzeugen Trypanosomenextrakte eine parenchymatöse Entzündung der Kaninchenkornea, die von Leber auf ein Trypanosqmentoxin zurückgeführt wird.

Mit dem chronischen Verlauf der Protozoenkrankheiten sowie mit der Art der Entwicklung der Protozoen hängt es zusammen, daß selbst in den Fällen, wo nach Ablauf eines Anfalles vermutlich eine gewisse Immunität eintritt, durch diese nicht alle Parasiten im Tierkörper zerstört werden, sondern die Wirtstiere für eine lange Zeit Parasitenträger (Malaria, Trypanosomiasis, Piroplasmosen, Spirochaeten) bleiben. Es existiert im allgemeinen nur eine *Immunitas non sterilisans*, die unter Umständen bei *Trypanosoma Lewisi* oder bei der Hühnerspirochaestose und Vogelproteosoma in eine richtige Immunitas sterilisans übergeführt werden kann. Im letzteren Falle kann man dann mit den Sedimenten aus Organextrakten, aus denen durch wiederholtes Waschen das Immunserum entfernt wurde, nicht mehr infizieren. Ein typisches Immunserum liefert die Hühnerspirochaetose, die von *Spirochaeta gallinarum* hervorgerufen wird. Die spontan geheilten Tiere sind immun. Neufeld und Prowazek (Arb. aus d. Kaiserl. Gesundheitsamte 1906) erbrachten den Beweis, daß es sich hier um einen komplexen Vorgang handelt und in dem Serum ein bei 57° thermostabiler Amboceptor und ein thermolabiles Komplement nachweisbar sind. Das dem Spirochaetematerial anhaftende Komplement kann man bei dem Versuch durch ein Antikomplement unwirksam machen oder durch Hefe und Leberzellen abbinden und hernach den Beweis erbringen, daß das inaktivierte, des Komplements beraubte Immunserum unwirksam ist. Mit diesem Serum kann man immunisieren, ebenso wie mit den durch Wärme abgetöteten oder durch Galle und taurocholsaures Natrium aufgelösten Spirochaeten. Durch letztere Chemikalien werden also die immunisatorisch wirksamen Substanzen nicht vernichtet.

Dagegen kann man in dem Serum der kranken Tiere keine toxisch wirksamen Substanzen nachweisen. Filtriert man das Blut einer kranken Henne durch ein Pukalfilter und injiziert die ganze Menge des Filtrats einer Henne, so löst man durch dieses Verfahren keine Reaktion bei dem Tiere aus. Dasselbe gilt bezüglich der Rekurrensspirochaeten (Tedeschi). — Daz Immun-Serum agglomeriert (vgl. unten), immobilisiert und löst schließlich die Spirochaeten auf. Es entstehen im Verlaufe des Spirochaetenbandes Lücken und Anschwellungen, der Leib der Spirochaete wird schlecht färbbar und ist schließlich nicht mehr nachweisbar.

Levaditi führt die Immunität der Spirochaetenkrankheiten auf die Wirksamkeit der Phagozyten zurück. Nach den Untersuchungen von Neufeld, mir, Manteufel, Schellack und Tedeschi spielt dabei die Phagozytose nur eine sekundäre Rolle. Eine Phagozytose ist ebenso bei der Krankheit erliegenden Tieren nachweisbar, und man kann ihr also bei der Immunität nicht die Bedeutung zuschreiben, die Metschnikoff und seine Schüler bezüglich ihrer Funktion annehmen. Dagegen sprechen auch die Vitroversuche.

Die Einspritzung einer Mischung von Immunserum und spirochaetenhaltigen Blut verhindert die Infektion und wirkt immunisierend.

Ähnlich verhalten sich die Immunitätsverhältnisse, die durch die drei bzw. vier Rekurrensspirochaeten des amerikanischen, afrikanischen, europäischen und Bombayrückfallfiebers ausgelöst werden. Es handelt sich hier nach Manteufel (Arb. a. d. kaiserl. Gesundheitsamte 1907) um eine echte Serumimmunität und nicht nur um eine Phagozytenwirkung. Durch den Pfeifferschen Versuch kann man die einzelnen Spirochaeten biologisch voneinander trennen und auf diese Weise Agglomerine (vgl. unten), sowie Immunkörper nachweisen. Die Immunität geht bei Ratten auf die Nachkommenschaft über und hält bei den Jungen einen Monat an.

Für die Rekurrensspirochaeten ist die Periodizität der Anfälle charakteristisch; aus demselben Grunde werden die Erkrankungen, die durch die Spirochaeten hervorgerufen werden, auch Rückfallfieber genannt. Vom besonderen Interesse ist in diesem Sinne der Nachweis von Levaditi und Manteufel, daß die Spirochaeten eines zweiten Anfalles durch das relative Immunserum des ersten Anfalles nicht mehr beeinflußt werden, sie sind für dasselbe serumfest geworden. Auf diese Weise wird das zweite Erscheinen der Spirochaeten im peripheren Blut erklärt; diese Spirochaeten stammen von den serumfesten Formen des ersten Anfalles her. Ähnliche Beobachtungen über serumfeste Stämme von *Trypanosomen* haben Mesnil und Brimont (Annales Pasteur XXIII. 1909) angestellt.

Eine echte Immunität existiert ferner bei den weißen und bunten Ratten, die mit dem *Trypanosoma levisi* der grauen Ratten (*Mus decumanus* und *M. rattus*) infiziert wurden.

Bei ihnen tritt nach einiger Zeit Heilung ein, und durch Überimpfung der inneren Organe (Milz) konnte in einigen Fällen nachgewiesen werden, daß es sich dabei nicht bloß um eine Toleranz oder latente Infektion (Immunitas non sterilisans) handelt, sondern daß die Tiere tatsächlich immun sind. In vitro besitzt das gewöhnliche Immunserum keine deutlichen lytischen oder wesentlich immobilisierenden Eigenschaften; auch wirkt es nicht in allen Fällen etwa als Bakteriotropin (Neufeld). Diese Frage bedarf aber noch einer eingehenden Untersuchung. Laveran und Mesnil standen allerdings auch hochwertige Immunsera zur Verfügung, die immobilisierende Eigenschaften besaßen. Durch den Pfeifferschen Versuch kann man eine Agglomeration der Protozoen und eine schwache Phagozytose nachweisen, die aber wohl für eine Immunität nicht allein verantwortlich gemacht werden kann. Eine Phagozytose kommt nach den Untersuchungen von Höhnel (Beihefte z. Archiv f. Schiffs-Tropenhygiene, 1908) auch bei *Tryp. congolense* vor, und trotzdem gehen die intraperitoneal infizierten Tiere, bei denen die Ansammlung der Leukozyten in der Bauchhöhle durch Aleuronat- und Nukleinsäureeinspritzungen erhöht wurde, an der Krankheit ein.

Mit einer Mischung von Immunserum und *Trypanosoma lewisi* kann man eine Infektion verhindern. Mit Extrakten aus inneren Organen kann man dagegen nicht immunisieren.

Bei den anderen Trypanosomenkrankheiten handelt es sich zumeist nur um eine Immunitas non sterilisans oder um eine Toleranz gegenüber dem Parasiten.

Schilling (Deutsch. Kolonialblatt 1902, 1904, 1905, Arb. a. d. kaiserl. Gesundheitsamte 1904), sowie Martini (Zeitschr. f. Hyg. u. Infektionskrank., 1905), Martini und Möllers (Zeitschr. f. Hyg. u. Infektionskrank., 1906) zeigten, daß durch geeignete Passagen (Pferde-Eselpassage) bei wiederholten Impfungen mit ansteigenden Mengen von Naganatrypanosomen parasiticide Stoffe im Blute auftreten.

Im allgemeinen kann man zusammenfassend über die Immunität

der Trypanosomenerkrankung sagen, daß eine aktive Immunisierung bis jetzt keine praktischen Erfolge gezeitigt hatte. Man vermag zwar in einem gewissen Sinne die Zuchttiere nach dem Verfahren von Martini, Koch, Schilling und Kleine zu immunisieren, doch ist man nach den letzten Erfahrungen von Schilling nicht imstande, diese Methode in die Praxis zu übersetzen.

Die Piroplasmainfektion endet entweder tödlich oder führt gleichfalls zu einer Immunitas non sterilisans. In der Praxis werden die Tiere mit parasitenhaltigem Blute *(recovered blood)* natürlich durchseucht und erwerben eine Art latenter Immunität (Queensland in Australien). Solche Tiere bezeichnet man als „gesalzen". Kälber erkranken nach diesen Impfungen leicht und liefern ein ziemlich ungefährliches Impfblut. Die erworbene relative Immunität nimmt mit dem Alter ab.

Ähnlich verhält sich die Immunität bei der Piroplasmose der Hunde. Das Blutserum relativ immuner gesalzener Hunde verhütet, mit gleichen Mengen parasitenhaltigen Serums gemischt, die Infektion. In dem Serum der hochimmunen Tiere sind aber immer noch virulente Parasiten vorhanden, die demnach „serumfest" geworden sind. Kleine beobachtete eine angeborene vorübergehende Immunität bei den Jungen von infizierten Hündinnen.

Von einer Immunität bei der Malaria des Menschen und der Affen kann man im eigentlichen Sinne des Wortes nicht reden, es handelt sich höchstens um eine latente Infektion. Alle Versuche, besondere Immunkörper nachzuweisen, haben bis jetzt keine greifbaren Resultate ergeben.

Bei den Immunitätsexperimenten mit Spirochaeten und Trypanosomen fällt ein Phänomen, das zuerst von Laveran und Mesnil 1900 (Compt. rend. soc. biol; Annales Pasteur 1901 usw.) beschrieben und als Agglomeration bezeichnet wurde, auf. Mehrere Trypanosomen treten mit ihren blepharoplastführenden Enden zusammen, bleiben aneinander kleben, worauf sich ihnen andere Individuen hinzugesellen, bis nach und nach ganze Agglomerationssterne oder Rosetten entstehen. Verfasser (Arb. aus dem K. Gesundheitsamte 1905) konnte den Nachweis erbringen, daß die Trypanosomen stets mit ihrem blepharoplastführenden Zelleibende agglomerieren; bei Jugendformen, bei denen der Blepharoplast im Vorderende liegt, findet demnach die Agglomeration mit dieser Zellpartie statt. Es konnte zwischen den Trypanosomen eine Art von Schleim nachgewiesen werden, durch den sie zusammengehalten werden. Bei den Spirochaeten wurden im Verlaufe des ganzen Körpers äußerst schwer nachweisbare Schleimansammlungen bei der Agglomeration durch intensive Färbungen nach Giemsa und Löffler konstatiert. Auch wurden bei Trypanosomen Veränderungen am Blepharoplast beobachtet. Manteufel (Arb. a. d. Kaiserl. Gesundheitsamte XXVIII, 1908) bringt ihr Auftreten mit der trypanoziden Wirkung in Zusammenhang. Die Agglomeration kann durch Zusatz von Immunserum, durch Normalserum von Hund, Schaf, Kaninchen, Pferd und Huhn, durch Zusatz von Galle, schwachen Säuren, Brillantkresylblau, durch Eisschranktemperatur usw. hervorgerufen werden. Bezüglich der angewandten Stoffe kommt ihr in diesem Sinne also keine eigentliche Spezifität zu.

Die Agglomeration unterscheidet sich von der ähnlichen Agglutination der Bakterien durch folgende Momente:

1. Die Agglomeration kann wiederholt in demselben Falle erzeugt werden, ohne daß die Parasiten gelähmt werden. Nach Manteufel wird sogar die Beweglichkeit der Organismen erhöht.

2. Abgetötete Trypanosomen werden durch ein stark agglomerierendes Immunserum nicht agglomeriert, während man mit abgetöteten Bakterien die Agglutinationsprobe anstellen kann.

3. Die agglomerierende Eigenschaft des Serums geht bei Spirochaeten und Trypanosomen nicht mit der Immobilisierung derselben parallel. Bei den Trypanosomen haben nach Manteufel die Sera oft zuerst agglomerierende Eigenschaften und büßen dieselbe bei einer weiteren Immunisierung ein, worauf erst die paralysierende Wirkung in den Vordergrund tritt. Zur Immobilisierung bedarf es einer Komplementwirkung (Ambozeptor + Komplement), während das Agglomerationsphänomen nicht an die Gegenwart von Komplement gebunden ist.

Ledoux-Lebard (Annales de l'inst. Pasteur 1902) hat eine agglomerationsähnliche Sternenbildung von *Paramaecien* unter Einfluß verschiedener Sera beobachtet. Rößle (Archiv f. Hygiene, 1905) hat Kaninchen und Meerschweinchen mit Infusorien (*Paramaecien* und *Glaucoma*) behandelt und gewann auf diese Weise Sera, die die Pellicula der Infusorien klebrig machten. Das Serum steigerte auch die Tätigkeit des gesamten Lokomotionsapparates, bis schließlich allmählich Lähmungserscheinungen sich einstellten. Agglomerationen von Luesspirochaeten unter Einfluß von Syphilisserum haben Zabolotny und Moslakowetz (Zentralbl. f. Bakt., 1907) beschrieben.

Eine Besprechung der Immunitätserscheinungen der Chlamydozoa (Pocken, Lyssa, Trachom, Epitheliom usw.) würde den Rahmen dieser Schrift überschreiten und muß daher leider unterbleiben.

Das Todesproblem und die Protozoen.

Johannes Müller faßt in seinem bis jetzt unerreicht dastehenden Handbuch der allgemeinen Physiologie die Erscheinung des Todes in folgender Weise auf: „Die organischen Körper sind vergänglich, indem sich das Leben mit einem Schein von Unsterblichkeit von einem zum anderen Individuum erhält, vergehen die Individuen selbst". Dieser richtige Standpunkt wurde später von Weismann verlassen. Weismann nahm an, daß der natürliche Tod nicht allen Organismen zukommt, vielmehr, daß die Protozoen insofern unsterblich sind, als bei der Zellteilung die Individuen im Grunde erhalten bleiben. Die Einzelligen sind nach Weismann ebenso unsterblich wie die Geschlechtszellen der vielzelligen Pflanzen und Tiere. Nach Weismann beruht der Tod nicht auf rein inneren, in der Natur des Lebens selbst liegenden Ursachen, sondern ist eine Zweckmäßigkeitseinrichtung und keine „absolute im Wesen des Lebens selbst begründete Notwendigkeit". Goette (Über den Ursprung des Todes, Hamburg und Leipzig, 1883) kämpfte gegen diese Auffassung an und versuchte den Tod als eine Allgemeinerscheinung des Organischen nachzuweisen. Gegner der Weismannschen Annahme sind ferner Verworn (Allgem. Physiologie, 1901), R. Hertwig (Über d. Wechselverhältnis v. Kern u. Protoplasma, München, 1903; ferner Festschrift f. Haeckel, Jena, 1904 und „Allgemeine Zeitung", München, 1906), sowie M. Hartmann (Tod u. Fortpflanzung, Reinhardt, 1906). Enriques (La morte Revista d. scienza 1907) nimmt an, daß mit dem Alter sich nur die Verminderung der Assimilationsfähigkeit einstellt. „Es ist nicht nachgewiesen worden, daß der Tod die notwendige Folge des Lebens ist." Hartmann definiert den Tod „als Stillstand der individuellen Entwicklung". An einer Reihe von Beispielen versucht Hartmann den Gedanken durchzuführen, daß das Protozoon einem vielzelligen Individuum entspricht; bei der Fortpflanzung, z. B. bei der sog. Zerfallteilung wird die Organisation gleichsam aufgelöst, und nur aus einem Teile der organischen Substanz gehen die künftigen Individuen hervor. Der übrige Teil bildet den sog. Restkörper, der zugrunde geht — „er wird zur Leiche". Solche Restkörperbildungen sind von Scheel (Festschrift f. C. von Kupfer, 1899), für *Amoeba proteus* von Schaudinn (Arb. a. d. K. Gesundheitsamte 1904), für *Spirochaeta ziemanni* von Léger (Archiv f. Protistenkunde, 1904), für die Gregarine *Stylorhynchus*, für zahlreiche Myxosporidien von Doflein, Stempell, Keyßelitz (Archiv f. Protistenkunde, 1908) u. a. nachgewiesen worden. Also auch bei den Protozoen „führen die Keime das Leben der Spezies weiter, während der Organismus des Elterntieres unter Zurücklassung einer Leiche zugrunde geht — stirbt." Nach Hartmann ist aber nicht die „Leiche" das Wesentliche der Todeserscheinung, denn das Auftreten von „Leichenresten" hat seine historische Entwicklung hinter sich und ist erst im Laufe der Stammesentwickelung entstanden. „Der Tod ist im biologischen Sinne nur der Abschluß der individuellen Entwickelung und fällt mit der Fortpflanzung zusammen." Die Zurücklassung einer Leiche ist eine unwesentliche Erscheinung bei dem Todesphänomen.

Hertwig konnte auf Grund seiner Versuche bei *Paramaecium*, *Dileptus* und *Actinosphaerium* den Nachweis erbringen, daß bei den früher besprochenen Depressionszuständen Teile der Zelle eingeschmolzen werden, daß es zu einer Zerstörung von die Funktion schädigenden Teilen kommt. Diese Phänomene bezeichnet Hertwig als den **Partialtod der Zelle**. Bei der Konjugation der Ciliaten geht der im vegetativen Leben des Protozoons eine wichtige Rolle spielende Großkern zugrunde; wir sehen also auch hier, daß funktionierende Teile der Zelle vom Tode betroffen werden — sie degenerieren und werden ausgestoßen (Arb. aus d. Zool. Inst. Wien 1898). „Es ist das Ausüben der Lebensfunktion, welches zur Zerstörung führt und je nach den Bedingungen, unter denen sich das Leben abspinnt, hat es den Partialtod einzelner Zellteile oder ganzer Zellgruppen oder den Allgemeintod des Organismus zur Folge" (R. Hertwig).

In physiologischer Hinsicht zerfällt und baut sich die Substanz, mit der der Organismus den Haushalt führt, beständig auf und ab — in jedem Augenblick stirbt also und wird der Organismus geboren. Vom biologischen Standpunkte dagegen müssen wir das Problem weiter fassen. Das Wesen des Lebendigen wird nämlich auch durch die spezifischen Formwerte, die typischen Strukturen charakterisiert. Das Problem des Lebens ist derart auch das Problem der Morphe; sie selbst schafft keine neuen Energien, sondern tritt als Gubernatrix des chemisch-physikalischen Geschehens auf. Sie hat nicht die Kraft, neue Niveauunterschiede zu schaffen, ihr wohnt aber das Vermögen auf Grund ihrer historischen Entwicklung inne, durch ihre Gegenwart in spezifischer Weise die Niveaus gleichsam zu verschieben, die Potentialgefälle nach dem Prinzip des geringsten Kraftmaßes zu vermannigfachen. Bei der einfachen Teilung hört die ursprüngliche Morphe gleichsam auf, die Organellen werden für die beiden Tochterzellen in harmonischer Weise umgearbeitet, sie werden z. B. bei den Hypotrichen eingezogen und durch neue ersetzt — die alte Morphe stirbt in diesem Moment. Bei der Encystierung sowie bei der Regeneration

(*Vaucheria, Briopsis*) geht die alte Morphe in Verlust, wir haben eine Zeit lang bloße Flüssigkeitstropfen, die den Kapillaritätsgesetzen folgen, vor uns — das Typische wird von dem Untypischen abgelöst, die *Vaucheria*teile, das *Stentorfragment* sind als solche tot, erst mit der Regeneration greift perruptuell in das Geschehen die Morphe wieder ein und gebiert einen harmonischen Stentor, eine verkleinerte typische Vaucheria. Die individuelle Morphe eines jeden Infusors geht bei der Encystierung zugrunde, die Individualität des *Trachelius, Colpoda* u. a. stirbt, ein Teil dieser organisierten Materie des *Colpoda* oder *Trachelius*, der unter Kontrolle des allgemeinen Morpheprinzips der erwähnten Organismen steht und den wir uns durch den Kern oder die generative Substanz (Karyosom, Kern) bildlich repräsentiert denken können, wird aber nach einiger Zeit wieder individualisiert, das erwähnte Prinzip schafft eine neue individuelle Morphe, und die Infusorien werden tatsächlich in diesem Sinne in der Cyste wiedergeboren.

Das Morpheprinzip selbst ist keine energetische Größe und kennt demnach keine Niveauunterschiede, es kann selbst „energetisch" nichts schaffen, sondern kann nur einer Differenzierung historisch als Evolution vorstehen. Es ist eine intensive Mannigfaltigkeit besonderen Grades, etwa wie die chemischen Qualitäten, die Krystallqualitäten, die Psychosis, die intrasubjektive Psyche der Masse u. a. m. Die Morphe selbst ist kontinuierlich und muß es auch infolge dieser ihrer Eigenschaften sein. Bei den Metazoen und Metaphysten stehen unter ihrer Ägide die Geschlechtszellen, bei den Protisten vermutlich nur eine Geschlechtssubstanz, die sie auf dem Pfade der Evolution zu einer neuen individuellen Gestaltung emporführt, über das Untypische hinaus zu dem Typischen geleitet.

In einer Arbeit im „Biologischen Zentralblatt 1909" wurde der Versuch gemacht, Beweise für die These zu erbringen, daß der mannigfache und komplizierte Chemismus der Zelle sich nur in dynamischen Gleichgewichtszuständen, die sich allein aus der physikalischen Struktur der Zelle ergeben, abspielen kann. Ferner wurde es wahrscheinlich gemacht, daß die typische Struktur und die mit ihr zusammenhängende ebenso spezifische Zellspannung durch gewisse Zellipoide, die die Zellproteine gleichsam schaumig emulgieren (Bütschli, Loeb u. a.) bedingt wird. Lipoidlösende Mittel, wie Saponin, Galle, taurocholsaures Natrium u. a. m. lösen diese lipoidartigen Strukturbildner ersten Grades auf, entspannen die Zellen, die sich oft auf das doppelte ihrer ursprünglichen Größe vergrößern (Seeigel, Protozoen). Diese Strukturspannungen ändern sich infolge ihrer lipoidartigen Basenkapazität und ihres Säurebindungsvermögens, ihrer Beziehung zu schnell diosmierenden Substanzen wie Narkotika, Anästhetika und Antipyretika, überhaupt zu kapillaraktiven Stoffen beständig und erregen den dynamischen Gleichgewichtszustand, der für das Leben der Zellen charakteristisch ist, den aber bloßer Chemismus ohne Systemverschiebungen von außen nicht erzeugen könnte. Beständig werden die winzigen Laboratorien des chemischen Geschehens umgebaut, erweitert, vergrößert, umgestellt, bis sie der Tod — eine Katastrophe äußerer oder innerer Natur — zertrümmert. Alle Einflüsse, die die Strukturspannung vollkommen beheben, töten die Zellen, deren Aussehen dann so monoton ist; sie sind gebläht, tropfig entmischt, ihrer elementaren Struktur beraubt. Erst sekundäre chemische Vorgänge der Fixierung vermannigfachen das Bild. Vitalgefärbte Colpidien, die der Einwirkung von Atropin (1:200) ausgesetzt worden sind, kann man selbst bei eintretender Entfärbung und Cavulation des Plasmas durch Pilocarpin (1:200) noch retten, was aber bei entspannten und aufgeblähten Zellen nicht mehr möglich ist. —

Im Anschluß an diese Untersuchungen wurden auch einige Versuche über das Altern der Infusorien angestellt: zu diesem Zwecke wurden zahlreiche Kulturen von *Colpidium* aus einer Ausgangszelle angelegt und entsprechend den oben auseinandergesetzten Annahmen über die Morphe dafür gesorgt, daß die Colpidien sich nicht zu lebhaft teilen, ihre Morphe nicht zu häufig verjüngen. Dieser Zweck wurde durch eine Unterernährung erreicht. Bis jetzt wurden einzelne Kulturen bis gegen 4 Wochen am Leben erhalten.

Der Lebenszustand der Kulturen wurde täglich an der Resistenz gegen Atropin 1 : 200 geprüft; es ist zunächst auffallend, daß bereits am zweiten Tage Abkömmlinge ein und derselben Zelle bedeutende Unterschiede bezüglich ihrer Giftempfindlichkeit aufweisen, die aber nicht eine Folge der Teilungen, die zuerst doch lebhafter einsetzen, sind. Die Teilprodukte selbst verhalten sich nämlich gleich, und die Unterschiede sind nicht so bedeutend, solange die Teilungsfähigkeit lebhaft ist. Später nehmen die Unterschiede in der Giftempfindlichkeit wiederum ab. Sie ergeben sich wohl aus dem inneren Stoffwechselgetriebe und sind nicht auf Rechnung der Teilungsfunktion zu setzen, die auch bei den Mehrzelligen nicht allein die Quelle der Differenzierung ist. Weiter ist es auffallend, daß die Giftempfindlichkeit im Laufe der Zeit kurvenmäßigen Schwankungen unterworfen ist. Des Beispieles wegen führe ich den Lebenslauf der Kultur Nr. 21 an; sie wurde am 3./6. angelegt; am 30./6. abgetötet, die Zahlen mit + geben die Lebensdauer der Colpidien in Minuten bei Zusatz von Atropin 1 : 200 an. Zuerst sind die sehr differenten Zahlen angegeben, wo die Unterschiede nur geringer waren, steht allein ein U.

Kultur 21. 3./6. —, 5./6. $\frac{20 +}{45 +}$, 7./6. wenig Teilungen $\frac{15 +}{12 +}$, 8./6. wenig Teilungen $\frac{15 +}{20 +}$, 9./6. $\frac{9 +}{20 +}$, 10./6. $\frac{17 +}{20 +}$, 11./6. 20 + U., 12./6. 22 + U, 14./6. 19 + U, 15./6. 10 + U, 16./6. 10 + U, 18./6. 8 + U, 19./6. 17 + U, 21./6. 20 + U, 22./6. 10 + U, wenig Teilungen, 23./6. 8 + U, 24./6. 8 + U, 26./6. 5 +, 28./6. 3 + U, 29./6. 3 +, 30./6. 2 +.

Die vom Atropin im Innern der Zelle aus dem dispersen Plasmaemulsoid gebildeten Lipoidhohlkugeln (Cavula) wurden im Laufe der Zeit spärlicher und kleiner, ein Beweis, daß der Lipoidgehalt der Zelle im Laufe des Lebens sich ändert, abnimmt und die typische Morphespannung, die zum Teil von den physikalischen Gesetzen der Lipoidflüssigkeiten diktiert wird, nachläßt. Die gealterten Zellen sind daher mehr oder weniger deformiert, abgerundet, teilweise gebläht. Die Zellen besitzen wenige, aber lange Cilien, einen unverhältnismäßig großen, chromatinreichen Kern und zahlreiche lichtbrechende Granula. Unter normale Bedingungen gebracht, erholen sie sich nach 48 Stunden. Diese „alternden", unterernährten Colpidien unterscheiden sich wesentlich von hungernden Infusorien, die mehr durch Falten deformiert sind, deutliche Atropincavula zeigen, wenige lichtbrechende Granulationen führen und früher sterben. In einem Falle zeigten die aus einem Individuum gezüchteten Colpidien eine Tendenz zur Kopulation, die aber nur in wenigen Fällen zu Ende geführt wurde.

Protozoen und die äußeren Lebensbedingungen.

Die Lebenserscheinungen der Organismen im allgemeinen, auf Grund deren Erkenntnis wir auf das Leben des Organismus schließen, stehen in einem Abhängigkeitsverhältnis zu der Umgebung und den sich hier abspielenden Vorgängen, die als Reize auf den Organismus einwirken. Jede irgendwie im Organismus wahrnehmbare Veränderung der Faktoren der Umgebung ist als Reiz aufzufassen; Bichat bezeichnet in diesem Sinne das Leben der Organismen geradezu als einen abnormalen Vorgang, weil es zu seinem Bestand der äußeren Reize bedarf.

Pütter (Zeitschrift f. all. Physiologie, 3. Bd. 1904 und Handbuch d. physiolog. Methodik, Hirzel, Leipzig 1908), erwarb sich um die Reizphysiologie der Protozoen insofern ein besonderes Verdienst, als er eine allgemeine Symptomatologie der Reizbeantwortung einzelliger Organismen entworfen hatte, die allerdings noch einer eingehenderen Ausarbeitung bedarf.

Im allgemeinen antworten die Protozoen mittels der spezifischen Zellfähigkeiten ziemlich eintönig auf die qualitativ verschiedenen Reize, und die Veränderungen spielen sich meist im quantitativen Sinne nach der Minus- oder Plusseite ab. Bei einem gewissen Punkt der Reizung können wir nicht mehr von einer spezifischen Reizwirkung der Zelle, sondern nur von ihrer spezifischen Eigenschaft der Erregung und Lähmung sprechen. Die Unterschiede, die sich bei der Reizbeantwortung bemerkbar machen, erfolgen entweder: 1) in der Richtung der Reizwirkung und äußern sich als Erregung oder Lähmung oder 2) in der Intensität der Erregbarkeit dem Reizmittel gegenüber oder 3) im zeitlichen Ablauf der Erregbarkeit.

Nach Pütter kann man beim Studium der Lebenserscheinungen der Protozoen entweder die Lebenserscheinungen des Individuums oder die Lebenserscheinungen der Art in Betracht ziehen.

Zu den letzteren gehören die verschiedenen Übergänge der Protozoen aus einem vegetativen Zustand in den anderen. In Depressionsstadien, die Perioden lebhafter Vermehrungstätigkeit abschließen, nehmen viele Protozoen mehr abgerundete Formen an, die innere formative Spannung hört vielleicht auf Grund einer Änderung der morpheverleihenden Zellipoide auf, und die Tiere bewegen sich langsamer (Dileptus, Stylonychia). Die Protozoen legen auch ein anderes osmotisches Verhalten an den Tag. Auf manche Reize hin lösen sich die festsitzenden Vortizellen von ihren Stielen los, bilden in ihrer distalen Zelleibpartie einen Wimperkranz aus und schwärmen lebhaft in der Infusion herum. Es liegt hier ein Fall formativer Reizwirkung vor. Auf die Schalenbildung mancher Rhizopoden wirkt verändernd die Abnahme des Salzgehaltes des Wassers ein, nach Brody büßen die kalkschaligen Formen ihren Kalkreichtum ein, und die Schalen werden wie bei manchen *Miliolinen* rein chitinös. Die Imperforaten-Foraminiferen scheinen mit Zunahme der Tiefe im Meere zu verkümmern, auch die Temperatur scheint hierbei eine Rolle zu spielen (Carpenter). Unter veränderten Lebensbedingungen encystieren sich die meisten Protozoen. *Trachelius ovum* und verwandte Formen encystieren sich, falls sie übermäßig gefuttert haben, während anderseits durch Nahrungsentziehung das hypotriche Infusor *Oxytricha* zur Cystenbildung veranlaßt werden kann. Durch Abkühlung konnte Greely (The Decennial Publikations Vol. 10 Chicago 1902) bei *Stentor* ohne Cystenbildung Ruhestadien erreichen, und seit langer Zeit ist es bekannt, daß manche Protozoen beim langsamen Eintrocknen sich encystieren (*Colpoda*, nach Cienkowski auch *Colpodella pugnax*). Auch bei der Encystierung kann man in einem gewissen Sinne von einer formativen Reizwirkung sprechen; die Vorgänge der Encystierung und Excystierung der Infusorien müssen vom experimentellen Standpunkt aus neu studiert werden, denn sie scheinen für das wichtige, jetzt im Mittelpunkt der biologischen Fragestellungen stehende Problem der Morphe interessante Aufschlüsse zu bringen. Bei der Encystierung der *Colpoda* werden die Cilien nicht direkt abgeworfen, sondern sie verquellen, sind auf dem freien Ende oft geknöpft, ösenartig umgebogen und verschwinden schließlich. Die Zelle wird rundlich und gibt ihre alte Gestalt auf, das Infusor sieht etwas gebläht aus wie ein Seeigelei, in dessen Protoplasma durch lipoidlösliche Substanzen wie Saponin, cholalsaures Natron, taurocholsaures Natrium usw. die morphegebenden Zellipoide gelöst worden sind.

Das Protoplasma wird später aber nicht etwa fest, sondern man sieht, daß in ihm die Granulationen, bei Druck auch der Kern noch Bewegungen ausführen können; zersprengt man eine fertige Cyste, so nimmt das austretende Protoplasma bald die Tropfenform an, später zerfließt es allerdings, wobei sich der Inhalt vielfach interessanterweise im Sinne von Wetzel in

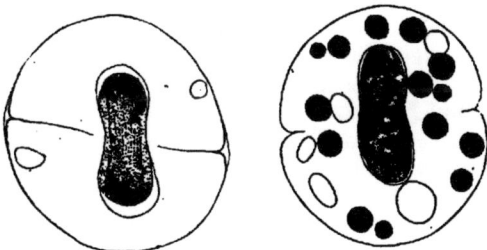

Fig. 38. Zwei Stadien einer Vermehrungscyste von *Colpoda*.

oszillierende Cavula umbildet. Durch Druck kann man den Kern und den Protoplasmainhalt in dem der Morphe gleichsam entzogenen flüssigen Protozoentropfen verlagern, und doch kriecht später ein normales, polar differenziertes Infusor aus der Cystenhülle heraus. Dasselbe gilt von den Vermehrungscysten (Fig. 38) des oben genannten Ciliaten. Durch auf die Objektebene senkrecht ausgeübten Druck kann die eben einsetzende Teilungsfurche rückgängig gemacht werden, und doch vollzieht sich nachträglich bei entsprechender Versuchsanordnung die Teilung in normaler Weise. Leider gelingt dieser Versuch nicht immer, und die Infusorien gehen auf diesen Stadien leicht zugrunde. Wir müssen uns die Frage vorlegen, wo in der Cyste, deren Inhalt flüssig ist, deren Kern und Einschlüsse verlagert werden können und die sich selbst wie ein undifferenzierter Protoplasmatropfen verhält, das Punktum fixum für die polare Zellgestaltung, die Morphe zu suchen ist. Es scheint dieser letzte Morpheträger die pelliculaartige Zellhaut zu sein, die auf allen Stadien persistiert. Verquillt zu Beginn der Encystierung die alte Pellicula und bildet die eigentliche Cystenmembran, so kann man gleichzeitig unter ihr eine neue pelliculaartige Niederschlagsmembran wahrnehmen, die durch die Vakuolenflüssigkeit, welche später nicht mehr nach außen entleert wird, von der Cystenmembran vollkommen gelockert, abgelöst wird. Durch Druck kann man diese morphogene Pellicula in den Dauercysten ablösen, und es scheinen an ihr bereits die Cilienbildner, die Basalkörperchen zu sitzen.

Die Symptomatologie der Art kann man ferner an dem Teilungsrhythmus der vegetativen Fortpflanzung der Infusorien studieren, wie dieses unter verschiedenen Bedingungen von Maupas, R. Hertwig und seinen Schülern bereits geschehen ist. René Sand (Annales p. p. Soc. royale d. sc. med. et naturelles d. Bruxelles Bl. 10. 1901) hat die physiologische Wirkung des Chinins auf den Teilungsrhythmus von *Stylonychia* untersucht. Die meisten Infusorien haben einen komplizierten Entwicklungszyklus, dessen einzelne Stadien zum Teil durch bestimmte Außenbedingungen ausgelöst werden. So kommt *Leukophrys patula* in zwei Formen vor, einer kleinen, glaucomaähnlichen Form, die keinen Mikronucleus besitzt und sich nach Art von Glaucoma und Colpidium von kleinen Bakterien nährt; und einer fast dreifach so großen *Leukophrys*form, die auch eine typische Schlundöffnung mit Lippenmembranen hat und in die Kategorie der Schlinger hineingehört — sie verschlingt kleine Glaukoma und Cyklidien in großer Menge. Die große, seltenere Form besitzt einen Mikronucleus. Maupas erklärt diesen Protozoendimorphismus aus der Sexualität der Infusorien, nach meiner Ansicht mit Unrecht. Es konnten mehrere Generationen beider Formen ineinander übergeführt werden, ohne daß es zu einem Sexualakt gekommen ist. Bei den meisten Protozoen scheint ein primärer Dimorphismus vorzukommen, und es sind bei niederen Formen Fälle bekannt, wo jeder Formenkreis seine eigene Sexualform besitzt, z. B. Trichomonaden, Bodo lacertae, Testaceen usw. Bei den letzteren kommen Formenkreise vor, die mit einer einfachen Kopulation abschließen (bei Difflugia, Nebella usw. nach Gruber, mir,

Zuelzer usw.), und diese werden wieder von Formentypen abgelöst, die Makro- und Mikrogameten produzieren. Bei den Trichomonaden wechselt so die häutige Autogamie mit der Heterogamie (Schaudinn) ab.

In den meisten Fällen konnte ich nun bei *Leukophrys patula* innerhalb von 3 Tagen bei Zusatz von Chinin 1:80000 aus der kleinen Form die große züchten.

Auch das Auftreten der Konjugationen in der Entwicklungsreihe scheint von besonderen Reizqualitäten abhängig zu sein. Maupas, Hertwig, ich, Prantl, Popoff konnten durch Temperaturänderungen und Hunger Konjugationsepidemien bei einigen Infusorien veranlassen. Enriques nimmt an, daß die Ursache der Konjugation von der Dicke der die Protozoen beherbergenden Wasserschichte, der Wasserzusammensetzung, den Bakterienstoffwechselprodukten usw. abhängig sei. —

Betrachten wir nun nach diesem zunächst nur orientierenden Exkurs auf das Gebiet der Symptomatologie das Protozoons als Art die Symptomatologie des Protozoon als Individuum, so sind wir, wie auch Pütter hervorhebt, in erster Linie nur auf physikalische Symptome angewiesen. Ihre Zahl ist ziemlich gering, und daraus folgt, daß wir vielfach auf verschiedenartige Reizeinwirkungen dasselbe Antwortgeschehen als Wirkung erhalten. Es handelt sich vornehmlich um folgende Symptome:

1. Veränderungen des Aggregatzustandes der einzelnen Zelle. Unter Chinineinfluß wird die Colpidiumzelle deutlich schaumig, während später im Kern ein globulitischer Niederschlag stattfindet. Beim Absterben bläht sich die Zelle auf, und man kann sie nicht mehr durch gewöhnliches Filterpapier bei mäßigem Druck hindurchfiltrieren. Nach Wasielewski werden Colpidien auf festen Naturböden gezüchtet fast amöboid und verlieren ihre ursprüngliche Gestalt. Bei langsamer Einwirkung von Saponin hebt sich bei Paramaecium die Pellicula ab, die Zelle selbst wird ebenso wie bei Vorticella aufgebläht. Bei Anwendung von 1% cholalsaurem Natron ist man bei Vorticella und Chilomonas in der Lage, ein ruckweises Auflösen der Alveolen zu verfolgen. Daraus geht hervor, daß das Protoplasma reich an Lipoiden ist, die die Eiweißstoffe emulgieren und der Zelle eine innere Strukturspannung verleihen.

Kölsch (Zoolog. Jahrb. Bd. 16. 1902) hat beobachtet, daß die „feste" Pellicula der Infusorien durch Druck eine Verflüssigung erfährt. Paramäcienleiber werden in hypertonischen Salzlösungen zunächt lichtbrechender, und ihr Zelleib schrumpft in charakteristischer

Weise ein. Nach Bokorny (Pflügers Archiv Bd. 64. 1896) gewinnt die Paramaecienzelle in 1:10000 Ammoniakveränderungen „eine etwas größere Starrheit". Hühnerspirochaeten werden etwa 1 Woche im Eisschrank aufbewahrt in ihren Windungen starr, unbeweglich, bewahren aber noch ihre Infektiosität. In erster Linie muß man bei diesen Studien auf Entmischungen (tropfige Entmischung Albrechts) auf Gerinnungen und Lösungen achten. —

2. Veränderungen des Lichtbrechungsvermögens der Zelle. „Die Veränderungen des Lichtbrechungsvermögens sind sehr schlecht als Indikatoren verwendbar, weil wir keine genügend feine absolute, oder auch nur relative Bestimmungsmethode für die Größe dieser Werte besitzen" (Pütter).

3. Die meisten Aufschlüsse quantitativer Natur erhielten wir aus dem Studium der Formveränderung der Protistenzelle. Diese beziehen sich auf die Plasmabewegung, Vakuolenpulsation (Systolettenbewegung) Cilienbewegung und Myoidbewegung. Diese Symptomkomplexe sind bereits oben besprochen worden.

4. Veränderungen in der Färbbarkeit der Zelle. Leider ist das Wesen der Farbenreaktionen der Zelle so gut wie nicht aufgeklärt, und wir sind demnach nicht imstande, viele Schlüsse aus den einzelnen Beobachtungen zu ziehen. Gute Dienste leisten uns in einem gewissen Sinne (vgl. Kap. Ernährung) die sogenannten Vitalfärbungen mit Neutralrot, Methylenblau, Bismarckbraun, Auramin, Brillantkresylblau usw. *Euplotes*, die lange Zeit in Bewegung erhalten worden sind, färben das Protoplasma auf der Basis des Stirnzirren zum Teil auch der Membranellen in einem gelbrötlichen alkalischen Farbenton. Ružička (Archiv f. ges. Physiologie Bd. 107. 1905) gibt an, daß das lebende Protozoenprotoplasma bzw. seine Einschlüsse sich mit Neutralrot färben, während die toten Zellen eine Tinktion mit Methylenblau annehmen.

Über Farbendifferenzen, die sich zwischen lebendem und abgestorbenem Protoplasma auf Grund von Färbungen nach Mosso (0,2% Lösung von Methylgrün in 1% Nacl., Virchows Archiv Bd. 113. 1888) sowie Rhumbler (wässerige Lösungen von Eosin und Methylgrün Zoolog. Anz. Bd. 16. 1893) ergeben, sei auf die zitierte Arbeit von Ružička hingewiesen; beide Methoden liefern nicht ganz einwandfreie Resultate, und ihre Interpretation ist nicht ausreichend.

Es ist hier der Ort, noch auf eine wichtige Arbeit von Steinach über die Summation einzeln unwirksamer Reize als allgemeine Lebenserscheinung (Arch. f. Physiologie 1908) die Aufmerksamkeit zu lenken. Auf Grund eines umfangreichen vergleichenden

Versuchsmaterials kommt Steinach zu dem Schluß, daß die Zellsubstanz der Protozoen das Vermögen besitzt, einzelne unwirksame Reize zu summieren, und diese Fähigkeit äußert sich sodann in tetanischen Kontraktionserscheinungen.

Aus diesem Grunde gibt es für Infusorien zwei Schwellenwerte, und zwar die meist bis jetzt studierte Einzelreizschwelle und eine Summationsreizschwelle.

Die Latenz der Summationswirkung ist verkehrt proportional der Reizintensität und der Reizwirkung. „Die Nachwirkung des einzelnen Impulses ist um so kürzer, je mehr die unterschwellige Intensität eine Abschwächung erleidet."

Der Chemismus der Umgebung und die Protozoenzelle.

Der Einfluß verschiedener chemisch definierbarer Stoffe auf einzellige tierische Organismen wurde mehrfach, leider nicht systematisch genug untersucht, so daß die Darstellung dieser Untersuchungsresultate vorläufig den Charakter einer trockenen Aufzählung besitzen muß. Mineralsäuren erwiesen sich im hohen Grade giftig für Protozoen. Nach Bokorny (Pflügers Archiv f. Physiol. 64. 1896) sterben Infusorien in 0,02% Schwefelsäure, 0,02% Salzsäure und 0,05% schwefeliger Säure rasch ab. Zitronensäure tötet in Verdünnungen 1:1000 Colpidien ab. Barratt (Zeitschr. f. allg. Physiologie Bd. 1904), dessen Arbeiten in diesem Sinne besonders wichtig sind, stellte sich durch Verdünnungen verschiedene Normallösungen der Säuren her und bestimmte zunächst die Konzentration, die für Paramaecien in 10 bis 30 Minuten tödlich ist.

Es sei hier ein Auszug aus der Tabelle von Barratt mitgeteilt (Experimente an Paramaecium):

Säure	0,0004 N	0,0002 N	0,0001 N	0,00005 N
HCl Salzsäure.......	tot nach 1 Minute	tot nach 7 Minuten	tot nach 5 Stunden	—
HNO_3 Salpetersäure .	,,	tot nach 15 Minuten	lebendig nach 24 Stunden	—
H_2SO_4 Schwefelsäure.	,,	tot nach 17 Minuten	,,	—
HCOOH Ameisensäure	—	tot innerhalb 2 Minuten	tot nach 15 Minuten	tot nach 5 Stunden

v. Prowazek, Physiologie der Einzelligen.

Die organischen Säuren sind für *Euglenaceen* harmloser. Nach Zumstein (Jahrb. f. wiss. Botanik 1900) gedeihen sie in Nährlösungen mit 1—2% freier Zitronensäure, ja, bleiben auch in 4%-Lösungen am Leben, 0,2% Oxalsäure tötet sie ab, und 0,5—1% Weinsäure ist als Zusatz zu Nährlösungen ungeeignet. Bezüglich der Alkalien rührt von J. Loeb (Centralbl. f. Physiol. 12, Pflügers Archiv f. Physiol. 73. 1898) die Beobachtung, daß geringe Mengen von Alkali (NaOH $^1/_{1200}$ — $^1/_{1600}$ %) die Lebensdauer der Infusorien wesentlich verlängern und die tödliche Wirkung von Plasmagiften, wie Cyankalium und Atropin abschwächen. Diese Angabe vermag ich aber nicht zu bestätigen. Nach Bokorny (Pflügers Archiv f. Physiol. 59, 64) tötet Ammoniak in Lösungen von 1:5000 *Paramaecien* ab, die in Lösungen von 1:10000 am Leben bleiben, jedoch von großen Vakuolen durchsetzt sind. Es sei hier noch die Tabelle von Barratt, der mit *Paramaecium aurelia* experimentierte, mitgeteilt.

	0,004 N	0,003 N	0,002 N	0,001 N	0,0005 N
KOH....	tot nach 5 Minuten	tot nach 14 Minuten	tot nach 60 Minuten	lebend nach 24 Stunden	—
NaOH...	tot nach 5 Minuten	tot nach 15 Minuten	tot nach 40 Minuten	,,	—
LiOH....	—	tot nach 4 Minuten	tot nach 10 Minuten	tot nach 90 Minuten	lebend nach 24 Stunden

Barratt (Zeitschr. f. allg. Physiol. 5. Bd. 1905) zeigte ferner, daß lebendes Paramaecienplasma mit Säuren (HCl und H_2SO_4) sowie Alkalien (KOH und NaOH), die nicht katalytisch auf dasselbe wirken, tatsächlich eine **Verbindung** eingeht, wobei H^+ und OH^- Ionen verschwinden; ferner ist die Säuremenge, die an dieser Reaktion teilnimmt, geringer als die Alkalimenge. Totes Protoplasma gibt Cl^- Ionen an die gebrauchten Lösungen ab.

Nach eigenen Untersuchungen bewirken sowohl Mineralsäuren (Salzsäure) als auch organische Säuren (Zitronensäure), daß Infusorien (Colpidium) gegen Atropin (1:200), Strychnin (1:200) sowie Chinin (1:6000), ferner gegen die giftige Konzentration von Methylenblau, Azur II und Neutralrot **resistenter** werden, während Alkalien, Lithiumkarbonat, Kalkwasser, Saponin, Äther, Benzol, Rohrzucker in Kochsalz (teilweise) und zweibasiges Calciumphosphat ihre Empfindlichkeit den Angaben von Loeb entgegen steigern.

Colpidien in Zitronensäure 1:8000 + Atropin 1:200 oder Chinin 1:6000, Eosin, Azur und Methylenblau 1:20000 lebten noch zum Teil durch 24 Stunden, während in denselben Lösungen bei Zusatz von Kaliumkarbonat 1:8000, mit Ausnahme von Eosin, nach 1 Stunde die Infusorien tot und gefärbt waren. Für die Versuche ist es notwendig, die Infusorien vorher durch Zentrifugieren von dem meist alkalisch reagierenden Infuswasser zu befreien und im reinen Wasser auszuwaschen. Durch Atropin, Strychnin und Chinin wird das flüssige Plasmakolloid entmischt, und es entstehen in einer nach Giemsa blau färbbaren Proteinplasmagrundlage lipoidartige Hohlkugeln, die sich nach Giemsa rötlich färben — die Alkalien (Kaliumkarbonat) sowie die lipoidlöslichen Mittel befördern diesen Vorgang, erniedrigen die innere Strukturspannung und bringen den Kern samt der Zelle zur Blähung, während die Zitronensäure (1:1000) antagonistisch wirkt, die Colpidien nicht bläht, den Kern eher schrumpft, wobei das Plasma eine balkenartige gerinnselige Struktur gewinnt.

Bezüglich der Metalle sei hier folgendes mitgeteilt: Balbiani (Arch. d. Anat. micr. 2p. 518—600, Paris, 1898) stellte fest, daß Paramaecien zunächst am Leben bleiben, falls man in ihrem Medium das ihnen adäquate Kochsalz (0,3%) durch äquimolekulares Lithiumchlorid ersetzt, später gehen sie aber doch zugrunde. Für dasselbe Infusor ist Zinksulfat, Zinkchlorid und 1% Kupfersulfat nach Binz (Zentralblatt f. d. med. Wissenschaften, 1867) giftig, nach Bokorny, Davenport und Neal (Archiv. f. Entwicklungsmech. 2, 1896) sterben Infusorien in 0,002% Quecksilberchlorid, 0,002% Silbernitrat und 0,01% Zinksulfat ab. Hofer (XIV. inter. Kongreß f. Hygiene, 1907) gibt an, daß Fische die Chloride der Alkalien, wie Chlormagnesium Chlorkalzium, Chlornatrium besser vertragen als Protozoen, die in Lösungen von $1-1^1/_2\%$ zugrunde gehen.

Nach O. v. Fürth (chem. Physiologie d. niederen Tiere, 1903, Fischer, Jena) tötet Phosphor Infusorien in Lösungen von 1:50,000 ab, dagegen scheint Arsen für Infusorien kein Gift zu sein, „erst bei höherer Differenzierung des Protoplasmas zu Organen tritt die spezifische Wirkung der Arsenverbindungen in Erscheinung. Während aus den Versuchen von Nencki und Sieber hervorgeht, daß ein Kaninchen, das auf etwa 1000 Teile seines Körpers und 0,01 Teile arsensaures Kali erhielt, zugrunde geht, vermögen Infusorien und Insektenlarven in einer 100fach konzentrierten Lösung ungeschädigt weiterzuleben."

Es ist nun vom Interesse, daß gerade das Atoxyl, das nach den Untersuchungen von Ehrlich und Bertheim ein Natronsalz der Paramidophenylarsinsäure ist und dessen Arsengehalt 24,1% beträgt, nach den Experimenten von Laveran (1903) eine abtötende Wirkung auf Trypanosomen im Tierkörper ausübt; in vitro bleiben dagegen in der fraglichen Lösung die Trypanosomen ebenso wie Spirochaeten am Leben. In die Praxis ist das Atoxyl zur Bekämpfung der Schlafkrankheit zuerst von Thomas (Proceedings of the Royal society, Vol. LXXVI, 1905 und British medical Journal, 27. Mai 1905) und Thomas und Breinl (Liverpool School of trop. med. 1905) eingeführt worden.

Ehrlich (Verhandl. d. deutschen dermatolog. Gesellschaft X, 1908) hat zuerst nachgewiesen, daß Reduktionsprodukte des Atoxyls auch im Reagenzglas eine abtötende Wirkung auf die Trypanosomen ausüben. Da der Organismus der Wirtstiere durch keine große Reduktionskraft ausgezeichnet ist, so nimmt Ehrlich an, daß das Reduktionsprodukt Paramidophenylarsenoxyd hauptsächlich die Abtötung der Trypanosomen besorgt. Levaditi neigt der Ansicht zu, daß das Reduktionsprodukt sich mit dem Eiweiß zu einem Toxalbumin verbindet, das erst sekundär die Trypanosomen abtötet, Uhlenhut machte auch die Körperzellen und die Stoffe, welche sie unter Einfluß des Atoxyls produzieren, für die trypanozide Wirkung des Atoxyls verantwortlich, doch sind diese Einwände von Ehrlich und Roehl (Berl. klin. Wochenschrift, 1909) zurückgewiesen worden.

Ehrlich konnte im Verlauf seiner Studien ganze Reihen von Trypanosomenstämmen hochzüchten, die für das Atoxyl und verwandte Substanzen auch im Tierkörper teilweise oder ganz unempfindlich, d. h. fest waren. Diese atoxylfesten Stämme verhielten sich ähnlich wie ein serumfester Trypanosomenstamm, der von einem Affen stammte, dessen Trypanosomenart durch bestimmte chemotherapeutische Agentien zunächst vernichtet und der selbst nachträglich zur Prüfung der Immunität wieder infiziert wurde. Die letzteren Affentrypanosomen konnten noch Mäuse infizieren, dagegen brachte das Serum des Affen die Trypanosomen, mit denen er zum zweiten Male infiziert wurde, zur Abtötung. Im Affenkörper selbst wurden aber die Trypanosomen serumfest.

Wie im Laufe der Züchtung aus dem Körper der atoxylfesten Trypanosomen die Giftfänger (Giftrezeptoren) nach und nach verschwunden sind und das Gift ihnen entweder wenig oder nichts mehr antun konnte, ebenso verschwanden die Antikörperempfänger (Rezeptoren) aus dem Körper der serumfesten Trypanosomen, und sie lebten weiter in dem ihnen feindlichen Serum.

Analoge Beobachtungen konnten Kleine und Mesnil anstellen. Derartige Abänderungen der Parasiten sind nicht oberflächlicher Art, sondern sie erhalten sich in monatelang fortgeführten Passagen. Es handelt sich hier um eine Art von plötzlicher Anpassung und nicht etwa um eine Mutation; dieser Ausdruck sollte auf die gleichsam spontanen, sprungweisen inneren Abänderungen der Morphe des Organismus reserviert bleiben. Vom Interesse ist, daß die arzneifesten Stämme diese Eigenschaft nicht gegen eine bestimmte chemische Verbindung, sondern gegen ganze chemische Gruppierungen besitzen; der fuchsinfeste Trypanosomenstamm ist auch gegen Malachitgrün, Äthylgrün und Hexaäthylviolett fest, dagegen noch empfindlich gegen Trypanrot und Arsenikal. Die interessanten biologischen Folgerungen und theoretischen Auseinandersetzungen, die sich an diese Tatsachen knüpfen, behandelte Ehrlich ausführlich in seinem Nobelvortrag in Stockholm (Münch. mediz. Wochenschrift Nr. 5, 1909).

Diese Untersuchungen sind aber durchaus noch nicht abgeschlossen, in der letzten Zeit wiesen Breinl und Nierenstein wiederum darauf hin, daß durch einen Oxydationsprozeß das Atoxylserum oxydiert und Arsen in Freiheit gesetzt wird, das in statu nascendi die Parasiten zerstören soll. Erst weitere Untersuchungen werden die Klärung bringen.

Gegen Cyanwasserstoff sind Infusorien sehr empfindlich und werden nach Löw (Pflügers Archiv f. Physiol. 32, 1883) von 0,1% Blausäure, nach Balbani (Arch. d. Anat. micr. 2p, 1898) von 0,02 bis 0,05% Cyankalium getötet, geschädigte Infusorien können sich aber durch Überführen in reines Wasser noch erholen. Von der Alkoholreihe sei erwähnt, daß nach Löw 1% Athylalkohol, 0,1% Methylalkohol, 1% Propylalkohol von Protozoen längere Zeit vertragen wird, während aromatische Alkohole wie Phenol, Resorzin, Hydrochinon sie rasch töteten. Als starke Gifte bezeichnete Binz Jod (0,0002% tötet augenblicklich), Chlor (0,00004), Brom (0,0008), hypermangansaures Kali (0,0005), Sublimat (0,0001). Bezüglich Jod und Brom kann ich diese Beobachtungen bestätigen.

Der Einwirkung der Alkaloide auf die Protistenzelle sind bereits zahlreiche Arbeiten gewidmet worden. Bekanntlich hat zuerst Binz (Zentralbl. f. d. med. Wissensch., 1867) nachgewiesen, daß Chinin in Lösungen 1:10,000 manche Infusorien tötet, während Morphium 1:60 noch ungiftig ist.

Grethe (Deutsches Arch. f. klin. Medizin, 1895) prüfte verschiedene Chinolin, Chinaldin- und Cinchoninderivate auf Paramaecien, die in Verdünnungen 1:5000—25,000 abgetötet wurden. Nach den Untersuchungen von Giemsa und mir (Beihefte z. Archiv f. Schiffs- und Tropenhygiene, Bd. XII, 1908) wirkt salzsaures Chinin auf verschiedene Infusorien verschieden ein; sehr empfindlich sind Paramaecien, Glaucoma ist empfindlicher als *Colpidium*, das in Lösungen von über 1:70,000 lebt, ja sich teilt, am resistentesten sind verschiedene *Monas*- und *Bodo*formen (1).

2. Nicht alle Individuen von Colpidium verhalten sich dem Chinin gegenüber gleich — einige sterben sehr bald ab, während die anderen zunächt wenig alteriert werden. Über ähnliche Erfahrungen berichtet L. Garbowski (Archiv f. Protistenkunde, 1908), sowie M. Zuelzer bezüglich der *Amoeba verrucosa* (Sitzungsber. d. Gesellschaft d. naturf. Freunde Nr. 4, 1907). Durch vorsichtiges und langsames Zugießen dünner Chininlösungen (1:10,000) zu der Colpidieninfusion kann man die Infusorien, die bei 1:6000 sterben, innerhalb einer Woche an Chininlösungen von 1:5300 gewöhnen.

3. Stärkere Chininlösungen 1:8000:7000:6000 wirken zunächst als Reiz und erhöhen die Lokomotion, töten aber später die Infusorien ab.

4. Das Protoplasma der Colpidien erfährt besonders in der präzytostomalen Region eine tropfige Entmischung, die später einer Verquellung und Aufblähung des Protistenleibes, die vermutlich mit einer Lipoidänderung verbunden ist, weicht.

5. Der Kern wird vom Chinin später beeinflußt als das Protoplasma und erleidet eine globulitische Ausfällung.

6. Die Tätigkeit der kontraktilen Vakuolen wird erniedrigt, und es scheint ihre plasmatische Niederschlagsmembran verfestigt zu werden.

7. Die Nahrungsaufnahme wird nicht alteriert, dagegen die Defäkation wohl infolge der veränderten Plasmaspannung erhöht.

8. Colpidien, die mit Methylenblau gefärbt und 3—4 Stunden in einer Wasserstoffatmosphäre gehalten wurden, konnten in ihren präzytostomalen Partien, wo auf Grund anderer Versuche besonders lebhafte Reduktionen sich abzuspielen scheinen, nicht mehr alles Methylenblau unter Chinineinfluß (1:9000—15,000) reduzieren, und so traten hier nach 3—4 Stunden lezithinartige, lichtbrechende Tropfen auf, deren Substanz im normalen Stoffwechsel wohl abgebaut wird. Binz gibt gleichfalls an, daß das Chinin die Oxydationen vermindert und den Eiweißzerfall herabsetzt.

9. Bereits Sand (Act. therapeutique d. l. arsenic etc. Bruxelles, 1901) gibt für *Stylonychia* an, daß durch das Chinin die Vermehrung der Infusorien herabgesetzt wird, eine Beobachtung, die von uns bestätigt werden konnte. —

Die deletäre Wirkung von Atropin und Veratrin prüfte Roßbach (Verhandl. d. physik. med. Gesellschaft, Würzburg, 1872) und stellte ferner fest, daß Strychninum nitricum 1:5000 die Vakuole stark dilatiert. Andere Alkaloide untersuchte Schürmeyer (Jen. Zeitschrift f. Naturw. 24, 1890).

Nach Charpentier (Compt. rend. soc. biol., 1885) tötet Cocain 1:100,000, Atropin 1:2000, Strychnin 1:5000 Zygoselmis ab, nach Bokorny ist 0,02% Curare, 0,02% Muscarin und 0,1% Morphin kaum giftig. Ebenso unwirksam ist auf Ciliaten Curare (sowohl die gewöhnlichen Präparate als vornehmlich Cur. sulf.), eine Erscheinung, die auch Verworn beobachtet hatte. (Psych. phys. Protistenstudien, Jena, 1889). Äther- und Chloroformdämpfe bewirken nach Verworn (ebend.) eine starke Herabsetzung der Wimpertätigkeit, nachdem diese Organellen vorher in der Regel eine kurze Zeit exzitiert waren. Eigene Untersuchungen über die Einwirkung von Atropin (1:200) auf Colpidien führten zu folgenden Resultaten: Bei einer Temperatur von 30° tötet Atropin (1:200) Colpidien in 10—14 Minuten, bei 20° in 30—40, bei 10° in 50, 60, einmal 170 Minuten, bei 0° in 100—270 Minuten. Das Absterben erfolgt bei den verschiedenen Temperaturen sprunghaft und deutet darauf hin, daß bei der Wirkung der Narkotika nach der van't Hoff'schen Regel auch chemische Prozesse eine Rolle spielen. Züchtet man die Infusorien in Kalkwasser, so wird die Empfindlichkeit der Protozoen erhöht, und sie sterben bei 30° bereits in 5 Minuten ab. Vorbehandlung durch Neutralrot, vor allem Methylenblau, die beide eine große Avidität zu den Zellipoiden besitzen und so diese vor dem Atropin besetzen, verzögern die deletäre Wirkung dieses Narkotikum wesentlich. Solange das Atropin noch nicht chemisch gebunden ist, kann man es durch Auswaschen und Zusatz von Lezithin wieder aus der Zelle entfernen und die Colpidien retten. Mit einer gewissen Sicherheit ist dieses für Colpidien 8 Minuten nach Atropinzusatz möglich, nach 10 Minuten langer Atropinwirkung, Entfernen des freien Atropins und Lezithinzusatz (1:200) sterben sie bei 20° C nach zwei Stunden ab.

Pilokarpin ist ein Gegengift des Atropins und kann beim Colpidium auf rein physikalische Weise substituiert werden; die beiden Gifte ersetzen sich durch eine einfache Art von Auswaschen und Verdrängen, daher sterben Colpidien, die vorher mit Pilokarpin behandelt wurden und denen man nachträglich Atropin (1:100—200) zusetzte, ab, während die vorher mit Atropin inhibierten Infusorien nachträglich durch das unschädliche Pilokarpin ausgewaschen werden und am Leben bleiben. Setzt man zu den im Atropin 1:100 absterbenden Colpidien [Aufblähung des Zelleibes und Kernes, Cavulation der Plasmalipoide und deren Trennung vom Proteinmagma (vgl. S. 45, 131)]

Pilokarpin, so blähen sich die Infusorien nicht weiter auf, der Kerninhalt schrumpft eher und tritt von der Membran zurück, die Cavulation weicht einer mäßigen Schaumstruktur, und im Protoplasma agglutinieren die lichtbrechenden Körnchen. Das Atropin ruft in einer Maushirnemulsion gleichfalls eine Cavulation hervor, zentrifugiert man das Gemisch stark, so sterben in der oberen trüben Flüssigkeit nach einiger Zeit Colpidien ab, während sie in dem Sediment, dessen Lipoidcavula das Atropin festhalten, lange Zeit leben. Erwärmt man das Sediment auf 60^0 C, so tötet dieses nach einiger Zeit die Colpidien, nicht aber andere Infusorien. —

Die Wirksamkeit der sog. Vitalfarbstoffe, wie Neutralrot, Methylenblau, Brillantkresylblau usw., die zunächst von den Lipoiden der Zelle zum Teil in Leukoform verankert und bald in die gefärbte Oxyform bei elektiver Speicherung übergeführt werden, ist bereits oben besprochen worden. Beim Absterben werden die küpenbildenden Farbstoffe aus der Reihe der Vitalfarbstoffe reduziert, und die gefärbten Infusorien (Granula, seltener Kerne, Nahrungsvakuolen, Fermentträger usw.) entfärben sich wiederum. Ružička (Pflügers Archiv f. ges. Physiologie 107, 1905) versuchte den Beweis zu führen, daß die Neutralrotfärbung eine vitale Reaktion ist, während die Methylenblaufärbung als eine nekrobiotische oder postmortale Tinktion aufzufassen ist. Ehrlich (Nothnagels spez. Pathol. u. Ther., Bd. 8, 1898) hat bereits früher gezeigt, daß Neutralrot für Vitalfärbungen der Zellen sich besser eignet als Methylenblau wegen seiner maximalen Verwandtschaft zu den Granula der Zelle.

Doppelfärbungen mit Neutralrot und Methylenblau hat zuerst Pausinger an Coelenteraten, später Fischel (Anat. Hefte, 1896) an Froschlarven ausgeführt. Neutralrot ist für Paramaecien noch in Lösungen 1:20000 giftig.

Eine ganze Reihe von Farbstoffen wurden in der letzten Zeit therapeutisch bei Trypanosomenkrankheiten in Anwendung gebracht, und es existiert über diese auch vom praktischen Standpunkt wichtige Frage eine sehr umfangreiche Literatur, auf die hier nicht eingegangen werden kann. Grundlegend für die gesamte Farbstofftherapie waren die Untersuchungen von Ehrlich, die bis in das Jahr 1890 (Deutsche med. Wochenschrift) zurückreichen.

Ehrlich hat auch zuerst Methylenblau bei Malaria empfohlen. Bei Trypanosomenkrankheiten hat sich besonders der Farbstoff Trypanrot, der der Benzopurpurinreihe angehört, bewährt. (Berliner klinische Wochenschrift, 1907). Nicolle und Mesnil machten dann andere blaue und violette Farbstoffe (abgeleitet von der 1,8 Amido-Naphthol-

3,6-Sulfosäure) von ähnlicher Wirksamkeit ausfindig, ferner konnten Wendelstadt und Fellmer (Deutsche med. Wochenschrift, 1904) durch Malachitgrün- und Brillantgrün Trypanosomen aus dem Tierkörper zum Verschwinden bringen. Nach Weber und Krause kommen dem Fuchsin trypanosomenfeindliche Eigenschaften zu, die nach Ehrlich auch das Pararosanilin auszeichnen. Roehl (Zeitschr. f. Immunitätsforschung usw., 1908) untersuchte ein Chlorderivat des Parafuchsins und wies dafür trypanozide Eigenschaften nach, interessanter Weise verändert (mitigiert) es die Trypanosomen in der Weise, daß die infizierten Mäuse nicht bald sterben, und die Infektion nimmt einen chronischen Charakter an..

Vom biologischen Standpunkt höchst interessant ist die Anpassungsfähigkeit der Protozoen an viele der oben angeführten giftigen Substanzen. Engelmann (Hermann, Handbuch der Physiologie) gewöhnte allmählich Seewasserprotisten an einen Salzgehalt von 10%; immerhin wirkte aber eine plötzliche Steigerung der Konzentration als ein Reiz von mehr oder weniger langer Dauer. Über eine Anpassung von *Chilomonas*flagellaten an Kaliumkarbonat, das zunächst in geringen Mengen dem Kulturmedium zugesetzt worden ist, berichtet Hafkine (Ann. de l'Inst. Pasteur 1890); V. Czerny (Arch. f. mikr. Anat. 1869) konnte Amöben, die in Kochsalzlösungen von 2% mit Sicherheit eingehen, an 4% Konzentrationen gewöhnen. Roser (Beiträge z. Biologie niederster Organismen, Marburg 1881) beobachtete, daß *Polytoma uvella* gegen die Salzkonzentration des Wirbeltierblutes sehr empfindlich ist, durch langsame Steigerung des Salzgehaltes aber vollkommen den Blutkonzentrationen angepaßt werden kann. Experimentell hat Massart (Arch. de Biol. 9, 1889) bewiesen, daß *Chilodon*, *Glaucoma*, *Vorticella* usw. durch allmähliche Gewöhnung Kaliumnitrat- und Natriumchloridlösungen vertragen, deren osmotischer Druck 8—10fach das ursprüngliche Medium übersteigt; ähnlich lauten nach mündlicher Mitteilung die Erfahrungen von Hottinger. Henneguy hat die in salzreichen Tümpeln vorkommende *Fabrea salina* durch allmähliche Verdunstung des Wassers an noch höhere Salzkonzentrationen gewöhnt, und A. Gruber (Biolog. Zentralbl. 9, 1889) schreibt über *Actinophrys*: „Das Heliozoon Actinophrys lebt bekanntlich sowohl im Süßwasser als auch im Meere. Die marine Varietät zeichnet sich dadurch aus, daß ihr Plasma dicht, körnig und vakuolenarm ist, während die Actinophrys des süßen Wassers außerordentlich reich an Vakuolen ist und meist eine schaumige Struktur hat. Gewöhnt man nun eine marine Form allmählich an das Süßwasser, so nimmt ihr Plasma schon nach kurzer Zeit die blasige Beschaffenheit der Süßwasserform an, von welcher sie nicht mehr zu unterscheiden ist." Durch langsames Zuführen von Salzwasser kann man die Protozoen wieder in marine Actinophrys zurückverwandeln. Balbiani (Arch. de Anat. micr. 2, 1898) prüfte die Methode des osmotischen Druckes von de Vries auf Protozoen und fand, daß bei Protozoen, die keine „Zellwand" im Sinne der Pflanzen besitzen, auch keine „Plasmolyse" im Sinne der Botaniker bei höheren Salzkonzentrationen vorkommen kann — im letzteren Falle schrumpfen vielmehr die Infusorien durch Wasserentziehung, und ihr Körper scheint vielfach gefaltet zu sein. Balbiani bezeichnet daher diese Phänomen als Plasmorhyse. Zwischen den *Paramaecien* aus derselben Kultur bestehen übrigens individuelle Verschiedenheiten, manche fallen bald der Plasmorhyse anheim, während andere noch höheren Kontraktionen Widerstand leisten. Ähnlich lauten die Erfahrungen von L. Garbowski und Zuelzer für *Amoeba verrucosa*. Auch dem Chinin gegenüber leisten nach den Untersuchungen von Giemsa und mir (Archiv f. Schiffs-Tropenhygiene 1908) einzelne Colpidien größeren Widerstand. Dasselbe gilt von Colpidien, die sogar aus einem Individuum gezüchtet wurden, für Atropin, Strychnin u. a. Balbiani züchtete zunächst Paramaecien im Wasser mit 0,5% Kochsalzgehalt, konnte aber im Laufe der Zeit denselben bis auf 0,9% steigern. Sehr weitgehend und ausführlich sind die gleichsinnigen Anpassungsversuche an Protozoen, die Yasuda angestellt hatte (Journ. of the College of science Imperial University Japan 1900). Er konnte dabei nachweisen, daß die toxische Wirkung von Milchzucker, Rohrzucker, Traubenzucker, Glyzerin $MgSO_4$, KNO_3, $NaNO_3$, NaCl usw. hauptsächlich eine Funktion des osmotischen Druckes ist. Schließlich berichtet Florentin (Ann. des sciences natur. 10, 1900) von einer Anpassung der Süßwasserprotozoen *Hyalodiscus, Cyclidium, Loxophyllum* und *Anisomena* an 2,9% Kochsalzlösungen im Laufe von 15 Monaten. Davenport und Neal (Archiv f. Entwicklungsmech. 1896) züchteten *Stentoren* zwei Tage in 0,00005% Quecksilberchloridlösungen und fanden, daß sie sodann 4mal länger der letalen Wirkung einer 0,001% Lösung Widerstand leisteten, als normale Stentoren. Von Interesse ist die Anpassung der *Oscillaria sancta* und *caldariorum* an farbiges Licht, die Engelmann und Gaidukow (Anhang z. d Abhandl. d. kgl. preußischen Akademie der Wissenschaften 1902) experimentell erzeugt haben und die sich nach der Versetzung der Fäden in weißes Licht monatelang erhalten hatte. Es liegt hier gleichzeitig ein Beweis für die Vererbung erworbener Eigenschaften vor. In der letzten Zeit sind bei den pathogenen Protozoen ähnliche Verhältnisse beobachtet worden. Bei seinen Trypanostversuchen fand Ehrlich (Berliner klinische Wochenschrift 1907) Trypanosomenstämme, die gegen das betreffende Mittel selbst immun, fest geworden sind. „Es ergibt sich die wichtige Tatsache, daß es möglich ist, gegen alle Typen, die wir bisher als trypanfeindlich erkannt haben, feste Stämme zu gewinnen. Es dürfte sich hierbei nach unseren Erfahrungen um eine generelle Erscheinung handeln, und es ist sehr wahrscheinlich, daß — falls, wie zu erwarten steht, noch andersartige trypanfeindliche Chemikalien gefunden werden sollten — es möglich sein wird, auch feste Stämme gegen diese zu erzielen." Atoxylfeste Trypanosomenstämme hat ferner Breinl beobachtet; sie behalten für die betreffende Tierart generationsweise diese Eigenschaft bei. Auch beim Malariaplasmodium scheint es sich in manchen Fällen von hartnäckigen Fiebern um eine Chininfestigkeit des Parasiten zu handeln, wie aus den noch nicht veröffentlichten Beobachtungen von Neivas in Xerem (Brasilien) und Splendore (St. Paolo) hervorgeht. Es wäre von Interesse, die festen Trypanosomenstämme morphologisch zu untersuchen. Nach Swellengrebel kommen nächst dem Kern Volutingranula im Trypanosomenzelleib vor, die besonders angereichert, das Gift binden und unwirksam machen könnten.

Bei einer kleinen Strohwasseramöbe, die mit 1% Kahlbaum's Lezithin gezüchtet wurde, traten im Innern zahlreiche kleine Granulationen lichtbrechender Natur auf, die anscheinend auch das Chinin 1:40000 speicherten und unwirksam machten. Sobald die Tröpfchen aus unbekannten Gründen oder durch leichtes Erwärmen zu größeren Tropfen verschmolzen sind, gaben sie von ihrer Oberfläche das Chinin an das Protoplasma ab, die Amöben kugelten sich zusammen, hafteten nicht mehr an der Unterlage fest und starben ab. Die Oberflächenspannung der Lipoidtropfen steht hier also im umgekehrten Verhältnis zur Abgabe der Giftstoffe an das Protoplasma, kleine Tropfen mit großer Oberflächenspannung halten das Chinin fester, geben es aber mit Verkleinerung der Oberflächenspannung und eigener Größenzunahme an das Plasma ab. Amöben ohne Lezithin lebten in Chininlösungen 1 : 40000, starben aber unter sonst gleichen Bedingungen ab, sobald die Lezithintröpfchen sich zu größeren Tropfen vereinigt hatten. — Schließlich sei hier noch auf eine sehr wichtige Erscheinung die Aufmerksamkeit gelenkt: Roßbach (Verh. d. physik. Gesell. Würzburg 1872) hatte beobachtet, daß bei $5-7^0$ Infusorien in einer Wasserstoffatmosphäre nach 50 Minuten, bei 16^0 nach 10, bei 23^0 nach 5 Minuten absterben. Ebenso wie bei der Pulsationsfrequenz der Vakuolen wird mit einer Temperaturerhöhung von 10° die Reaktionsgeschwindigkeit ungefähr verdoppelt oder verdreifacht, und diese Tatsache entspricht der Regel, die van't Hoff für die Reaktionsgeschwindigkeit chemi'scher Prozesse ermittelt hatte. Diese Untersuchungen müßte man auch auf die Vorgänge der Narkose ausdehnen, um zu bestimmen, ob es sich hier um physikalische oder in letzter Instanz chemische Prozesse handelt. Nach meinen bereits oben referierten Beobachtungen gilt für Atropin und Strychnin bei Colpidien gleichfalls die van't Hoffsche Regel, obzwar diese Giftwirkung hauptsächlich ein physikalischer Kolloidprozeß ist (Cavulation, Blähung, Änderung der Oberflächenspannung usw.). —

Von besonderem Interesse sind die Erscheinungen

der Chemotaxis,

die zuerst von Engelmann (Botan. Zeitung 1881) an gewissen Bakterien entdeckt worden sind, die sich in großen Mengen um Orte minimaler Sauerstoffproduktion, welche chlorophyllhaltige, grüne Algen im Lichte hervorrufen, ansammeln. Verworn (Allg. Physiologie, Jena 1895) definiert den Chemotropismus oder Chemotaxis folgendermaßen: „Unter Chemotropismus oder Chemotaxis verstehen wir die Erscheinung, daß Organismen, die mit aktiver Bewegungsfähigkeit begabt sind, sich unter Einfluß einseitig einwirkender chemischer Reize entweder zu der Reizquelle hin oder von der Reizquelle fortbewegen." Besonders wichtig ist bei der Erscheinung des Chemotropismus die Tatsache, daß sich die Protozoen auch zu Stoffen ohne Nährwert hinbewegen wie zu manchen Metallsalzen, ja selbst von Stoffen angezogen werden, die direkt schädlich sind wie Lösungen von salizylsaurem Natron, Morphium usw. Nach Massart (Arch. de Biol. 1889) werden Protozoen von 20% Rohrzucker, 10% Glyzerin, 10% Fleischextrakt, 10% Kaliumacetat usw. unbedingt angezogen und gehen in der Lösung zugrunde. Zu den Gruppen von Protozoen, die Zonen höherer Salzkonzentrationen nicht fliehen, sondern mit unwiderstehlicher Gewalt gleichsam in sie hineingezogen werden, gehören *Coleps hirtus, Colpoda cuculus, Vorticella nebulifera, Polytoma uvella, Euglena viridis, Chlamydococcus pluvialis, Cryptomonas ovata* u. v. a. Ausführlich ist die Chemotaxis der Myxomyceten und zwar vor allem der Lohblüte *(Aethalium septicum)* von Stahl (Bot. Zeitung 1884) untersucht worden. Aethalienplasmodien, die auf Fließpapier und zum Teil in sauerstoffreies, mit einer Ölschicht gegen die Luft abgeschlossenes Wasser gebracht wurden, krochen alsbald heraus, vom Chemotropismus gegen den Sauerstoff der Luft getrieben. Stahl ließ Myxomycetenplasmodien auf feuchtem Fließpapier sich ausbreiten und tauchte dann das eine Ende in ein Gefäß ein, welches etwas von der auf ihrem Chemotropismus zu prüfenden Lösung enthielt. Eine abstoßende Wirkung also negativen Chemotropismus üben Kochsalzkrystalle, Glyzerin, Salpeter, Traubenzucker usw. aus. Wasser mit Loheaufguß versetzt, erwies sich als positiv chemotaktisch, dasselbe gilt von Lohestückchen und mit Loheaufguß getränkten Papierkugeln. Da *Aethalium sept.* normal auf Gerberlohe vorkommt und von dem eigenen Nährsubstrat angelockt wird, nannte Stahl diese Erscheinung „Trophotropismus". Eingehend hat die Phänomene der Chemotaxis Pfeffer (Untersuch. a. d. botan. Inst. z. Tübingen I u. II, 1884) untersucht und die gesamte Methodologie ausgearbeitet. Er brachte die chemotaktisch im positiven oder negativen Sinne wirksamen Substanzen in einseitig zugeschmolzenen Kapillaren teilweise mit den Wassertropfen, in denen die fraglichen Protisten verteilt waren, in Berührung — bei positiver Chemotaxis sammelten sich diese am Eingang des Röhrchens an und wanderten zuweilen in dasselbe hinein.

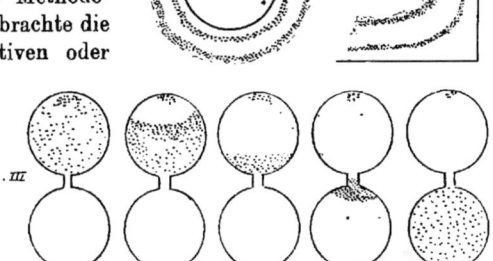

Fig. 39. Chemotaxis von Bakterien und Infusorien. (Nach Massart.)

I u. II. Deckglasluftblase und Rand umgeben von zwei Zonen, die innere besteht aus *Anophrys*, die äußere aus *Spirillen*. III. Zwei durch eine Wasserbrücke verbundene Tropfen; der obere Tropfen enthält Kochsalz. Kristalle, die die *Anophrys* in den reinen Wassertropfen treiben.

Waren die Organismen negativ chemotaktisch, so entfernten sie sich von der Kapillaröffnung. Der Methoden von Pfeffer bedienten sich zum Teil Leber, Massart, Metschnikoff u. a. Aderhold (Jen. Zeitschrift f. Nat. 1888) zeigte, daß *Euglena viridis* gegen Sauerstoff insofern positiv chemotropisch ist, als sie in Kapillaren, die bis auf eine Luftblase mit Wasser gefüllt waren, sich in großen Mengen an der Luftblase ansammelte. Ähnliche Verhältnisse konstatierte Verworn (Psych. physiol. Protistenstudien, Jena 1889) für *Cryptomonas erosa*. Massart (Bull. de l' acad. roy. de Belgique, Bd. 22, 1891), verfuhr bei seinen Untersuchungen über *Anophrys* in der Weise, daß er in den Tropfen, wo sich die Protozoen befanden, einige Kochsalzkristalle brachte und diesen Tropfen durch eine Brücke mit einem zweiten Tropfen reinen Wassers verband — bald sammelten sich die *Anophrys* von einer negativen Chemotaxis getrieben hier an. Methodologisch besonders wichtig sind die Arbeiten von Jennings (Journ. of Physiol. Vol. 21, 1897, Americ. Jour. of Phys. 1899). Mittels einer kapillar ausgezogenen Pipette brachte Jennings die zu untersuchenden Stoffe zentral in Wassertropfen mit den zu prüfenden Protozoen, die mit großen Deckgläsern, welche durch Glasfäden unterstützt waren, bedeckt wurden. Bei positiver Chemotaxis sammelten sich die Tiere zentral an der Stelle, wo die Substanz oder das Gas in Blasenform eingebracht wurde, an, bei negativer Chemotaxis fand die Ansammlung in verschiedenen Entfernungen von der Stelle des Reizes statt (Fig. 40). Barratt (Zeit. f. allgem. Physiol. Bd. 5, 1905) machte den Versuch, einen quantitativen Ausdruck für die Chemotaxis zu finden. Er verfuhr in der Weise, daß er in Uhrschälchen mit Paramaecien 0,8—2,3 mm weite, mit den fraglichen Lösungen gefüllte Röhrchen brachte und nach 15—30 Minuten die eingedrungenen Paramaecien zählte.

Die Resultate dieser oben referierten Untersuchungen waren folgende:

Nach Pfeffer üben Kalisalze selbst bei geringer Konzentration (Kaliumphosphat $0,0018\%$) in verschiedener Weise eine positive Chemotaxis auf Flagellaten (*Bodonaceaen, Monas, Polytoma* usw.) aus. Chlorsauere Salze wirken zehnmal schwächer als Phosphate. Positiv chemotaktisch ist für Flagellaten Pepton, etwas schwächer wirkt Asparagin, noch schwächer taktisch sind Harnstoff, Kreatin, Taurin und Karnin. Die Reizwirkung ist keine Funktion des Nährwertes, Dextrin ist schwach taktisch. Negativ chemotaktisch erwiesen sich verschiedene sauere und alkalische Medien sowie Alkohole, es gelingt aber oft leicht, in tödlich wirkende Substanzen verschiedene Flagellaten hineinzulocken, z. B. in Kaliumchlorid, Glyzerin, Traubenzucker, $0,01\%$ Quecksilberchloridlösung. Die Reizschwelle, bei der die wirksamen Stoffe ihre Taxis zu entfalten beginnen, liegt für verschiedene Stoffe und Organismen verschieden hoch.

Pfeffer zeigte ferner, daß viele Stoffe, die in geringeren Konzentrationen positiv taktisch sind, bei höheren Konzentrationen einen negativen Chemotropismus auslösen. Es existiert also auch hier eine Reizschwelle und ein Reizoptimum. Für Wimperinfusorien ist die Chemotaxis von Jennings (cit. ob.), Barratt (Zeitschr. f. allg. Physiologie, 5. Bd., 1905) und Dale (Journ. of Physiol., Vol. 26, 1900 bis 1901) studiert worden. Für Paramaecien sind positiv chemotaktisch schwache Säuren, Salze wie Kupfersulfat und Quecksilberchlorid, negativ chemotaktisch Alkalien, Salze mit alkalischer Reaktion, starke

Säuren u. a. Indifferent ist Zucker, Glyzerin und Harnstoff. In allen Fällen ist negative Chemotaxis nicht ein Indikator für die Toxizität der Lösung. Auch ist die Chemotaxis nicht allein aus der Acidität

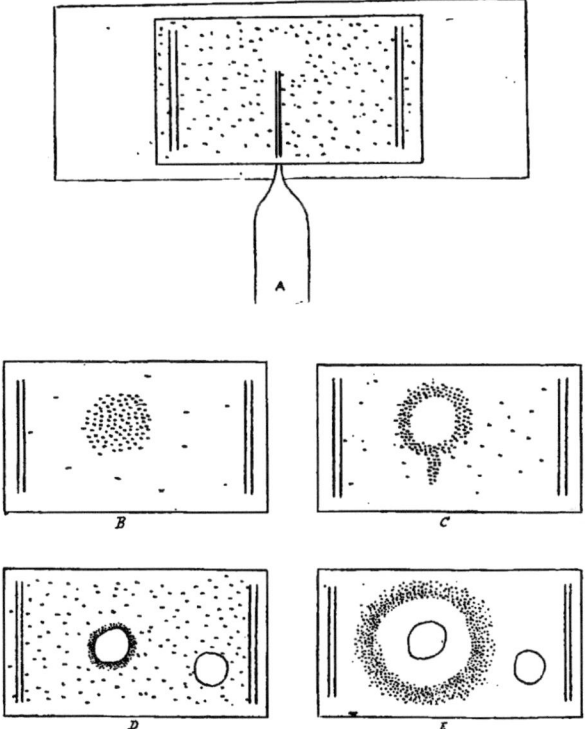

Fig. 40. Chemotaxis von *Paramaecium aurelia*. (Nach Jennings.)
A. Der Flüssigkeitstropfen wird mit einer Pipette unter das Deckglas gebracht. B. Positiv chemotaktische Ansammlung. C. Bei höherer Konzentration suchen die Infusorien das Optimum auf. D. Kohlensäureblase wirkt positiv chemotaktisch, während die Luftblase indifferent ist. E. Einige Minuten später; die Kohlensäure drang in das Wasser ein und die *Paramaecien* suchen jetzt das Kohlensäureoptimum.

bzw. Alkalität der Lösungen zu erklären. Die Taxis der Paramaecien wird verändert, wenn man die Infusorien aus dem Heuinfus in destilliertes Wasser überbringt.

Dale hat beobachtet, daß Eingeweideinfusorien in verschiedener Weise in Säure- und Alkalilösungen reagieren, indem sie in den ersteren an Alkali-, in letzteren an Säurelösungen positiv taktisch herangehen.

Für Paramaecien wirkt die eigene alkalisch reagierende Kulturflüssigkeit merkwürdigerweise negativ chemotropisch, während die Kohlensäure, die nach Barratt von den Paramaecien in wägbaren Mengen bei höheren Temperaturen abgegeben wird, in Verdünnung positiv chemotaktisch ist. Auf diese Weise sammeln sich auch die Paramaecien, von der Chemotaxis zusammengetrieben, in den Kulturgläsern zu Haufen an, und die eigene Kohlensäure steht so bei den Protozoen im Dienste einer primitivsten Form von Gesellschaftsbildung.

Den chemischen Stoffen gegenüber besitzen die Infusorien nach Loeb (Vorlesungen über die Dynamik der Lebenserscheinungen, 1906) auch eine Unterschiedsempfindlichkeit, die besonders Jennings (Behavior of the Lower Organismus. Columbia University. Bioliog. series X New-York, 1906) und Nowikoff (Archiv f. Protistenkunde, 11. Bd., 1908) studiert haben. In diesen Fällen stellen die Infusorien ihre Körperachse ohne Rücksicht auf die Diffusionslinien der chemischen Stoffe verschieden ein.

Nach Jennings geraten Infusorien in Tropfen von schwachen Säuren (H_2SO_4 $1/100$—$1/500$) wie in eine Falle, aus der sie nicht mehr hinaus können — jedesmal bei der Annäherung an die Grenze zwischen dem angesäuerten und reinen Wasser führen sie die „avoiding reaction" aus, schwimmen eine Strecke zurück und bleiben derart in dem Tropfen, in dem sie sich nach und nach ansammeln. Nowikoff prüfte in diesem Sinne den Einfluß von Schilddrüsenextrakten auf Infusorien und beschrieb zwei Methoden zur Untersuchung der Unterschiedsempfindlichkeit. Die Schilddrüse übt in bestimmten Lösungskonzentrationen eine atraktive Wirkung auf die Protozoen aus und erhöht die Fortpflanzungstätigkeit der Infusorien im hohen Maße. Dasselbe gilt auch von Nebennierenextrakten.

Einfluß der Schwerkraft, der mechanischen und akustischen Reize.

Der Einfluß der Schwerkraft äußert sich in dem Phänomen des Geotropismus. Unter Geotropismus versteht man jene Erscheinung, derzufolge sich in unserem Falle freie Protozoenzellen mit ihrer Längsachse in ganz bestimmter Richtung zu den Strahlen, die man sich vom Erdmittelpunkt konstruiert denkt, einstellen. Der Geotropismus ist besonders bei den Pflanzen studiert worden, und man spricht in der Botanik von einem positiven Geotropismus, falls die betreffenden Organe der Pflanze dem Erdmittelpunkt zuwachsen, im entgegengesetzten Fall bezeichnet man die Erscheinung als negativen Geotropismus. Bei den Protozoen sind diese Phänomene von Schwarz (Sitzber. d. Deutschen Bot. Gesellschaft, Bd. 2), Aderhold (Jen. Zeitschr. der Naturwiss. 1888), Jensen (Pflügers Archiv, Bd. LIII, 1892), Massart (Bullet. de l'acad. royale de Belgique XXII, 1891), Jennings (Journ. of Physiol., Vol. XXII, 1897 f. Journal of comparative Neurology and Psychology, Vol. XIV,.1904), Anne Moore (Amer. Journ. Physiol., Vol. IX, 1903), Sosnowski (Bullet. de l'acad. scient. Cracovie, 1899) u. a. m. untersucht worden.

Paramaecien, die in Glastuben mit reinem Wasser versetzt worden sind, sammeln sich bald an der Oberfläche an und folgen einem negativen Geotropismus (Fig. 41), der nach Sosnowski entweder unterdrückt oder durch thermische und chemische Reize umgekehrt werden kann. Ähnlich verhalten sich nach Schwarz Chlamydomonaden und Euglenen. Jensen gebührt das Verdienst gezeigt zu haben, daß nur die Druckdifferenzen an Punkten verschiedener Höhe in der Glasröhre die Paramaecien geotropisch richten, wobei sich die Protozoen von Stellen höheren Druckes an Orte des geringsten Druckes, also an die Oberfläche begeben. Demnach kann man die Schwerkraftwirkung auch durch die Zentrifugalwirkung ersetzen, und die Paramaecien sammeln sich der obigen Voraussetzung zufolge in horizontal auf einer Zentrifugalscheibe liegenden Röhren an der Stelle des geringsten Druckes, also am zentralen Röhrenende, an. Voraussetzung ist, daß bei dem Versuch nicht zu rasch zentrifugiert wird und die Paramaecien aktiv die Wirkung der Zentrifugalkraft überwinden können. Weitere Versuche werden diese Vorstellungen wohl in mancher Hinsicht modifizieren. Mechanischen Reizen gegenüber, wie einmaligen Erschütterungen der Infusionen und Kulturflüssigkeiten verhalten sich die verschiedenen Infusorien verschieden. Bereits Rösel gibt in seinen monatlich herausgegebenen Insektenbelustigungen (3. Teil, Nürnberg 1755) an, daß sich Amöben beim Schütteln abrunden, Haeckel (Radiolarien, Berlin, 1862) hat bei Moneren und Radiolarien je nach der Stärke der Erschütterung ein Einziehen der Pseudopodien beobachtet. Verworn hat später dann die Bewegung der Protisten auf mechanische Reize hin systematisch untersucht (Psychophysiolog. Protistenstudien, 1889). Leichte einmalige Erschütterung hat bei vielen *Amöben, Actinophrys sol, Actinosphaerium* usw. meist keinen Erfolg, während bei der empfindlicheren *Difflugia* das Vorwärtsfließen der Pseudopodien bald aufhört und diese zurückgezogen werden. *Pelomyxa palustris* nimmt bei starken Erschütte-

Fig. 41. Glasröhrchen mit negativgeotropischen, oben angesammelten Paramaecien. (Nach Jensen.).

rungen Kugelgestalt an. Auf lokale Reize hin werden die Pseudopodien von *Difflugien*, *Actinosphaerium* und *Polystomella* klebrig, und es scheint auf einen bestimmten Reiz hin eine Umwandlung des Sols in gelartige Zustände in den peripheren Protoplasmakolloiden stattzufinden. Der Reiz muß aber eine gewisse Stärke erreicht haben, denn wir sehen oft an den Axopodien von *Actinosphaerium* oder den Filopodien der *Foraminiferen* Infusorien herumkriechen, ohne daß diese durch die klebrig gewordenen Protoplasmen festgehalten würden — schwimmt dagegen ein Infusor rasch an, so ist es bald gefangen.

Verworn faßt seine Beobachtungen über die mechanische Reizung niederer Protozoen in folgenden Sätzen zusammen:

1. Stärkere Reize haben einen größeren und schnelleren Reizerfolg als schwächere und werden weiter fortgepflanzt als schwächere.

2. Der Reizerfolg nimmt ab mit der Entfernung von der gereizten Stelle.

3. Größe des Reizerfolges sowie Geschwindigkeit und Weite der Reizfortpflanzung sind abhängig von der speziellen Protoplasmabeschaffenheit jeder Form und innerhalb gewisser Grenzen auch des Individuums. Am größten ist die Reizbarkeit der Ciliaten, und bei ihnen ist die Reizfortpflanzung viel schneller als bei den Rhizopoden. Reizt man das langgestreckte *Spirostomum* auf dem einen Ende, so kontrahiert sich sofort der ganze Körper. An diesen lebhaften Kontraktionen sind zum Teil besondere eindimensionale Strukturen beteiligt, die sog. Myoneme. Neresheimer (Arch. f. Protistenkunde, 1903) hat bei *Stentor coeruleus* noch andere Fibrillen beschrieben, denen eine nervöse Funktion zukommen soll und die er Neurophane nennt. Dieser Deutung ist allerdings von Schröder widersprochen worden. Weitere Untersuchungen sind erforderlich.

Für eine Erteilung von abgestuften Reizreihen hat Verworn einen einfachen Apparat empfohlen, doch kann man mit ihm die Intervalle nicht genügend gleichmäßig abstufen. Bei frequenten Reizen (2—3 pro Sekunde) werden die Infusorien entweder unempfindlich, oder es tritt eine Dauererregung ein. Bei *Cyclidium* werden durch wiederholte Erschütterungen jedesmal energische, sprunghafte Wimperschläge ausgelöst. Bei den Wimperinfusorien scheint es aber nicht zu einem wirklichen mechanischen Tetanus zu kommen, den man nur noch an dem Stielmuskel der Vortizellen beobachten kann. Rhizopoden und Heliozoen nehmen im Zustand des mechanischen Tetanus die Kugelgestalt an (Fig. 42).

Bei allen Versuchen dieser Art muß man auf die von Steinach (s. oben) ermittelte Summationswirkung von einzelnen vielleicht unwirksamen Reizen achten. Einzelne unwirksame Reize können sich summieren und äußern sich dann in einer tetanischen Kontraktionswirkung.

Viele Protozoen, vor allem Ciliaten der Hypotrichenordnung besitzen die Eigenart, auf festen Körpern, Schlammteilchen, auf der Oberfläche des Wassers usw. herumzukriechen, und befinden sich derart gleichsam im Zustande von Zwangsbewegungen. Es ist dieses eine Art von Kontaktwirkung, die durch die Berührung des Protoplasmas und seiner Derivate mit festeren Körpern zustande kommt. Diese Art von Tropismus nennt Verworn Thigmotropismus (θίγμα Berührung, τρέπω wenden, richten), dem Pütter (Archiv f. Anatomie und Physiologie, 1900) eine eigene Studie gewidmet hatte. Verworn hat

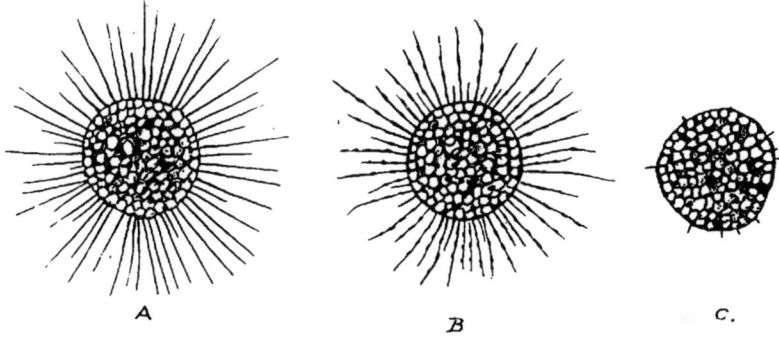

Fig. 42. *Actinosphaerium*. (Nach Verworn.)
A. Normal. B. Bei mechanischer Reizung. C. Im vollkommenen mechanischen Tetanus.

den positiven Thigmotropismus besonders an der Hypotrichengattung *Oxytricha* studiert (Allg. Physiologie 1895, S. 431 u. f). Nach Pütter ist die positive und negative Thigmotaxis in allen Klassen der Protisten verbreitet.

Eine andere Art von Tropismus hat Stahl (Bot. Ztg., 1884) bei der Myxomycetengattung *Aethalium* festgestellt. Hängt man in ein gefülltes Wasserglas einen Streifen Fließpapier derart, daß das eine Ende über den Glasrand hinüberragt, so findet nach abwärts eine kontinuierliche Strömung statt. Taucht dieses Papierende in einen Loheaufguß mit *Aethalium*-plasmodien ein, so kriechen diese alsbald an dem Papierstreifen in die Höhe dem Wasserstrom entgegen. Stahl bezeichnete diese Erscheinung Rheotropismus (negative Rheotaxis). Analoge Phänomene hat Jennings (Journal of comparative Neurology u. Psychology, Vol. XIV, 1904) bei Paramaecium beobachtet. Er brachte diese Infusorien in eine in der Mitte eine Strecke weit verengte Glasröhre und verschloß beide Enden mit Gummikappen. Durch entsprechenden Druck wurde die Flüssigkeit durch die zentrale Partie der Röhre mit einer gewissen Geschwindigkeit hindurchgedrückt. Die Mehrzahl der Paramaecien richtete sich gegen den Strom.

Akustische Reize sind als mechanische Reize hoher Frequenz aufzufassen. Verworn (Psycho-physiolog. Protistenstudien, 1889) experimentierte mit Stimmgabeln, die 256, 512, 960 und 1500 halbe Schwingungen besaßen, und resümiert die Ergebnisse der Versuche folgendermaßen: „Mir scheint aus diesen, wenn auch wenig exakten Versuchen hervorzugehen, daß bei den betreffenden Protisten von einer Reaktion auf Schallwellen nicht wohl gesprochen werden kann, da eine größere Anzahl nur mittelbar auf sie einwirkender Erschütterungen vollständig ohne Wirkung bleibt und die etwa auftretenden Veränderungen nur Folge der groben sekundären Erschütterungen sind."

Thermische Reize und die Protozoen.

Die Temperaturgrenzen, innerhalb deren die Protozoen noch leben können, sind recht bedeutend. Kühne (Untersuch. über das Protoplasma und die Kontraktilität, Leipzig, 1864) gibt zwar an, daß Amöben, falls ihr Protoplasma einmal tatsächlich eingefroren ist, nicht mehr leben, doch hat R. Pictet beobachtet, daß selbst Fische auf — 15° C abgekühlt am Leben bleiben, Bakterien überstehen sogar Temperaturen von unter — 200° C. Spallanzani (1776) hat festgestellt, daß viele Infusorien eine Temperatur von — 9° R vertragen, sobald das Wasser nicht gefriert; im letzteren Falle werden sie sofort getötet, ebenso lauten die Angaben von Tereschowsky (1776) und Ehrenberg (1838), während Guanzati und Gleichen (1778) angeben, daß kurzes Einfrieren den Infusorien nicht schadet. Boehm konnte mit mehrmals eingefrorenen Naganatrypanosomen noch mit Erfolg infizieren. Bütschli resümiert in seinem Protozoenwerk alle die einschlägigen Beobachtungen und vertritt die Ansicht, daß Einfrieren die encystierten Infusorien nicht tötet, daß die freien Formen dagegen absterben, jedoch auch Temperaturen unter Null ertragen, sofern das Wasser nicht erstarrt. Cysten bleiben im gänzlich gefrorenen Schlamm und Moos erhalten. Wiederholtes Einfrieren verträgt nach den Versuchen von Klebs *Euglena viridis*. Awerinzew (Archiv f. Protistenkunde, 1906) hat beobachtet, daß die Schalen von Süßwasserrhiopoden in kalten Gewässern größer sind als die aus warmen Klimaten, eine Beobachtung, die mit den Annahmen von R. Hertwig in Übereinstimmung stehen würde.

Was die obere Temperaturgrenze anbetrifft, so verfallen nach Kühne (l. c.) Amöben bei 35⁰ C in eine Art von Wärmetetanus, runden sich ab und sterben bei 40—45⁰ ab; bei *Actinosphaerium* tritt das Stadium des Wärmetetanus bei 35—40⁰ C. ein. Bei *Didymium serpula* steht die Bewegung bei 30⁰ C still, und die Myxomyceten sterben bei 35⁰ C ab.

Nach Engelmann (Hermanns Handbuch d. Physiologie, Bd. 1) und Verworn (l. c.) nimmt mit steigender Temperatur die Beweglichkeit gewisser Amöben bis ca. 38⁰ C zu, unter 18⁰ C nimmt sie wiederum ab. Nach Mendelssohn liegt für Paramaecien die Grenze des Temperaturoptimums bei 36⁰ C.

Ehrenberg (Monatsber. d. Akad. d. Wissenschaft. z. Berlin 1859) gab an, daß in den heißen Quellen von Ischia bei einer Temperatur von 81—85⁰ C Infusorien leben. Hoppe-Seyler (Physiolog. Chemie 1877) bestimmte allerdings die Temperatur jener Quellen, in denen Oszillarien mit Infusorien beobachtet worden sind, nur auf 53—64,7⁰ C. Ungefähr so hoch war die Temperatur einer heißen Quelle, am Gedeh (Jawa), wo gescheidete, spangrüne Oszillarien in großer Menge vorkamen. Die sehr wichtigen Angaben von Dallinger (Journ. Roy. mic. soc. 1880 und 1887), denen zufolge sich Flagellaten innerhalb eines Jahres an Temperaturen von 70⁰ C anpassen, bedürfen noch der Bestätigung. Nach Wyman (Amer. Journ. of science 1867), verlieren viele Infusorien ihre Beweglichkeit erst bei 120—134⁰ Fahrenheit (48—57⁰ C).

Nach Klebs sterben Euglenen bei 45—50⁰ endgültig ab. Roßbach bestimmte für *Chilodon, Euplotes, Stylonychia* und *Vorticella* im allgemeinen die obere Temperaturgrenze auf 38—42⁰ C. Kühne schreibt, daß der Stielfaden der Vortizellen bei 40⁰ C. wärmestarr wird. Das Absterben der verschiedenen Infusorien scheint aber je nach der Beschaffenheit des Protoplasmas bei verschiedenen Wärmegraden zu erfolgen.

Für das Studium des Einflusses der Wärme ist die Feststellung von Kanitz (Biol. Zentralblatt 27, 1907) von besonderer Wichtigkeit, daß die Pulsationsfrequenz der kontraktilen Vakuole eine Exponentialfunktion der Temperatur ist. Sie wächst nach der van't Hoffschen Regel bei einer Temperaturerhöhung von 10⁰ ungefähr auf das Doppelte, während man sonst eine linear proportionale Zunahme erwarten würde. Im allgemeinen werden die Bewegungen der Protozoen mit steigender Temperatur immer lebhafter, bis eine Grenze kommt, da sie sich kontrahieren, Kugelformen annehmen und in tetanische Reizzustände verfallen, ebenso wie nach starker chemischer oder mechanischer Reizung. Eine Zunahme der Flimmerbewegung bei steigender Temperatur hat Roßbach (Arb. a. d. zeit. zokt. Inst. Würzburg 1874) beobachtet; bei 25° C schießen die Infusorien pfeilschnell hin und her, und ihre Beweglichkeit erreicht bei 30—35° C das Maximum.

Bei den Protozoen kommt auch ein Thermotropismus vor, den zuerst Stahl (Bot. Zeitung 1884) für die Myxomycetengattung *Aethalium septicum* festgestellt hatte. Er verband zwei Wassergläser, die mit Wasser von 7° bzw. 30° C gefüllt waren, mit einem Fließpapierstreifen, auf dem ein großes Myxomycetenplasmodium derart ausgebreitet war, daß das eine Zellende in das kühle, das andere in das warme Wasser hineinreichte — das Plasmodium kroch nach dem warmen Wasser und erwies sich derart als positiv thermotropisch.

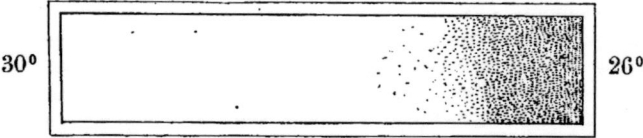

Fig. 43. Thermotropismus von *Paramaecium*. (Nach Mendelssohn.)
Bei einseitiger Erwärmung sammeln sich *Paramaecien* an dem kühleren Ende der Ebonitwanne an.

Für *Amoeba limax* und *Echinopyxis aculeata* hat Verworn (Psycho-physiolog. Protistenstudien, Jena 1889) eine negative Thermotaxis direkt unter dem Mikroskop nachgewiesen, für ein sicheres Gelingen der Reaktion muß die Temperatur über 35° C betragen.

Mendelssohn (Pflügers Archiv f. Physiologie 1895) brachte auf eine Metallplatte eine kleine, schwarze Ebonitwanne mit Paramaecien und erwärmte ihre beiden Enden durch Hindurchleiten von kaltem und warmem Wasser in verschiedener Weise. Die Temperatur wurde direkt in der Wanne bestimmt. Die Paramaecien sind bei Temperaturen von mehr als 24—28° C negativ thermotropisch (begeben sich an das kalte Ende), unterhalb dieser Grenze legen sie einen positiven Thermotropismus an den Tag. Für eine thermotaktische Reaktion müssen demnach an den beiden Zellenden des Paramaecium noch für das Infusor wahrnehmbare Temperaturunterschiede bestehen, die Jensen bei einer Körperlänge von ca. 0,2 mm annähernd auf 0,01° C berechnet hatte. (Fig. 43.)

Das Licht und die Protozoen.

Die Protozoen kommen sowohl in Tümpeln und Wasseransammlungen der Tropen, die von dem vollen Sonnenlicht bestrahlt werden, als auch in Grotten, Höhlen und Bergwerken vor, wohin kein Sonnenstrahl eindringt. Die grünen Flagellaten bedürfen wie alle grünen Pflanzen zu ihrer Assimilationstätigkeit des Lichtes, immerhin kann aber selbst die grüne *Euglena viridis* nach den Untersuchungen von Klebs mehrere Wochen im Dunklen leben und ernährt sich vermutlich auf saprophytische Weise (vgl. die Untersuchungen von Zumstein, S. 130). Maupas wies ferner nach, daß der Mangel an Licht in keiner Weise die Vermehrung der ciliaten Infusorien wie *Paramaecium, Colpidium, Glaucoma* und *Stylonychia* beeinflußt.

Daß das Licht die Bewegungen der Protozoen beeinflußt, war bereits den ersten Untersuchern der mikroskopischen Fauna bekannt, und besonders der Heliotropismus der grünen, im Licht assimilierenden *Euglenen* und *Chlamydomonaden* ist bereits Priestley aufgefallen. „Gewöhnlicher ist, meiner Erfahrung an Euglenen und Chlamydomonas nach, wie ich es soeben wieder vor mir habe, daß sie an der Lichtseite der Gläser die Wand bedecken." Ehrenberg, „Die Infusionstiere als vollkommene Organismen", Leipzig 1838. Eine Lichtreizbarkeit hat Engelmann (Pflügers Archiv XIX 1879) bei dem Rhizopoden *Pelomyxa palustris* festgestellt, indem dieses meist im Schlamm lebende Protozoon bei plötzlicher Belichtung zu einer Plasmakugel sich kontrahierte. Hofmeister (Die Lehre von der Pflanzenzelle 1867) gibt an, daß junge *Aethalium septicum* bei schwacher Belichtung an die Oberfläche der Lohe kriechen, und Sorokin (Grundzüge der Mykologie 1877) stellte für *Dictydium ambiguum* eine Sistierung der Plasmaströmung im Dunklen fest. Bei Radiolarien konnte sich Brandt von keiner Reaktionsfähigkeit auf Licht überzeugen. Ebenso negativ waren die Versuche Verworns (l. c.) bei *Actinosphaerium, Actinophrys* und *Amoeba*. Stahl (Bot. Zeitung 1880) untersuchte den Einfluß des Lichtes bei Myxomyceten, Strasburger (Jenaische Zeitschrift, Naturw. Bd. 12, 1878) bei vielen Flagellaten. Bezüglich der Ciliaten gibt Engelmann (Pflügers Arch. Bd. 29) an, daß das mit symbiotischen grünen Algen erfüllte *Paramaecium bursaria* das Licht aufsucht. Unter den Ciliaten fand Verworn (Psych.-physiol. Protistenstud. Jena 1889, Nachschrift) in *Pleuronema chrysalis* ein lichtempfindliches Infusor, das unter dem Mikroskop bereits durch Wegnahme der Blende zur Sprungbewegung veranlaßt wird — es kommt dabei ein Stadium latenter Reizung vor, das ca.

1—3 Sekunden dauert. Besonders die kurzwelligen Strahlen, die das Kobaltglas durchläßt, sind wirksam und lösen die Sprungreaktion aus. Klebs (Arb. a. d. bot. Institut Tübingen, Bd. 1) schrieb jedem Protoplasma eine Lichtempfindlichkeit ebenso wie Kontraktilität zu, und es war zunächst verwunderlich, daß nur so wenige Protozoen lichtempfindlich sind. Hertel (Zeit. f. allgem. Physiol. Bd. 4, 1904 u. Bd. 5, 1905, Referat Biol. Zentralblatt 1907) zeigte aber, neuer Methoden sich bedienend, daß in der Tat selbst das anscheinend unempfindliche *Paramaecium* lichtempfindlich ist — als Lichtart wählte er die ultraviolette Linie 280 $\mu\mu$ des Magnesiumspektrums und arbeitete mit Quarzlinsen, die Basis des ausgeschliffenen Objektträgers wurde mit einer Quarzplatte bedeckt. Bei der Bestrahlung waren die Protozoen stark erregt, dann wiesen sie ein Latenzstadium der Strahlenwirkung auf und erholten sich anscheinend nach der Lichtexposition, starben aber doch nach 1 Stunde ab. Das Latenzstadium ist abhängig von der Intensität der Strahlung. Die Wirkung derselben Spektrallinie ist abhängig von der thermoelektrisch gemessenen Gesamtintensität. Es gelang Hertel, bezüglich der Reizwirkung eine Überlegenheit der kurzwelligen Strahlen über die langwelligen nachzuweisen. Ähnliche Resultate erzielte der genannte Autor bei *Carchesium* und *Epystilis*. Von großer Wichtigkeit war bei diesen Versuchen der Umstand, daß Hertel bei seinen Versuchen auf die Intensität der Spektrallinien achtete, die Energie der Strahlung der verschiedenen Lichtarten auf thermoelektrischem Wege bestimmte und sie in Vergleich setzte. Dieselbe Strahlungsintensität tötet bei der Wellenlänge 280 $\mu\mu$ die Paramaecien plötzlich, bei 440 μ in 2—4 Stunden, bei 558 $\mu\mu$ nach 6 Stunden. Tappeiner und seine Schüler haben auf eine eigenartige physiologische Wirkung gewisser Farbstoffe, die fluoreszieren und der Stokes'chen Regel folgend Lichtenergie durch Wärme in chemische Energie umsetzen, die Aufmerksamkeit gelenkt. Tappeiner (Münch. med. Wochenschrift 1900) u. O. Raab (Zeitschrift f. Biol. 39) zeigten, daß eine fluoreszierende Lösung von Acridin in der Verdünnung 1 : 20000 Paramaecien töten kann, wenn sie von den Fluoreszenz erzeugenden Strahlen getroffen wird. Hertel benutzte Eosinlösungen 1 : 1200 mit Absorptionsstreifen 535—470 $\mu\mu$ und Erythrosinlösung 1 : 6000 mit dem Absorptionsstreifen 427—485 $\mu\mu$. Bloß innerhalb der Wellänge des Absorptionsstreifens tötete das Licht mit Zusatz der sensibilisierend wirkenden Farbstoffe die Paramaecien ab, nicht außerhalb desselben. Nach Tappeiner (Biochem. Zeitschrift XII, 1908) werden Paramaecien im Dunklen durch dünne Lösungen von Methylenblau und Dichloranthracendisulfosäure sensibilisiert, nicht durch Eosin, das fast gar nicht in das Innere der Zelle aufgenommen wird. Tappeiner nimmt an, daß der Angriffspunkt des Eosins daher peripher, der der genannten Stoffe intrazellulär ist. Busk und Tappeiner versuchten auf Grund der Erfahrungen mit sensibilisierenden Substanzen eine Lichtbehandlung blutparasitärer Krankheiten auszuarbeiten (D. Arch. f. klin. Med. Bd. 87, 1906). Zu diesem Zwecke wurden die fluoreszierenden Stoffe ins Blut eingespritzt, nachdem vorher für *Trypanosoma brucei* (Tsetse) gezeigt wurde, daß es nach Zusatz der fluoreszierenden Stoffe im Dunklen über 24 Stunden am Leben bleibt, bei Belichtung dagegen in kurzer Zeit abstirbt. Die an eine Sensibilisatorenwirkung geknüpfte Therapie lieferte jedoch keinerlei nennenswerte Resultate. Busk (Biochem. Zeitschrift I. Bd.) zeigte aber, daß durch Hinzufügen von Serum die schädigende Wirkung vieler sensibilisierender Substanzen durch eine Eiweißbindung derselben den Paramaecien gegenüber verringert oder aufgehoben wird. In ähnlicher Weise haben Ehrlich und Bechold (Zeitschr. f. physiol. Chemie, Bd. 47) in einigen Halogenprodukten der Phenole in vitro außerordentlich starke Desinfizienz gefunden, die im Tierkörper unwirksam waren. Die notwendige Bindung der Desinfizienz an Bakterien ist auf Grund dieser Beobachtungen sehr locker und wird durch das Serum sowie andere Substanzen leicht abgelenkt und unwirksam gemacht.

Über den Einfluß der Röntgenstrahlen auf Protozoen liegen drei Arbeiten vor, und zwar von Schaudinn (Archiv f. ges. Physiologie, Bd. 77, 1899), Joseph und Prowazek (Zeitschrift f. allgem. Physiologie 1902) und W. Löwenthal (Therapie der Gegenwart 1907) vor.

Schaudinn konstatierte, daß nach sehr langer Einwirkung der Röntgenstrahlen bei vielen Protozoenformen der Tod eintrat. *Spirostomum ambiguum* wird nach 6 Stunden gelähmt, die Infusorien sinken zu Boden des Versuchsglases und sterben im ausgestreckten Zustande ab. Joseph und Prowazek konnten sich bei *Paramaecien* und *Daphnien* von einem negativen Tropismus den Röntgenstrahlen gegenüber überzeugen und haben beobachtet, daß die Plasmafunktionen unter der offenbar reduzierenden Wirkung der Röntgenstrahlen bei *Paramaecium* gewisse Veränderungen erleiden, die als Schädigungen aufzufassen sind. Es fand nämlich eine Herabsetzung der Pulsationsfrequenz der kontraktilen Vakuolen, eine Verlangsamung des Entleerungsstadiums der Systole derselben statt, und die Großkerne der Infusorien konnten mit dem Vitalfarbstoff Neutralrot gefärbt werden. Ähnliche Färbung des Großkernes wurde erzielt, sobald man die

Infusorien durch zweistündiges, gleichmäßiges Schütteln in beständigen Bewegungen erhalten hatte.

Nach Leyden und Loewenthal wurde „die auf einem Karzinom des Mundbodens zahlreich gefundene *Entamoeba buccalis* durch Röntgenbestrahlung des Karzinoms nicht nachweisbar beeinflußt". Loewenthal beobachtete ferner, daß in vitro die blutschmarotzenden Trypanosomen durch die Röntgenstrahlen ausnahmsweise getötet, meistens nur geschädigt werden.

Von besonderem Interesse ist die Tatsache, daß die durch Bestrahlung unbeweglich gewordenen Trypanosomen meistens in der Nähe ihres Blepharoplasts eine kleine, nicht kontraktile Vakuole besitzen; da dieser Blepharoplastkern mit den Lokomotionsapparaten in Zusammenhang steht und die für die Bewegung wichtigen osmotischen Verhältnisse in dem Geißelplasma reguliert, ist es einigermaßen verständlich, daß sich nach der Sistierung der Bewegung die Flüssigkeit in seiner Nähe in Form einer Vakuole ansammelt. Im Rattenkörper selbst wurden die Trypanosomen durch wiederholte Röntgenbestrahlungen nicht beeinflußt. Auch Busk und Tappeiner (Arch. f. klin. Med. 87, 1906) konnte keine Beeinflussung der Parasiten in der Blutbahn erzielen.

Bezüglich der Einwirkung von Radiumstrahlen auf Protozoen sind bereits von einer Reihe von Autoren verschiedene Mitteilungen publiziert worden, aus denen man jedoch vorläufig noch keine allgemeinen Schlüsse ziehen kann. Veneziani (Zbl. f. Physiol. Bd. 18, 1904) untersuchte den Einfluß der Radiumstrahlen auf *Opalina ranarum*, und Laveran und Mesnil (Les Trypanosomes et les Trypanosomiaeis, Paris 1904) geben an, daß Trypanosomen aus dem Rattenblut im hängenden Tropfen nach 12 stündiger Radiumbestrahlung im Verhältnis zu den Kontrollorganismen zerstört werden. Demgegenüber berichtet Löwenthal (Therapie der Gegenwart 1907), daß „eine Beeinflussung der Trypanosomen durch die Radiumbestrahlung sich selbst nach 22stündiger Einwirkung nicht feststellen ließ."

Willcock (Journ. Phys., Cambridge 1904) fand, daß chlorophyllhaltige Organismen wie *Euglena viridis* und *Hydra viridis* gegen Radiumstrahlen widerstandsfähiger und reizempfindlicher als chlorophyllose sind, eine Angabe, die M. Zuelzer (Archiv f. Protistenkunde, 5. Bd. 1905) bestätigen konnte. Die Autorin setzt Kathode-, Röntgen-Becquerelstrahlen sowie blaue, violette und ultraviolette Strahlen des Spektrums in eine Parallele und schreibt ihnen eine reduzierende Wirkung auf den Organismus zu. Hertel (Zeitschrift f. allg. Phys. Bd. 4, 1904) stellte zuerst eine reduzierende Wirkung des ultravioletten Lichtes von 280 μ Wellenlänge auf Zellen fest. Nach Hertel starben chlorophyllhaltige *Paramaecien*, vom sichtbaren Licht im ultravioletten Strahlenfeld bestrahlt, später ab als im „dunklen" unbestrahlten ultravioletten Strahlenfeld, weil im Lichte der vom Chlorophyll abgespaltene Sauerstoff die schädigende Wirkung der ultravioletten Strahlen aufhält. Von den chlorophyllhaltigen Mikroorganismen nimmt Zuelzer an, daß die mit der Chlorophylltätigkeit in Zusammenhang stehende Abspaltung des Sauerstoffs die reduzierende Wirkung der Radiumstrahlen paralysiert. Die betreffenden Strahlen schädigen ebenso wie die Röntgenstrahlen zunächst die Kernsubstanzen in spezifischer Weise. Erst später wird das Protoplasma in Mitleidenschaft gezogen, und die Schädigung offenbart sich zuerst in einer Vergrößerung der pulsierenden Vakuolen, in Verlangsamung ihrer Pulsation, sowie in Quellungserscheinungen des Zellleibes. In erster Linie schädigen die Röntgen- und Radiumstrahlen die Kerne, die dann mit Vitalfarbstoffen färbbar werden. Dieselben verhalten sich so wie Kerne von Protozoenzellen, die in einem sauerstoffarmen Medium dem Ersticken nahe gebracht oder die lange Zeit zu lebhaften Bewegungen gezwungen worden sind.

Von Engelmann wurde zuerst nachgewiesen, daß das Protoplasma der Zelle nicht bei allen Protozoen in gleichmäßiger Weise auf Lichtreize reagiert, vielmehr ist bei *Euglena* und verwandten Formen das farblose Vorderende für Licht empfindlicher als das grüne Hinterende.

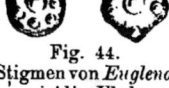

Fig. 44.
Stigmen von *Euglena viridis Ehrb.*
(Nach Francé.)

Bütschli (Brauns Klassen u. Ord. des Tierreiches, 1889) zog aus den Beobachtungen Engelmanns den Schluß, daß die Chromatophoren direkt nichts mit der Lichtwirkung zu tun haben, und daß ebenso auch das Stigma im Gegensatz zu der farblosen Körperspitze nicht lichtempfindlich ist.

Die Stigmen vieler Protisten bestehen aus einer wabigen Grundsubstanz, in die ölartige rote oder schwarzrote Kugeln und Tröpfchen eingelagert sind; den Stigmen lagert eine Paramylum- oder Amylumlinse auf (Fig. 44). Wager und zum Teil Steuer haben beobachtet, daß die Geißel mit 1—2 Wurzeln in einer Plasmaverdichtung inseriert und in der Mitte mit einer Verdichtung ausgestattet ist, die nach Art eines Schirmes von dem Pigment umkleidet wird (Fig. 45). Man nimmt an, daß der Pigmentschirm

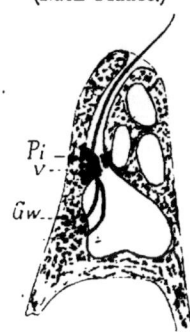

Fig. 45.
Geißelinsertion von *Euglena*.
(Nach Wager.)
Pi = Pigment. Gw = Geißelwurzel. V = Anschwellung auf der Geißel.

den Zweck hat, die Strahlen nur von einer Seite auf die reizbare Stelle zu leiten.

France (Archiv f. Hydrobiologie u. Planktonkunde, 1908) vertritt die Ansicht, daß der lichtempfindlichste Teil die feinkörnige Plasmamasse zwischen dem Stigma und dem Mundtrichter bei *Euglenen* ist. Diese Stelle stellt gleichzeitig das sog. „kinetische" Zentrum für die Geißelbewegung dar.

Nach France reagieren *Polytoma* und *Euglena* auf mäßig starke Lichtreize durch beschleunigte Richtungsbewegungen nach der Lichtquelle zu. „Sie verlaufen jedoch niemals automatisch, sondern dieselbe Zelle reagiert verschieden, je nach der jeweils gegebenen Sachlage in freier Kombination. Sie reagiert nicht mit unfehlbarer Sicherheit, sondern oft suchend, irrend, unzulänglich, die Teleologie ihrer Reaktion oft nur durch die in ihr stets kundgegebene Zielstrebigkeit verratend."

Der Lichtreiz auf die phototaktischen Flagellaten geht nach Cohn, Strasburger und Engelmann von den starkbrechenden Spektrumteilen aus. Nach den beiden zuerst genannten Autoren leiden die beweglichen Entwickelungsstadien des *Haematococcus lacustris* unter länger andauernder Lichtentziehung, indem sie blaß, lichtgrün und unansehnlich werden.

Lichtproduktion der Protozoen.

Im Anschluß an das vorhergehende Kapitel soll hier die Fähigkeit vieler Protozoen, aktiv Licht zu produzieren, besprochen werden. Seit langer Zeit ist es bekannt, daß Vertreter der beiden Flagellatengruppen, die Dinoflagellaten und Cystoflagellaten, durch ein Leuchtvermögen ausgezeichnet sind, von Radiolarien wurde diese Fähigkeit besonders für *Thalassicola* von Meyer und Macdonald beschrieben. Michaelis (Hamburg, 1830) beobachtete zuerst das Leuchtvermögen der Peridineen und führte auf dieselben das Meeresleuchten im Kieler Hafen zurück. Durch Filtration konnte er den Beweis erbringen, daß die leuchtende, organische Substanz vom Filter als Rückstand zurückgehalten wurde. In der Folge bestätigte Ehrenberg (Abh. d. Berliner Akademie, 1834) die Beobachtungen von Michaelis und beschrieb das Leuchtvermögen von *Ceratium tripos, fusus, furca* und *Prorocentrum*. Wie ich mich überzeugen konnte, ist das diffuse, zarte Leuchten in der Atlantik gleichfalls auf Peridineen zurückzuführen. Sie leuchten aber nicht beständig, sondern blitzen förmlich nur auf stärkere mechanische Reize, wie Erschütterungen u. a., auf. Das

Leuchten ist nicht kontinuierlich, sondern ruft mehr die Impression eines leichten Flimmerns hervor. L. Plate (Archiv f. Protistenkunde, 1906) untersuchte in dieser Hinsicht das *Pyrodinium bahamense* n. sp. aus dem Feuersee von Nassau in Bahama in eingehender Weise. Bei bewegter Flut der sogenannten „Waterloo oder Firelake" treiben glitzernde Wellen in einem etwas gelblichen Lichte über die Oberfläche dahin, und das Licht ist so intensiv, daß man die Stellung des Uhrzeigers erkennen kann. Nur nach starken Regengüssen verschwindet das Leuchten. Unter Aussalzung des Wassers encystieren sich dann offenbar die Peridineen und bilden sog. Schleimcysten, die unter ganz analogen Bedingungen in der Adria nach den Beobachtungen von Steuer und Cori die sog. malattia del mar hervorgerufen. Analoge Erscheinungen habe ich im Hafen von Penang beobachtet (1906). Das *Pyrodinium* besitzt in seinem hinteren Körperende eine große Zahl von Öltropfen, und es scheint, daß das Licht durch die Oxydation dieser hervorgerufen wird. Radziszewski (Berichte d. deutsch. chem. Ges., Bd. X, Ann. d. Chemie, Bd. 203, 1880) hatte zuerst nachgewiesen, daß Fette, ätherische Öle, Lezithin, Cholesterin und Kohlenwasserstoffverbindungen in alkalischer Lösung, sich langsam mit aktivem Sauerstoff verbindend, phosphoreszieren. Des Vergleiches wegen wurden Colpidien in Lezithinlösungen gezüchtet, so daß sie ganz mit Lezithintröpfchen erfüllt waren, doch konnte keine deutliche Luminiszenz bei ihnen nachgewiesen werden. Auch mechanische Erschütterungen unterstützen das Leuchten, indem wahrscheinlich immer neue Teile der Substanz mit aktivem Sauerstoff in Verbindung kommen. Plate hat beobachtet, daß durch Stöße, Temperaturerhöhung, Zusatz von Süßwasser, Alkohol, Sublimat und Säuren die Mikroorganismen plötzlich aufleuchten, und auf Grund seiner vielfachen Beobachtungen verficht er u. a. Zacharias (Biol. Zentralblatt, 1905) gegenüber die Ansicht, daß ein „spontanes" Aufleuchten der Tierchen ohne knapp vorher doch erfolgte Reize möglich ist.

Das Leuchten der Peridineen ist ferner noch von Reinke (Wiss. Meeresuntersuch. NF., 3 Bd., 1898) und Molisch (Leuchtende Pflanzen, Jena, 1904) untersucht worden. Letzterer weist auf Grund seiner Beobachtungen die Angaben von Werneck (Monatsber. d. Berliner Akademie, 1841) über das Vorkommen von leuchtenden Peridineen im Süßwasser zurück.

Viel ausführlicher sind die Berichte über das Leuchten der *Noctiluca*, eines großen, schönen Cystoflagellaten, dessen Entwicklung leider bis jetzt nicht vollständig bekannt ist. *Noctiluca* leuchtet auf verschiedenartige Reize sehr lebhaft auf, soll aber im ungereizten Zustand nach Vignal ein kontinuierliches, schwach weißliches Leuchten besitzen. Giglioli (Atti di reale accad. d. sc. di Torino, 1870) gibt für verschiedene Noctilucaspezies verschiedene Arten von Lichtproduktion an. Das Licht der *N. miliaris* ist azurblau, der *N. homogenea* grünlich und der *N. pacifica* weißlich. Durch wiederholte Reize wird das Licht nicht nur abgeschwächt, sondern nach Quatrefages (Ann. d. scienc. nat. Zoolog., 1850) auch verändert und dauert dann längere Zeit an. Etwas Ähnliches wurde auch beide kapitierten Leuchtkäfern viele Stunden nach der Operation beobachtet. Quatrefages konnte mit seinen allerdings nicht hinreichenden Instrumenten keine Wärmeentwicklung beim Noctilucaleuchten nachweisen, auch hat er festgestellt, daß nicht die ganze Noctiluca leuchtet, sondern nur einzelne Plasmapartien, die hauptsächlich den Wandbezirken angehören. Diesen Angaben wurde von Vignal widersprochen. Ebenso wie mechanische Reize wirken Mineralsäuren, Alkalien, Alkohol, Süßwasser und Temperaturerhöhung auf das Noctilucaprotoplasma ein.

Massart (Bull. scient. d. l. France usw., 1893) stellte fest, daß Kochsalz- und Zuckerlösungen das Leuchten der Noctilucen erhöhen bzw. anregen. Dasselbe gilt für *Thalassicolla*.

Der Einfluß der Elektrizität ist bis jetzt noch nicht hinreichend aufgeklärt. Auch die Versuche über die Einwirkung von Sauerstoff, die von Suriray, Quatrefages und Pring angestellt worden sind, scheinen mir wenig exakt zu sein und bedürfen wohl der Nachprüfung.

Pflüger (Arch. f. ges. Physiologie, Bd. X) nimmt an, daß das Leuchten eine Äußerung des lebendigen Noctilucaprotoplasmas ist, während wir, den oben wiedergegebenen Ansichten Radziszewskis folgend, annehmen, daß besondere apoplasmatische Abbauprodukte des eigentlichen Protoplasmas, die Molisch (Leuchtende Pflanzen, Jena, Fischer, 1904) Photogene nennt, unter dem Einfluß der Assimilation und Dissimilation dieses oxydiert werden und dabei phosphoreszieren. Aktiven Sauerstoff enthält nach Pfeffer die lebende Zelle zwar so gut wie nicht, es ist aber anzunehmen, daß gewisse Enzyme, die sog. Oxydasen der Zelle den inaktiven Sauerstoff im gleichen Sinne aufspalten, worauf es zu einer Chromoluminiszenz der Photogene kommt.

Elektrische Reize und die Protozoen.

Der elektrische Reiz, der von allen anderen Reizqualitäten frühzeitig infolge seines eigenartigen Verhaltens die Aufmerksamkeit der Physiologen auf sich gelenkt hatte, wurde in bezug auf die Protozoen bereits von Spallanzani (1776), Tereschowsky (1775) sowie Guanzati (1797), Gruithuisen und Ehrenberg studiert. Von Untersuchern der neueren Zeit seien zunächst Kühne (1859), Roßbach (1872) und Schwalbe (1866) genannt. Nach diesen Autoren töten starke Induktionsströme die Ciliaten sofort ab, während schwächere Öffnungs- und Schließungsschläge nur eine Kontraktion der Protozoen hervorrufen. Von besonderer Bedeutung sind aber erst die Untersuchungen von W. Kühne (Unters. ü. d. Protoplasma u. die Kontraktilität, 1864) und Verworn (Pflügers Archiv, 1889) für die Physiologie der Protozoen geworden. —

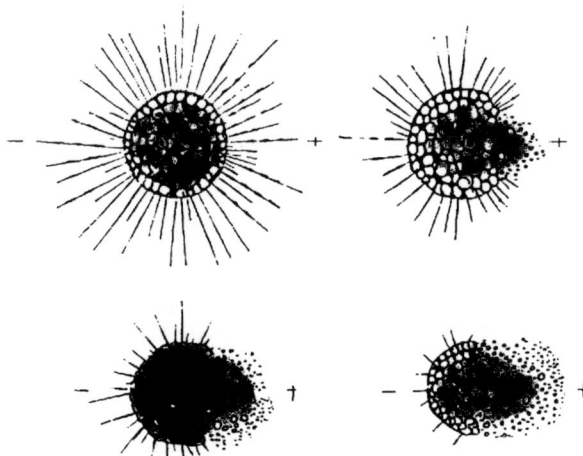

Fig. 46. *Actinophaerium* polar erregt durch einen konstanten Strom. Das Protoplasma zerfällt von der Anode her. (Nach Verworn.)

Besonders auffallend waren die an *Actinosphaerium* gewonnenen Resultate; der zierliche Mikroorganismus zeichnet sich im ungereizten Zustand dadurch aus, daß seine Pseudopodien bzw. Axopodien wie Strahlen gleichmäßig nach allen Seiten ausstrahlen. Werden sie durch einen konstanten Strom gereizt, so treten an den Pseudopodien, die der Anode und Kathode zugekehrt sind, Reizerscheinungen in

Form von Kontraktionen, plasmatischen Tropfenbildungen und Zusammenballungen ein. Doch sind die Erregungserscheinungen an der Anode stärker und verschwinden später an der Kathode, an der Anode zieht sich, sofern der Strom fortdauert, das Protoplasma immer mehr zusammen, die Vakuolen zerplatzen, und schließlich tritt auf dieser Seite der körnige Zerfall des Protoplasmas ein. Daraus zieht Verworn den Schluß, daß der „konstante Strom auch während seiner Dauer Erregung erzeugt."

Beim Öffnen des Stromes hören diese Prozesse auf; dagegen wird umgekehrt die Kathodeseite des Protozoons unter ähnlichen allerdings geringeren Kontraktionserscheinungen erregt (Fig. 46). Ähnlich verhalten sich die marinen Protozoen *Orbitolites* und *Amphistegina* (Fig. 47). Das interessante, amöbenähnliche Protozoon *Pelomyxa* wird beim Schließen des Stromes nur an der Anode-, beim Öffnen desselben an der Kathodeseite erregt, und das Protozoon zerfällt nach längerer Dauer des Stromes vollkommen; mit der Dauer der Stromwirkung nimmt die Erregbarkeit ab. Wiederum anders verhält sich nach den Untersuchungen von Verworn (Pflügers Archiv f. ges. Physiologie, 1896) *Amoeba proteus*, indem sie bei der Schließung des Stromes an der Anode in kontraktorische Erregungszustände versetzt wird, während an der Kathode eine Expansion erfolgt, die sich durch die Ausbildung von breiten, lappenförmigen Pseudopodien kenntlich macht.

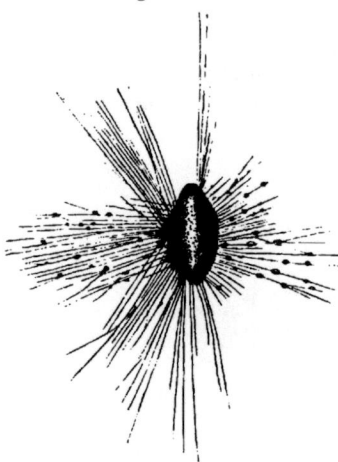

Fig. 47. *Amphistegina Lessonii*.
(Nach Verworn.)
Die allseitigen fadenförmigen Pseudopodien sind am anodischen Pol stark, an der Kathode schwächer gereizt.

Bei Stromumkehr wird das physiologische Bild gleichfalls umgekehrt. Nach Ludloff (Pflügers Arch. 1895) kontrahiert sich beim Schließen des Stromes das der Anode zugekehrte Ende des *Paramaecium*, wird zipfelförmig ausgezogen und stößt in großer Menge die Trichocysten aus, dabei werden die der Anode zugewendeten Wimpern kontraktorisch erregt und schlagen nach dem Hinterende, während die der Kathode zugekehrten Cilien nach dem Vorderende des Ciliaten sich bewegen. Loeb und Boudgett (1898) erklären diese Erregungserscheinungen als sekundär und führen sie auf elektrolytische Erscheinungen im Kulturmedium zurück; man kann nach ihnen auch durch einseitigen Zusatz von 0,1 % NaHO Lösung lokale Zipfelbildung am Protistenkörper und Auspressen von Trichocysten hervorrufen. Demgegenüber führte Pütter (Arch. f. Anat. u. Physiologie 1900) mit Recht aus, daß dieselben Erscheinungen unter Umständen auch an der Kathode auftreten können, die Phänomene sind also nicht eine Folge spezifischer Stoffe, sondern das Ergebnis einer spezifischen Erregbarkeit des Paramaeciumprotoplasmas, auch ist die Wirkung des Stromes auf die Cilien momentan. Gegen die Loeb'sche Auffassung spricht ferner der Umstand, daß in demselben Medium einmal *Opalina* zur Anode, *Balantidium* zur Kathode gleichzeitig schwimmen — es muß sich in diesem Falle also um eine spezifische Erregbarkeit des Protoplasmas handeln. Trotz einiger Widersprüche in den Untersuchungsresultaten, auf die hier nicht eingegangen werden konnte, ergibt sich zunächst, daß man für die Protozoen kein allgemein gültiges Gesetz der polaren Erregung aufstellen kann; die verschiedenen Formen verhalten sich verschieden beim Öffnen und Schließen des Stromes an der Anode und Kathode. *Actinosphaerium*, *Orbitolites* und *Amphistegina* wurden beim Schließen des Stromes an der Anode und Kathode in kontraktorischer Weise, *Pelomyxa* nur an der Anode, *Amöben* und *Paramaecium* an beiden Polen in entgegengesetzter Weise erregt.

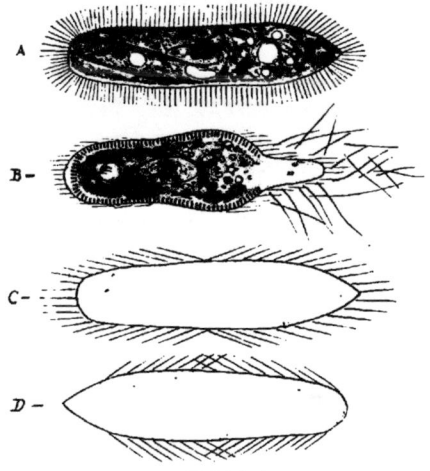

Fig. 48. Elektrische Erregungserscheinungen bei *Paramaecium* (Nach Ludloff.)

A. Normal. + Anodende zipfelförmig, Trichezysten ausgestoßen. C., D. Bewegungslage der Cilien gegen + und —; bei D. dasselbe bei umgekehrter Körperlage.

Galvanotaxis.

Die Reizung durch einen konstanten elektrischen Strom löst, wie zum Teil bereits erwähnt worden ist, bei den Protozoen bewegungsrichtende Wirkungen aus, die besonders in der letzten Zeit Gegenstand eines sehr eingehenden Studiums waren, ohne daß bis jetzt ein vollkommen einheitlicher Standpunkt in der Erklärung dieser sehr verwickelten Phänomene erreicht worden wäre. Die Protozoen kann man im Hinblick auf ihr Verhalten zum elektrischen Strom in drei große Gruppen einteilen: a) Taucht man die von Verworn für diese Zwecke konstruierten Pinselelektroden in eine Flüssigkeit, in der ciliate Infusorien wie *Paramaecien*, *Halterien*, *Pleuronema* u. a., regellos verteilt, lebhaft herumschwimmen, so sammelt sich alsbald die Mehrzahl der oben genannten Lebewesen an der Kathodeseite an, um beim Öffnen des Stromes sich wiederum in ursprünglicher Weise allseitig zu verteilen. Kathodisch erregbar sind ferner viele Amöben wie *Amoeba limax*, *verrucosa*, *diffluens* u. a. m. b) Anders verhalten sich einige Flagellaten wie *Polytoma uvella*, die beim Schließen des Stromes gegen die Anode schwimmen und sich hier ansammeln. Anodisch erregbar ist nach Verworn, Kölsch (Zoolog. Jahrb. Bd. 16, 1902) und Wallengren (Inst. f. allg. Physiol. 2. Bd. 1902) von den ciliaten Infusorien *Opalina ranarum*, das nach den Untersuchungen von Neresheimer allerdings kein eigentliches ciliates Infusor ist.

c) Galvanotropisch verhält sich *Spirostomum ambiguum* (Verworn, Ber. d. Zweiten Internationalen Physiolog. Kongresses, Lüttich 1892) insofern anders, als diese großen Infusorien eine Zwischenstellung zwischen den beiden eben genannten galvanotropischen Extremen dadurch einnehmen, daß sie sich mit ihrer Längsachse senkrecht zum galvanischen Strom einstellen und diese Stellung auch mit geringen Modifikationen beibehalten. Im Gegensatz zum anodischen und kathodischen Galvanotropismus spricht man bei *Spirostomum* von einem transversalen Galvanotropismus. Nach Pütter (Archiv f. Anatomie u. Physiologie 1900) kommt ein transversaler Galvanotropismus auch bei *Colpidium*, *Chilodon*, *Bursaria*, *Stylonychia* und *Urostyla* vor, soll aber keine einfache Wirkung des galvanischen Stromes, sondern eine Interferenzerscheinung zwischen Galvanotaxis und Thigmotaxis sein, hervorgerufen durch eine Verschiedenheit in der Erregbarkeit der Wimpern; Tiere, die im freischwimmenden Zustande kathodisch galvanotaktisch sind, werden transversal galvanotaktisch, sobald sie mit der Unterlage oder einem Detritushaufen in Berührung kommen. Sobald sich aber die Tiere vom Boden loslösen, werden sie wieder gleich kathodisch taktisch. Wallengren und Statkewitsch halten die Erklärung des transversalen Galvanotropismus als eine Interferenzerscheinung zwischen diesem und Thigmotropismus allein nicht für ausreichend genug. Nach Wallengren (Zeitschr. f. allg. Physiologie, 2. Bd. 1903) sind bei schwachen Strömen die Spirostomen kathodisch galvanotaktisch. Auch hier werden wie bei den übrigen Infusorien die spezifischen Anodewimpern kontraktorisch, die Kathodewimpern expansorisch erregt; daß sich Spirostomum transversal einstellen muß, folgt daraus, daß bei starken Strömen sowohl die Anode- als Kathodewimpern erregt werden und ihre Kontraktions- bzw. Expansionsschläge sich das Gleichgewicht halten.

Für die Erklärung der Galvanotaxis ist die Untersuchung von Wallengren (Zeitschr. f. allg. Physiologie, 2. Bd. 1902) über *Opalina* besonders wichtig geworden. Wallengren stellte in einer Voruntersuchung fest, daß *Opalina* sich zunächst bei den verschiedensten Reizen immer gegen die eine, sog. rechte Seite umdreht, wobei besondere Wimperwellen, von der Mitte der rechten Körperseite anfangend, nach vorne verlaufen und, an der Zellspitze umkehrend, nach rückwärts sich fortsetzen. Diese Wimpern mit ihrem ganz typischen Wimperspiel werden Drehungswimpern genannt; sie bewirken durch Expansionsschläge die Drehung der Zelle. Wallengren beobachtete ferner, daß mit Zunahme der Stromstärke die anodische Galvanotaxis der *Opalina* in eine kathodische verwandelt wird. Bei der Schließung des Stromes stellt sich, da die Drehungswimpern expansorisch erregt werden, *Opalina* immer mit dem Vorderende gegen die Anode parallel zur Stromrichtung. Erst in der vollkommenen Parallelstellung zum Strome wird dadurch, daß die Drehungswimpern keine weitere expansorische Erregung mehr erfahren, ein Gleichgewicht zwischen der genannten Wimpertätigkeit erzielt, und *Opalina* dreht sich nicht mehr nach rechts. Bei starken Strömen sinkt die Energie der expansorisch erregten Drehungswimpern unter die der gleichfalls erregten Hinter- und Vorderpolwimpern, und so kann keine typisch anodische Galvanotaxis mehr zustande kommen. Auf diese Weise konnte Wallengren zeigen, daß der Übergang der anodischen Galvanotaxis in die kathodische nicht auf eine Änderung in der polaren Erregung der *Opalina* zurückgeführt werden muß, sondern seine Erklärung im Drehungs- und Schwimmechanismus des Infusors findet. Bei schwachen Strömen werden besonders die Drehungswimpern expansorisch erregt, entwickeln aber bei starken Strömen, da auch die übrigen Wimpern in expansorische Erregungszustände geraten, nicht hinreichend viel Energie, und aus diesem Grunde unterbleibt die Anodeeinstellung des Infusors. Auch die anodische Galvanotaxis bei den Flagellaten kann ähnlich erklärt werden. *Chilomonas paramaecium* ist ein zweigeißeliges Flagellat, dessen beide Geißeln eine verschiedene physiologische Dignität besitzen (Pütter, Jennings), die eine Geißel funktioniert als Drehungsgeißel, die durch schwache Ströme zunächst expansorisch erregt wird. Auch für diese Form machte es Wallengren plausibel, daß der Wechsel in der Form der Galvanotaxis nicht die Folge einer Veränderung in der Art der polaren Erregung, sondern nur ein Ergebnis der abgeänderten Funktion des Drehungsmechanismus ist. Diese Infusorien und Flagellaten besitzen demnach besondere Drehungscilien und Geißeln, die, durch schwache Ströme erregt, Expansionsschläge ausführen und die Organismen der Anode zuführen, dagegen versetzen starke Ströme auch die anderen, anders funktionierenden Wimpern in Expansionserregungen, und wir finden die Lebewesen alsbald an der Kathodeseite. Dieses paradoxe Phänomen erklärt sich aus dem Bauplan und dem Bewegungsmechanismus der Zellen und ist nicht Folge einer mystischen verschiedenen Erregung des anodisch und kathodisch galvanotaktischen Protozoenprotoplasmas. In gleicher Weise wie bei den anodisch galvanotaktischen Formen ist die Taxis bei den kathodisch erregbaren Infusorien aus dem Drehungsmechanismus bestimmter Ciliengruppen zu erklären — diese Fälle sind noch nicht genauer untersucht worden, obzwar Wallengren in seiner zitierten Arbeit bereits dieses Problem einer Diskussion unterzogen hatte. Daß die Drehungswimpern bei *Opalina* sowie bei den kathodischen *Paramaecien* und *Colpidien* besonders erregbar sind, geht auch daraus hervor, daß sie bei geringen mechanischen Reizen bei *Paramaecien* und *Colpidien* kontraktorisch schlagen, während *Opalina* expansorisch erregbare Drehungswimpern besitzt. Bereits Jennings (Amer. Journ. of Physiology 1900) hat auf Grund seiner subtilen Beobachtungen festgestellt, daß sich viele Infusorien bei mechanischen und chemischen Reizen immer nach einer bestimmten Seite drehen, *Spirostomum, Loxodes, Colpidium* und *Paramaecium* drehen sich gegen die aborale Seite, *Stentor, Bursaria* und die *Hypotrichen* gegen die rechte, *Dileptus-* und *Loxophyllum* gegen die Oralseite, und diese funktionellen Verschiedenheiten sind in dem morphologischen Aufbau der Drehungswimpern begründet. Vielleicht spielt die Struktur und der Verlauf des plasmatischen Spiralsaumes um den elastischen Achsenstab der Wimper (s. ob.) dabei eine Rolle.

Bevor wir das Gebiet der Galvanotaxis verlassen, sei hier noch auf einige kontroverse Punkte in der Lehre dieser Erscheinungen hingewiesen. Birukoff (Arch. f. d. ges. Physiol. Bd. 77, 1899) hat an *Paramaecium caudatum* Untersuchungen angestellt und kommt zu dem Resultat, daß bei der Galvanotaxis es sich 1. um kataphorische Stromwirkungen handelt, die man auch bei unbelebten Körpern wie Karmin-Stärkekörnern, Lycopodiumsamen usw. beobachten kann und 2. um eine allgemeine Erregung der Paramaecien, während Verworn und Ludloff nur eine polare Erregung beschrieben haben. Die Paramaecien sollen sich hauptsächlich durch ihre allgemeine Erregbarkeit von den oben angeführten leblosen Körpern unterscheiden, und sie bewegen sich nach Birukoff von Stellen des stärkeren Stromes an Orte, wo der Strom schwächer ist. Ebenso wie Loeb und Boudgett gibt Birukoff an, daß die Paramaecien in 0,6% Kochsalzlösung anodisch, in Eiweißlösungen kathodisch galvanotaktisch sind. Gegen diese Ansicht wendet sich mit aller Entschiedenheit Pütter und meint, daß die Infusorien anfangs von der Kochsalzlösung chemisch gereizt werden und dann immer nach rückwärts schwimmen, läßt man sie an das Kochsalzmedium sich gewöhnen, so verhalten sie sich normal kathodisch galvanotaktisch wie im gewöhnlichen Wasser.

Carlgren (Zeitschr. f. allg. Physiologie, 5, Bd. 1905) und zum Teil Pearl nehmen an, daß bei dem Galvanotropismus der Protisten gleichfalls zwei Momente maßgebend sind und zwar 1. ein physikalisches Moment, verkörpert durch die innere Kataphorese, die sich durch Flüssigkeitsverschiebungen im Protistenzelleib äußert. Diese Verschiebungen vollziehen sich von der Anode zur Kathode und bewirken ein Schrumpfen des Körpers an der Anodeseite, während an der Kathode ein Vorwölben des Zelleibes erfolgt. 2. Das physiologische Moment wird durch die kontraktorische Erregung der Anodeseite und die expansorische der Kathodeseite repräsentiert. Nach Carlgren wird durch den elektrischen Strom von der Anodeseite im Körperinnern Flüssigkeit fortgeführt, und auf diese Weise wird eine kontraktorische Erregung hervorgerufen und umgekehrt. Pearl (Studies on Electrotaxis Amer. Journ. of Physiol. 1901) gegenüber konnte Wallengren (Zeitschr. f. allg. Physiologie 1903) zeigen, daß die Entoplasmakörnchenströmung bei schwachen und mittelstarken Strömen sich nicht ändert und daß die Wimperbewegung der Infusorien von der Körnchenströmung unabhängig ist. Erst wenn die Zellen durch den Strom geschädigt werden, steht die Entoplasmaströmung still, und das Entoplasma wird unter Körperdeformation nach vorne gepreßt (vgl. Kölsch, Zool. Jahrb. Bd. 16). Die Annahmen von Birukoff, Carlgren und Pearl wurden ferner in gleicher Weise wie von Pütter und Wallengren von P. Statkewitsch (Zeitschr. f. allg. Physiologie, 4. Bd. 1904) zurückgewiesen. Dieser Autor macht zunächst auch den Unterschied zwischen Galvanotropismus und Galvanotaxis und versteht unter dem ersteren Terminus nur die fortschreitende Bewegung nach einer gewissen Richtung, während er die Veränderung der Achseneinstellung des Körpers gegen die Pole als Galvanotaxis bezeichnet. Statkewitsch hat ferner beobachtet, daß Paramaecien nur bei gewöhnlichen konstanten Strömen sich kathodisch positiv verhalten, dagegen bei frequenten Richtungswechseln der Ströme (20—100 in 1″) sich nach ihrer Längsachse senkrecht zum Strome einstellen und ähnlich wie *Spirostomum* einen transversalen Galvanotropismus annehmen. *Stylonychia mytilus* nimmt diese Art von Tropismus bereits bei seltenen Richtungswechseln des Stromes an.

Der Charakter der galvanotropischen Reaktion wird durch die Stärke und Frequenz des angewandten Stromes bestimmt. Der Vollständigkeit wegen sei hier noch auf die weiteren einschlägigen Arbeiten von Statkewitsch (Zeitschr. f. allg. Physiologie, 4. und 5. Bd. 1904, 1905) und Jennings (Journ. Physiol. Vol. 21, 1897, 1899) hingewiesen.

Zusammenfassend läßt sich über die galvanischen Reizungen der Protistenzelle dem jetzigen Stande der Forschung entsprechend folgendes aussagen: Die Protozoen werden in polarer Weise erregt, ein allgemeines Gesetz läßt sich, wie die Beispiele an *Actinosphaerium*, *Pelomyxa* und *Paramaecium* dartun, derzeit nicht aufstellen.

Es gibt zwei sichere Arten des Galvanotropismus bei Protozoen, und zwar anodischen und kathodischen Galvanotropismus. Der transversale Galvanotropismus läßt sich als selbständige Art der Taxis nach Pütter und Wallengren nicht mehr aufrechthalten, immerhin ist die Erklärung des letzteren Phänomens noch kontrovers. Die Erklärung von Pütter als Interferenzerscheinung zwischen Galvanotropismus und Thigmotropismus ist zwar richtig, aber nicht ausreichend und wird durch den Erklärungsversuch von Wallengren ergänzt. In diesem Sinne ist die transversale Einstellung zum großen Teil auch eine Folge von entgegengesetzt erregten Cilien, dabei wirken die motorischen Effekte einander entgegen und heben sich auf. Der galvanische Strom erregt in erster Reihe die Cilien, es gibt zwei Arten von erregbaren Cilien, bei denen der Spiralsaum u. a. Eigentümlichkeiten in morphologischer Hinsicht vielleicht einen anderen Verlauf nimmt. Bei der Erregung schlagen die Kathodecilien nach vorn und werden expansorisch erregt, die Anodecilien schlagen nach hinten und werden durch den konstanten Strom in Kontraktionszustände versetzt. Je nach der anatomischen Verteilung dieser beiden Cilienarten und der Wirkungsweisen der motorischen Effekte bewegen sich die Protozoen zur Anode oder Kathode. Die Erregungserscheinungen und ihre letzten Erscheinungen (Zerfall der Zelle) sind nicht Wirkungen elektrolytischer Prozesse, noch sind die Phänomene der Galvanotaxis, die transversalen Einstellungen u. v. a. aus kataphorischen Wirkungen des galvanischen Stromes zu erklären.

Biogenetisches Grundgesetz, Vererbung, Variation und Mutation bei den Protozoen.

Das biogenetische Grundgesetz, das nach K. E. v. Baer, F. Meckel und Fr. Müller zunächst besagt, daß in der Entwicklungsgeschichte des Individuums die geschichtliche Entwicklung der Art sich mehr oder weniger deutlich widerspiegelt, wurde zuerst von Haeckel in dem Satz: „Die Ontogenie (Keimesgeschichte) ist eine kurze Wiederholung der Phylogenie (Stammesgeschichte)" zusammengefaßt.

Bei den Metazoen und Metaphyten, wo eine Trennung zwischen Keimzellen und Somazellen durchgeführt ist und die Keimzellen kontinuierlich von Individuum zu Individuum übertragen werden, ist das Walten dieses Gesetzes infolge der Kontinuität des Keimplasmas a priori erfaßbar, während bei den Protozoen infolge ihrer Einzelligkeit die Durchführung dieses Gesetzes auf gewisse Schwierigkeiten in der Erklärung stößt.

Nach den neueren Forschungen über die Entwicklungskreise vieler Protozoen muß man aber wohl annehmen, daß auch bei den Protisten eine Rekapitulation phylogenetischer Stadien stattfindet. Im Kreis der Haemosporidien, bei den Trypanosomen, Suctorien u. a. m. kommen Formen in der Entwicklung vor, die, falls man einer Konvergenz nicht das Wort reden will, auf phylogenetische Stadien zweifelsohne zurückzuführen sind. Bütschli versuchte die Schwärmerstadien der Suctorien, die Hertwig „als ein direktes Erbstück der Vorfahren" ansieht, aus einem „Rückschlag auf eine frühere Organisationsstufe" zu erklären (Bronn's Klassen u. Ordnungen des Tierreichs, 1887 bis 89), eine Erklärung, der Weismann zustimmte und Plate widersprach. Auf Grund der neuesten Untersuchungsergebnisse scheint im Zelleib des Protozoons das Geschlechtschromatin der Nebenkerne, Sporetien, Geschlechtschromidien usw. im Gegensatz zu dem vegetativen Chromatin die Rolle des Keimplasmas zu übernehmen. In einem gewissen Sinne ist es ebenso kontinuierlich, wie die Centriolen, Teile des Karyosoms, Mitrochondrien, Keimplasmen usw. Bei theoretischen Erwägungen braucht man die Kontinuität des Keimplasmas nur durch die des Geschlechtschromatins, das natürlich auch vegetativen Funktionen nachkommt, zu ersetzen, und man kommt auch für die Protozoen zu einer apriorischen Erkenntnis des biogenetischen

Grundgesetzes. Die Kontinuitätsfrage ist allerdings noch nicht für alle Formen nachgewiesen, für manche wird sie bestritten.

Bei den Protozoen hatte man anfänglich auch das Vorhandensein einer Vererbung geleugnet und darauf hingewiesen, daß bei ihnen keine Trennung in Soma- und Geschlechtszellen stattfindet, und daß die Eigenschaften auf dem Wege einer einfachen Teilung direkt übertragen werden. Auf Grund der oben angeführten Beobachtungen müssen wir aber auch an der Existenz einer Vererbung bei den Protozoen festhalten. Einen ontogenetischen Fall von Vererbung erworbener Eigenschaften bei Protozoen führt Enriques (Archiv f. Protistenkunde, 1908) an. Bei der Konjugation der Infusorien wird der Mund des einen Konjuganten infolge dieser Prozesse zumeist zerstört. Nun hat Maupas bei *Leukophrys* beobachtet, daß der Mund der Ganeten bereits vor der Konjugation zerstört ist. Die immer in der Entwicklung auftretende Reduktion des Mundes vor der Konjugation, während sie sonst erst die Folge des Konjugationsprozesses ist, sieht Enriques für einen bedeutsamen Beweis der Erblichkeit von erworbenen Eigenschaften an.

Gruber (Festschrift f. Luckart, 1892) hat Zwergindividuen von *Stentor polymorphus* und *Stentor coeruleus* beobachtet, deren Zwergeigenschaften erblich festgehalten wurden, und aus denen durch weitere Teilungen eine Zwergrasse von Stentoren entstanden ist. Popoff hat in seinen experimentellen Zellstudien (Archiv f. Zellforschung, 1 Bd., 1908) durch eine Operation bei *Frontonia leukas* ungleichmäßige Teilungen, und zwar größere und kleinere Tiere hervorgerufen. „Interessant ist nun das Verfolgen der Teilung dieses durch die Operation direkt beeinflußten Tieres. Wenn es das hintere Tier gewesen ist (die Operation habe ich gewöhnlich am hinteren Ende ausgeführt), so ist auch bei der zweiten Teilung das hintere Tier kleiner als das vordere. Erst gegen die vierte Teilung nach der Operation werden die Teilungshälften der Zelle gleich groß."*)

Chr. Hansen (Zent. f. Bakt., XVIII. Bd., 1907) faßt seine Beobachtungen über Ober- und Unterhefe dahin zusammen, daß die Unterhefe sich durch eine bedeutendere Variationsbewegung, die Oberhefe durch stärkste Erblichkeit auszeichnet, und betrachtet die Oberhefe als eine phylogenetisch ältere Form.

Mc. Clendon (Journal of Exper. Zoology, Vol. VI, 1909) erhielt durch Zentrifugieren bei *Paramaecium* in einzelnen Fällen hornartige

---

*) Weitere Beobachtungen von M. Popoff vgl. „Archiv für Zellforschung" 1909. 3. Bd.

Deformationen an den Zellen, die sich längere Zeit generationsweise erhielten, doch nur derart, daß später allein das vordere Individuum diesen hornartigen Ansatz besaß, während das hintere Individuum vollkommen normal war. Die Erhaltung dieser neuen Eigenschaft demonstriert am besten das Schema Fig. 49.

Da, wie früher bereits erwähnt wurde, nach der Teilung umfangreiche Zellrenovationen bei den Ciliaten, z. B. Hypotrichen u. a. m. Platz greifen und die alte somatische Individualität aufgegeben wird, kann man, trotzdem nur ein Individuum die Eigenschaft des „Hornansatzes" festhielt und diese gleichsam nur generationsweise direkt von Teilung zur Teilung erhalten wurde, nur mit einer Reservatio mentalis von einer Vererbung erworbener Eigenschaften reden.

Über die Variation der Protozoen, die

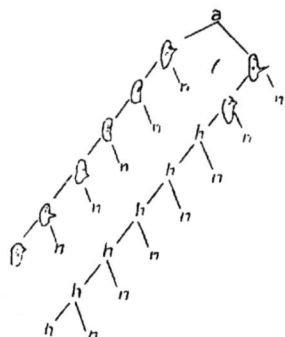

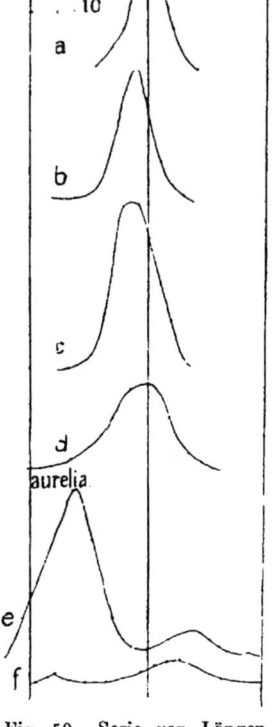

Fig. 49. Genealogische Tafel von *Paramaecium caudatum*. (Nach Mc. Clendon.)
h = Individuen mit dem Hornende; *n* = normale Individuen.

Fig. 50. Serie von Längenvariationskurven von *Paramaecium caudatum* und *P. aurelia*. (Nach Mc. Clendon.)
a) *P. caudatum* vom Hinkson Creek, Columbia; b) dasselbe, Columbia; c) u. d) dasselbe vom Ashland; e) u. f) *P. aurelia*, e) alte Kultur Missuri. f) Columbia.

lange Zeit unbeachtet blieb, sind bereits einige Arbeiten mit sorgfältig bearbeitetem Material vorhanden. Die Variation kann unter dem Bilde der bekannten Variationskurven dargestellt werden. Mc. Clendon (Journal of Experim. Zoology, 1909) untersuchte in diesem Sinne *Paramaecium caudatum* und *P. aurelia*, es sei hier auf die Variationskurven der Fig. 50 hingewiesen. Er findet bei *P. aurelia* in jeder Kultur breite und schmale Formen und führt diese Variation auf Ernährungsverhältnisse zurück. Gut ernährte Individuen variieren mehr als schlecht ernährte. Biometrische Studien haben Pearl (Biometrika 07, Proceed. royal society 1906) und vor allen Jennings in seinen ausführlichen „Heredity, variation and evolution in Protozoa I" (J. of Experim. Zoology, Vol. V) durchgeführt. Es liegen auch Variationskurven über einzelne Zellbestandteile vor. *Stentor coeruleus* besitzt einen rosenkranzförmigen Kern mit wechselnder Gliederzahl, in Fig. 51 sind die Variationskurven der Kernglieder von Stentoren, die bei 25⁰ C und 15⁰ C gezüchtet wurden, abgebildet.

In der letzten Zeit ist es fast Mode geworden, bei allen möglichen Organismen von Mutationen zu reden; während man früher

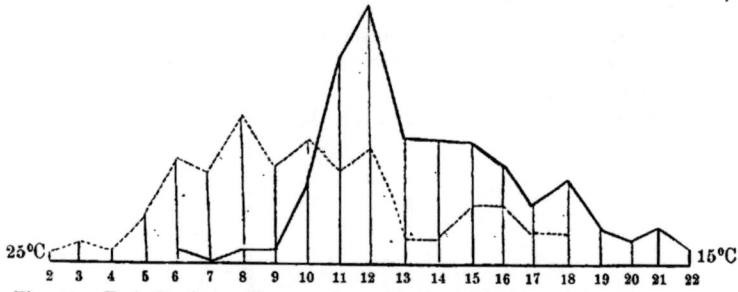

Fig. 51. Variationskurve des rosenkranzförmigen Kernes von *Stentor coeruleus* bei 25⁰ C (·····) und 15⁰ C (—).

die Entstehung neuer Arten in die grauesten Vorzeiten zurückversetzte, vermeint man jetzt überall, neue Arten direkt in ihrem Entstehen beobachten zu können — meist handelt es sich aber nur um einen Verbalismus und schlechte Artbestimmung. Auf diese Weise wurden Entwicklungsstadien von Trypanosomen *Crithidia* oder *Herpetomonas* genannt, die dann natürlich in Trypanosomen mutieren, ebenso wie ein Pluteus direkt in einen Seeigel „mutieren" muß.

Trotzdem verschiedene Krankheitserreger aus dem Protozoenreich genau untersucht worden sind, liegen bis jetzt keine exakten Angaben über ihre Mutationsfähigkeit vor. Bei den *Chlamydozoen* gewinnen vielleicht einzelne Repräsentanten durch die Übertragung plötzlich neue Eigenschaften und halten sie dauernd fest (*Variola-Vaccine*,[*]) *Lyssa*). Doch

---

[*] Von französischen Forschern bestritten. Mir und Aragaõ ist die Variola-Vaccineumzüchtung gleichfalls nicht gelungen.

möchte ich auch hier vorschlagen, zunächst nur von einer plötzlichen Mitigationsanpassung als von einer Mutation zu reden. Die Mutationen sind Ausfluß einer stoßweisen Variabilität und stehen im Gegensatz zu der individuellen fluktuierenden Variation. Es sind spontane, aus den inneren Morphegesetzen plötzlich an das Tageslicht hervortretende Sprungvariationen, die direkt nicht irgendwie von Änderungen des Milieus, von dem „monde ambiant" Lamarcks abhängig sind. Der Begriff der Mutation wird vielleicht am besten durch den Ausdruck „heterogene Zeugung" von Köllicker (Zeitschrift f. wiss. Zoolog., Bd. XIV, 1864) oder Zeugung ex utero heterogeneo von Schopenhauer charakterisiert. Mutationen sind Keimvariationen, die zu einer Umprägung der Art führen. Die Arten sind demnach konstant, ihre Entstehung ist diskontinuierlich. In diesem Sinne möchte ich auch die von Ehrlich erzeugten Atoxyl bzw. festen Stämme nicht als Mutationen, sondern als plötzliche Anpassungen bezeichnen. Bei seinen Versuchen brachte Ehrlich die giftempfänglichen Rezeptoren der Zelle zum Schwinden, und gleichzeitig wurde ein neuer Rezeptorenapparat gebildet. Ehrlich schreibt über diese Fälle selbst: „Ob man diese Veränderung als eine Mutation oder Variation bezeichnen will, ist wohl von geringer Bedeutung, die Hauptsache ist, daß sie bewußt künstlich erzeugt werden kann und daß sie vererblich ist." (Münchener med. Wochenschrift Nr. 5, 1909).

Anhang.

Verschiedene physiologische Beobachtungen über Protozoen.

1. In letzter Zeit ist der Einfluß des Magnetismus auf die Protozoen nicht näher untersucht worden. In einer mir nicht zugänglichen italienischen Arbeit wird der Einfluß des Magnetismus geleugnet. Gruithuisen gibt an, daß unter Einfluß eines starken Magnets sich die Infusorien in der Verbindungslinie zwischen den beiden Polen reichlicher ansammeln. Ehrenbergs Beobachtungen (Arch. f. Anat. u. Physiol. 1839, S. 80—81 u. Annal. m n. history 1838) sind nach Bütschli (Browns Klassen u. Ord. d. Tierreichs 1887—89) irrtümlich.

2. Erklärlicherweise ist die Vermehrungsenergie der Protozoen von der Temperatur abhängig. Bütschli hat auf Grund der Forschungen von Maupas, Balbiani und Gruber eine Tabelle zusammengestellt, die im Auszug hier wiedergegeben ist:

Ciliatenart	Zeitdauer zwischen zwei Teilungen bei der Temperatur von				
	5 –10° C	10—15° C	15—20° C	20—25° C	25—28° C
Stylonychia postulata ..	24 h	12 h	8 h	6 h	5 h
Onychodromus grandis .	48 h	24 h	12—8 h	6 h	5 h
Stylonychia mytilus ...	48 h	24 h	12 h	8 h	—
Leucophrys patula	(6—8, 8—11° C) 29 b, 12 h	(11—14° C) 8 h	(17—20° C) 5 h	(20—23° C) 4 h	(23—26° C) 3, 4 h

Leider sind bei diesen Untersuchungen die Depressionsperioden nach Hertwig, Calkins und Popoff nicht berücksichtigt worden, vielleicht folgt die Teilungsfrequenz auch der van't Hoffschen Regel, indem für je 10° Zunahme die Geschwindigkeit der Reaktion um das 2—3fache zunimmt — bei der Teilung spielen neben mehr rein physikalischen Prozessen auch chemische Vorgänge eine Rolle, wiewohl der eigentliche Teilungsvorgang ein Prozeß mehr physikalischer Natur ist. Daher erklärt es sich auch, daß man mit Hilfe eines spezifischen Immunserums unter isotonischen Versuchsbedingungen die Teilung der Seeigeleier so gut wie gar nicht beeinflussen kann.

3. Nach Ehrenberg und Cohn erzeugt *Chlamydomonas pulvisculus* und *Chlorogonium* einen eigenartigen „spermatischen" Geruch, der nach Cohn auf Ozon zurückzuführen ist. Untersuchungen von Löwig haben diese Annahme nicht bestätigt. Dunal und Joly haben beobachtet, daß eine *Haematococcus*-Art in den Salzbassins des Mittelmeeres eine rote Färbung erzeugt und nach Veilchen riecht. Auch die dort gewonnenen Salze sollen zuweilen diesen Veilchenduft von dem Haematococcus annehmen.